"十二五"职业教育国家规划教材
经全国职业教育教材审定委员会审定
高职高专机电类专业规划教材

机电控制与PLC

第2版

主　编　张　铮
副主编　宋广雷
参　编　李锋刚　郝小星

机械工业出版社

本书是“十二五”职业教育国家规划教材，经全国职业教育教材审定委员会审定。本书共21章，包括交流电性质、电气安全、开关电器、继电器、其他电器、起停控制、正反转控制、制动与调速控制、电工简明估算、电器选用与接线、机床电气制图、C650车床控制、XA6132铣床控制、ACE2010基础、ACE2010应用、PLC基础、S7-300机架组态、S7-300指令系统、STEP 7线性化编程、STEP 7结构化编程以及STEP 7顺控编程等内容。附录配有主要电器元件技术参数及本书配套资源获取方法。

本书主要作为高职高专电气自动化技术、机电一体化技术、机械制造与自动化、数控技术、数控设备应用与维护等专业相关课程教材，也可供其他专业师生及工程技术人员选用与参考。

图书在版编目（CIP）数据

机电控制与PLC/张铮主编. —2版. —北京：机械工业出版社，2014.7（2017.2重印）

“十二五”职业教育国家规划教材 高职高专机电类专业规划教材

ISBN 978-7-111-48537-7

Ⅰ.①机… Ⅱ.①张… Ⅲ.①机电一体化-控制系统-高等职业教育-教材②可编程序控制器-高等职业教育-教材 Ⅳ.①TH-39②TM571.6

中国版本图书馆CIP数据核字（2014）第265971号

机械工业出版社（北京市百万庄大街22号 邮政编码100037）

策划编辑：薛 礼 责任编辑：薛 礼 版式设计：霍永明

责任校对：刘秀芝 封面设计：路恩中 责任印制：李 洋

北京瑞德印刷有限公司印刷（三河市胜利装订厂装订）

2017年2月第2版第2次印刷

184mm×260mm · 15印张 · 362千字

3001—6000册

标准书号：ISBN 978-7-111-48537-7

定价：32.00元

凡购本书，如有缺页、倒页、脱页，由本社发行部调换

电话服务
服务咨询热线：010-88379833
读者购书热线：010-88379469

网络服务
机 工 官 网：www.cmpbook.com
机 工 官 博：weibo.com/cmp1952
教育服务网：www.cmpedu.com
金 书 网：www.golden-book.com

封面无防伪标均为盗版

第2版前言

本书自2008年出版以来重印已达5次，深受广大高职院校师生和读者的欢迎，是机床控制系统连接与检查课程首选教材，2008年机床控制系统连接与检查课程跻身国家精品课程（教高函［2008］22号）之列，2012年入选国家精品资源共享课程（教高司函［2013］115号）。

本书根据“十二五”职业教育国家规划教材建设要求，汲取机床控制系统连接与检查课程的教学内容，确立了“完善技术知识系统、引入企业先进技术案例、共享精品课程教学资源”的修订思路。

1）许多师生和读者反映本书第1版各章结构过于复杂，每章内容多，导致阅读兴趣与学习热情衰减快。本次修订大幅减少各章篇幅，简化章节之间的衔接关系，重新设计为21章，读者阅读时将更轻松，教师安排教学更便利。

2）企业同行建议本书应在兼顾一般机电装置电气控制技术内容基础上，聚焦于机床电气主题，以满足大多数高职院校学生掌握企业适用技术的现实需要，也更容易在学校中配置到更多实训教学装置，对学生实践技能训练有益。本次修订保留了C650、XA6132等机床电气内容，减去了机床电气中很少使用的FX2N PLC技术内容。

3）使用本书的许多老师建议增加电气设计方面的技术知识，为学生毕业后职业生涯岗位提升作技术储备。本次修订与著名企业（西门子（中国）有限公司、施耐德电气有限公司、正泰电气股份有限公司、南通科技投资集团股份有限公司及欧特克有限公司等）进行了深度合作，引入了源自这些著名企业的先进技术与大量案例。

4）根据使用本书相关课程的实验与实训要求，专门编入电气安全和电器选用与接线等内容。本书配套的实验实训装置主要有基本控制环节（起停控制、正反转控制、制动和调速控制）通用实训板及配件，通用机床（C650和XA6132）电气连接与检查实训装置，基于S7-300 PLC控制的电动刀架实验台，基于国家发明专利技术（ZL200710191374.6）的数控加工与数控机床电气维修培训一体机等。

5）本书依托机床控制系统连接与检查国家精品资源共享课程网站向师生和读者提供数字化学习资源（获取方法见附录L），实现国家精品资源共享课程共享使用的目标，对于整班使用网站的师生及有特殊需要的读者，将提供更多的免费课程教学资料、免费的学习资源和研制实验装置的技术支持与服务。

本书第 1 章、第 2 章、第 9 章、第 10 章、第 14 ~ 21 章以及附录由无锡职业技术学院张铮编写，第 3 ~ 5 章由山西机电职业技术学院李锋刚编写，第 6 ~ 8 章由太原理工大学郝小星编写，第 11 ~ 13 章由无锡职业技术学院宋广雷编写，全书由张铮统稿。江南大学平雪良教授审阅了全书并提出了许多建设性的修改意见，对他严谨的学风深感钦佩。对提供技术支持和企业案例的西门子（中国）有限公司、施耐德电气有限公司、正泰电气股份有限公司、南通科技投资集团股份有限公司、欧特克有限公司表示诚挚的谢意。

限于编者水平，书中或有错讹疏漏之处，敬请广大读者批评指正。

编　者

第 1 版前言

本书以高职机电类各专业相关岗位必需的电气控制与 PLC 知识为基础，融通维修电工、数控机床装调维修工等职业技能训练的应知应会内容。

根据高职高专教材“理论知识以必需够用为度，强化技能训练”的理念，内容选择上突出读图、绘图、电气元器件选用、电气控制基本环节、PLC 控制系统组成和外围接线、基本控制程序编制、程序的下载和上传等与机电类各专业岗位技能训练密切相关的内容，不选仅在设计岗位或设计过程中才用到的理论知识。内容编排上遵循由浅入深、循序渐进的高职学生的认知规律。通过软件编制的 PLC 程序均通过了调试，确保学生和教师按本书所述步骤练习可以获得相应操作结果。

本书共分 8 章，主要内容有：第 1 章常用低压电器，介绍常用低压电器的工作原理、功用、图形及文字符号等，附录配套主要电气元件技术参数，供选用时查阅；第 2 章电气控制基本环节，介绍继电器与接触器电气控制环节；第 3 章机床电气控制线路，介绍普通金属切削机床和数控机床电气控制线路，为学生从事电气维修提供必需的基本知识；第 4 章 PLC 控制基础，介绍 PLC 组成、工作原理和顺序控制功能图等 PLC 基础知识；第 5 章 FX2N 系列 PLC，介绍 FX2N 系列 PLC 系统配置、外部接线及指令系统等；第 6 章 FX2N 应用编程，介绍 FXGP 编程软件、FX2N 系列 PLC 的控制基本环节、电气控制 PLC 替代应用及机床 PLC 控制应用实例等；第 7 章 S7—300 系列 PLC，介绍 S7—300 系列 PLC 控制系统组成、外部接线、机架组态及其指令系统；第 8 章 S7—300 应用编程，结合 STEP 7 编程软件、S7—PLCSIM 仿真软件，着重介绍 S7—300 系列 PLC 的线性化编程、结构化编程及顺控编程等。通过编程实例，训练学生 PLC 实际应用能力。

本书由无锡职业技术学院张铮任主编、无锡职业技术学院张豪任副主编，其中第 1 章、第 2 章由山西机电职业技术学院李锋刚编写，第 3 章、第 6 章及附录由张铮编写，第 4 章由太原理工大学郝小星编写，第 5 章由无锡职业技术学院张爱红编写，第 7 章、第 8 章由张豪编写，全书由张铮统稿。

江南大学平雪良教授担任主审，提出了许多建设性的修改意见，在此表示诚挚的谢意。

限于编者水平，书中或有错漏之处，敬请广大读者批评指正。

编　者

目　录

第1章　交流电性质

交流电（Alternating Current，AC）也称为交变电流，是指大小和方向随时间作周期性变化的电压或电流，其最基本的形式是正弦交流电。

1.1　交流电变化量

衡量交流电变化的物理量为周期、频率和角频率。

1.1.1　周期

交流电变化1周所需的时间称为周期，用 T 表示，单位为 s。周期越短表示交流电变化越快。

1.1.2　频率

在单位时间内（通常为1s），交流电重复变化的周数称为频率，用 f 表示，单位为 Hz。1Hz 为每秒变化1周，频率越高表示交流电变化越快。

我国工业电力网频率为50Hz（工频），周期为0.02s。频率和周期的关系为

$$f=\frac{1}{T} \tag{1-1}$$

$$T=\frac{1}{f} \tag{1-2}$$

1.1.3　角频率

交流电单位时间内变化的角度称为角频率，用 ω 表示，单位为 rad/s。因交流电1个周期内变化了 2π 弧度，故有

$$\omega=2\pi f \tag{1-3}$$

或

$$T=\frac{2\pi}{\omega} \tag{1-4}$$

例1-1　求 $f_1=50\text{Hz}$ 和在变频调整中将交流电频率调至 $f_2=120\text{Hz}$ 时的角频率和周期各为多少？

解：（1）$f_1=50\text{Hz}$ 时

$$\omega_1=2\pi f_1=2\pi\times50\text{rad/s}=314\text{rad/s}$$

$$T_1=\frac{1}{f_1}=\frac{1}{50}\text{s}=0.02\text{s}$$

（2）$f_2=120\text{Hz}$ 时

$$\omega_2=2\pi f_2=2\pi\times120\text{rad/s}=753.6\text{rad/s}$$

$$T_2=\frac{1}{f_2}=\frac{1}{120}\text{s}=0.0083\text{s}$$

1.2 交流电电参数

1.2.1 瞬时值

在任何一个瞬时交流电的数值称为瞬时值，分别用小写字母 i、u 和 e 表示电流、电压和电动势的瞬时值。

1.2.2 最大值

最大值是指 1 个周期中出现的最大瞬时值，又称为幅值、峰值，分别用 I_m、U_m 和 E_m 表示电流、电压和电动势的最大值。

1.2.3 有效值

将交流电 i 和直流电 I 分别通过两个阻值相等的电阻 R，在交流电的 1 个周期内，若交流电 i 和直流电 I 在各自电阻上产生的热量相等，则此直流电 I 的值与交流电 i 的值等效，将此直流电 I 的值称为交流电 i 的有效值。用万用表测量交流电路时，测得的读数如 220V、380V 等，即为交流电的有效值。电器元件上标识的额定电压和额定电流也是有效值。

有效值用大写的字母 I、U 和 E 表示，有效值又称为方均根值，有效值和最大值的关系为

$$U_m = \sqrt{2}U = 1.414U \tag{1-5}$$

$$I_m = \sqrt{2}I = 1.414I \tag{1-6}$$

1.2.4 平均值

对于正弦交流电波形，由于正负半周期包含的面积相等，正负半周期内绝对值的平均值即为正半周期的平均值，分别用 I_{av}、U_{av} 和 E_{av} 表示电流、电压和电动势的平均值。平均值与最大值之间的关系为

$$I_{av} = \frac{2}{\pi}I_m = 0.637I_m \tag{1-7}$$

$$U_{av} = \frac{2}{\pi}U_m = 0.637U_m \tag{1-8}$$

$$E_{av} = \frac{2}{\pi}E_m = 0.637E_m \tag{1-9}$$

1.3 交流电相位

正弦交流电的波形如图 1-1 所示。

正弦交流电瞬时值的函数表达式为

$$i = I_m \sin(\omega t + \varphi) \tag{1-10}$$

$$u = U_m \sin(\omega t + \varphi) \tag{1-11}$$

$$e = E_m \sin(\omega t + \varphi) \tag{1-12}$$

1.3.1　相位角

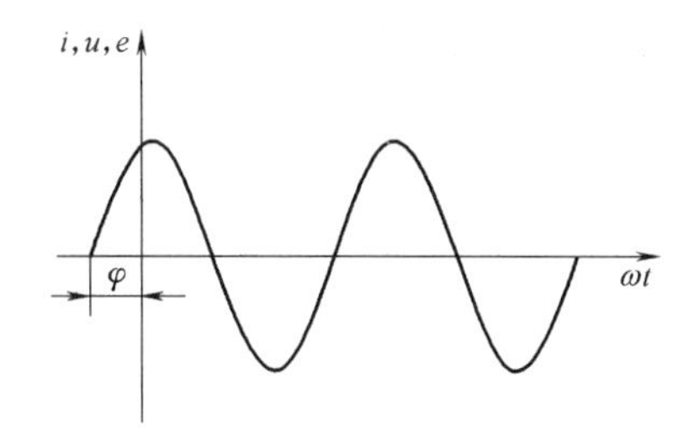

图 1-1　正弦交流电的波形

正弦交流电流（电压、电动势）瞬时值函数表达式中的（$\omega t+\varphi$）称为正弦交流电的相位角（简称相位）。

1.3.2　初相位

当 $t=0$ 时的相位 φ，称为初相位（简称初相）。

1.3.3　相位差

两个同频率交流电的相位之差称为相位差，用 φ 表示。

当 $e_1=E_m\sin(\omega t+\varphi_1)$，$e_2=E_m\sin(\omega t+\varphi_2)$时，则有

$$\varphi=(\omega t+\varphi_1)-(\omega t+\varphi_2)=\varphi_1-\varphi_2 \tag{1-13}$$

所以，两个同频率交流电的相位差等于各自的初相之差。当 $\varphi=0$ 时，称为同相；$\varphi=180°$时，称为反相；三相交流电的相位差 $\varphi=120°$。

1.3.4　三要素

确定了最大值、角频率（或周期、频率）和初相，就完全确定了正弦交流电的变化情况，因此最大值、角频率（或周期、频率）和初相称为三要素。

例 1-2　已知一正弦交流电流 $i=10\sin(900t+120°)$A，求最大值、角频率、频率和初相角各为多少。

解：（1）电流最大值 $I_m=10$A

（2）角频率 $\omega=900$rad/s

（3）频率 $f=\dfrac{\omega}{2\pi}=\dfrac{900}{2\pi}$Hz $=143.3$Hz

（4）初相位 $\varphi=120°$

例 1-3　已知一正弦交流电流 $i=5\sin(\omega t+120°)$A，$f=50$Hz，求在 $t=0.1$s 时电流的瞬时值。

解：（1）$\omega=2\pi f=2\times3.14\times50$rad/s $=314.2$rad/s

（2）$t=0.1$s 时，$\omega t=314.2\times0.1$rad/s $=31.4$rad

（3）$31.4\text{rad}=31.4\times\dfrac{180°}{\pi}=1800°=5\times360°$

（4）$i=5\sin(\omega t+120°)=5\sin(5\times360°+120°)\text{A}=2.5\text{A}$

1.4　交流电功率

1.4.1　瞬时功率

交流电路中任一瞬间的功率称为瞬时功率，设某部分电路的端电压瞬时值为 u，电流的瞬时值为 i，则该部分电路的瞬时功率 $p=ui$。

1.4.2 有功功率

交流电路瞬时功率在一个周期内的平均值称为平均功率，又称为有功功率，以 P 表示，单位为 W。

$$P = UI\cos\varphi \tag{1-14}$$

1.4.3 视在功率

UI 也有功率的量纲，但不是电路实际消耗的功率，将 UI 称为视在功率（又称表观功率），以 S 表示，单位为 V·A。

$$S = UI \tag{1-15}$$

1.4.4 无功功率

为了设计计算方面的需要，特别引入了无功功率的概念，以 Q 表示，单位为 var。

$$Q = UI\sin\varphi \tag{1-16}$$

无功功率虽也有功率的量纲，但无物理意义。

1.4.5 功率因数

有功功率表达式中的 $\cos\varphi$ 称为功率因数，而 φ 称为功率因数角。

$$\cos\varphi = \frac{P}{S} = \frac{P}{UI} \tag{1-17}$$

1.4.6 功率三角形

视在功率 S、有功功率 P 和无功功率 Q 符合下述关系：

$$S^2 = P^2 + Q^2 \tag{1-18}$$

三种功率构成的直角三角形称为功率三角形，如图 1-2所示，S 与 P 的夹角为功率因数角 φ。

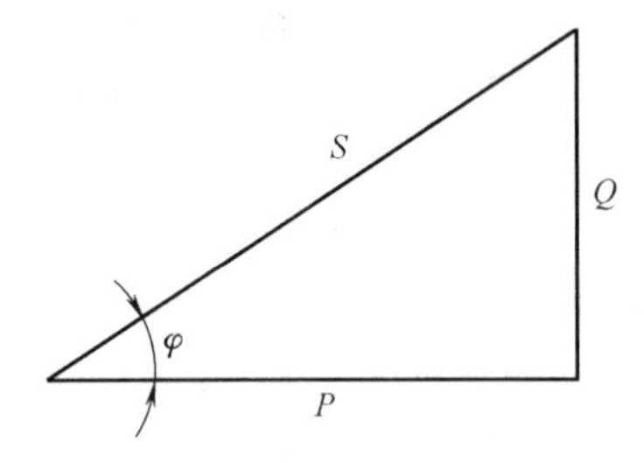

图 1-2 功率三角形

例 1-4 万用表测得负载电路的电压和电流分别为 110V 和 40A，用功率表测得功率为 2200W，求视在功率、功率因数和无功功率。

解：（1）视在功率 $S = UI = 110 \times 40\text{V}\cdot\text{A} = 4400\text{V}\cdot\text{A}$

（2）功率因数 $\cos\varphi = \frac{P}{S} = \frac{2200}{4400} = 0.5$

（3）因为 $\cos\varphi = 0.5$，$\varphi = 60°$，所以 $\sin\varphi = 0.87$，故无功功率为 $Q = UI\sin\varphi = 4400 \times 0.87\text{var} = 3810.5\text{var}$

1.5 三相交流电源

1.5.1 电源产生的原理

由三个频率相同、振幅相等、相位依次互差 120°的交流电动势组成的电源称为三相交流电源，由三相交流发电机产生，如图 1-3 所示。

三相交流发电机定子中有三组线圈，三线圈空间位置各差 120°，转子装有磁极并以 ω 的速度旋转。三个线圈中便产生三个单相电动势，分别为

$$e_{XA}=E_m\sin\omega t \tag{1-19}$$

$$e_{YB}=E_m\sin(\omega t-120°) \tag{1-20}$$

$$e_{ZC}=E_m\sin(\omega t+120°) \tag{1-21}$$

三相交流电波形如图 1-4 所示。由于三个电源的电压在任何瞬时相加均为零，由此可以将三相交流电中的三个电源串接。

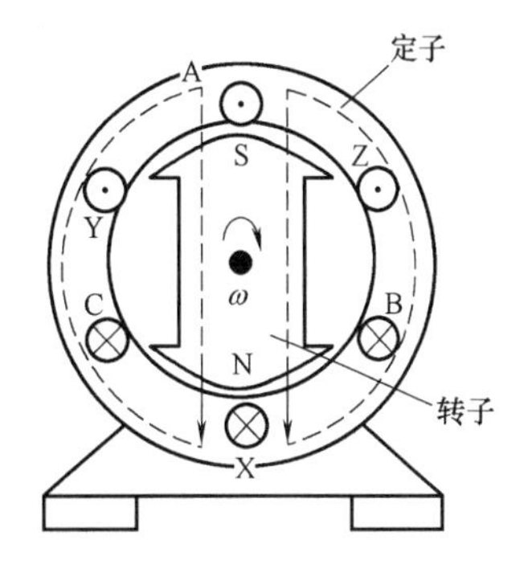

图 1-3　三相交流电产生原理

1.5.2　电源线制

三相五线制电源指由三相交流电的三根相线（U 线、V 线和 W 线）、一根中性线（N 线）和一根地线（PE 线）共五根线组成供电电源，如图 1-5 所示。由 U、V、W、N 四根线组成的供电电源称为三相四线制电源；由 U、V、W 三根线组成的供电电源称为三相三线制电源。

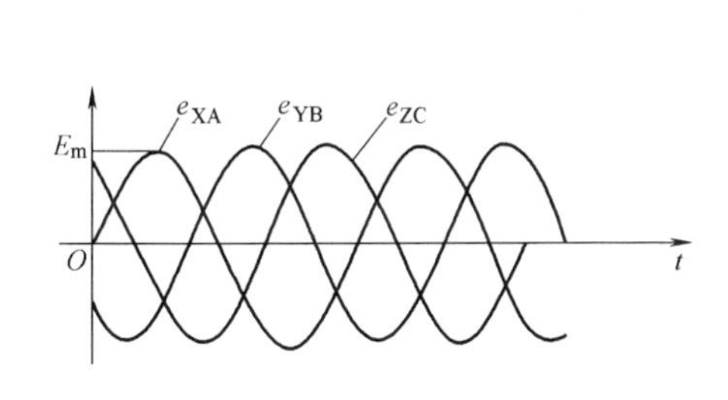

图 1-4　三相交流电波形

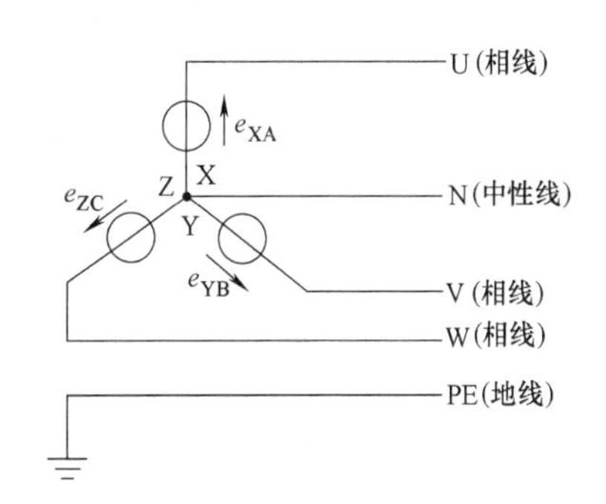

图 1-5　三相五线制电源

1.5.3　电压

如图 1-6 所示，在三相四线制交流电源中，任意一根相线（U 线、V 线或 W 线）与中性线（N 线）之间的电压称为相电压。

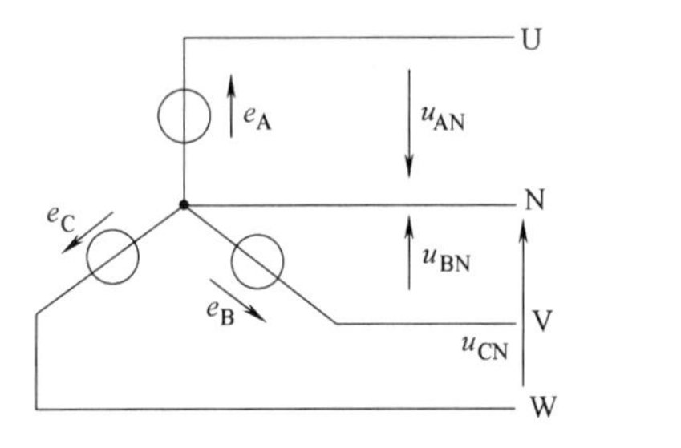

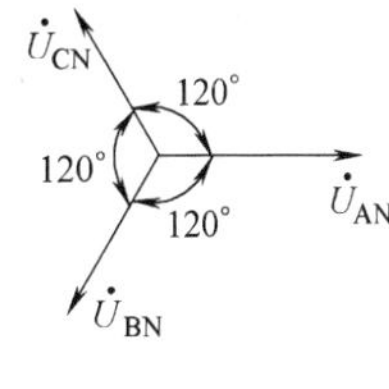

图 1-6　相电压

如图 1-7 所示，在三相四线制交流电源中，任意两根相线（U 线与 V 线、V 线与 W 线、W 线与 U 线）之间的电压称为线电压。

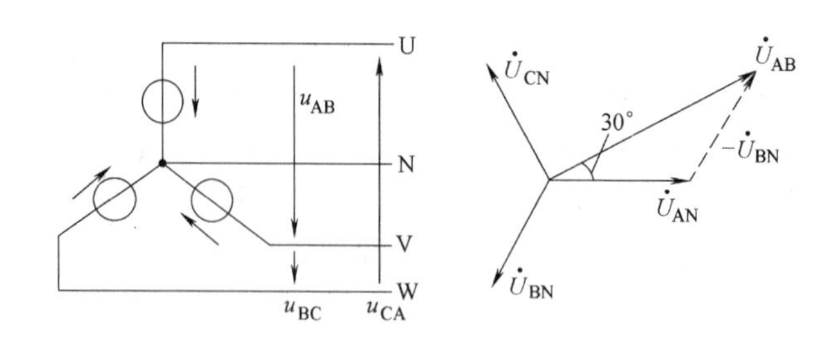

图 1-7　线电压

思　考　题

1-1　采用万用表测得交流电的电压与电流分别为 110V、5A，求交流电的最大电压和最大电流。

1-2　已知 $e_1 = E_m \sin\left(\omega t + \frac{\pi}{4}\right)$、$e_2 = E_m \sin\omega t$，求 e_1 与 e_2 的相位差。

1-3　已知正弦电流 $t = 0$ 时的瞬时值 $i(0) = 0.5A$，初相为 30°，求有效值。

1-4　电流 $i = 10\sin\left(100\pi t - \frac{\pi}{3}\right)$ 的三要素各为多少？

1-5　在交流电路中，有两个负载，已知它们的电压分别为 $u_1 = 60\sin\left(314t - \frac{\pi}{6}\right)$ V，$u_2 = 80\sin\left(314t - \frac{\pi}{3}\right)$ V，求（1）总电压 u 的瞬时值表达式；（2）说明 u、u_1、u_2 三者的相位关系。

1-6　已知工频正弦电压 u_{ab} 的最大值为 311V，初相位为 −60°，求（1）有效值；（2）瞬时值表达式；（3）当 $t = 0.0025s$ 时，U_{ab} 的值。

1-7　频率相同的两个正弦交流电流，它们的有效值是 $I_1 = 8A$，$I_2 = 6A$，求在下面各种情况下，合成电流的有效值。

（1）i_1 与 i_2 同相　（2）i_1 与 i_2 反相　（3）i_1 超前 i_2 90°　（4）i_1 滞后 i_2 60°

1-8　把下列正弦量的时间函数用相量表示。

（1）$u = 10\sqrt{2}\sin 314t$　V　（2）$i = -5\sin\ (314t - 60°)$ A

1-9　用图示说明三相四线制电源的组成线。

第2章 电气安全

2.1 电气事故

电气事故是指由电流、电磁场或电路故障等直接造成电气设备毁坏、人或动物伤亡以及引起火灾和爆炸等后果的事件，是电气安全主要管控和研究的对象。

2.1.1 特点

1. 电气事故危害大

电气事故发生时，电能直接作用于人体造成电击；电能转换为热能作用于人体造成烧伤或烫伤；电能脱离正常通道形成漏电和短路，构成火灾和爆炸的起因。据统计，我国每年触电死亡人数占全部事故死亡人数的5%左右。

2. 电气事故无预兆

电看不见、嗅不着，电引发的危险不易为人们察觉、识别和理解，电气事故发生时无预兆，因此预防电气事故以及对涉电人员进行教育和培训极其重要。

3. 防护综合性强

电气事故防护要从技术和管理两个方面入手。在技术上，要在完善传统电气安全技术基础上，引入电气安全新技术；在管理上，要健全和完善各种电气安全措施。

大量的电气事故都有重复性和频发性，人们在长期生产和生活实践中已积累了各种技术措施、工作规程和规章制度，只要严格遵照执行，电气事故是可以避免的。

2.1.2 类型

电气事故常分为触电事故、射频电磁场危害和电气系统故障危害等。

1. 触电事故

当电流通过人体刺激人体组织时，会形成肌肉痉挛性收缩，从而造成伤害，称其为电击。严重的电击会破坏人的心脏、肺部、神经系统，形成生命危险。按照人体触及带电体方式，电击分为单相触电、两相触电和跨步触电三种。

单相触电是指人站在地面或其他接地体上，身体其他部分触及某一相带电体所形成的触电。

两相触电是指人体两处同时触及两相带电体所形成的触电，此时人体所承受的电压为三相系统中的线电压，危害程度大于单相触电。

跨步触电发生在输电线断线后下坠与大地接触，大量电流流入地下在接地点周围土壤中产生的电压降，当人接近时，两脚之间承受跨步电压形成触电。

强大电流产生的热效应、化学效应和机械效应等对人构成的伤害称为电伤。电伤包括电灼伤、电弧烧伤、电烙印和机械损伤等。

电灼伤是人同带电体接触，电流通过人体时，因电能转换成热能引起的伤害。因人体与带电体的接触面积一般都不大，且皮肤电阻又比较高，因而产生在皮肤与带电体接触部位的热量就较多，使皮肤受到比体内严重得多的灼伤。电流越大、通电时间越长、电流途径上的电阻越大，电流灼伤越严重。

电弧烧伤是指由弧光放电造成的烧伤。电弧光放电时电流很大，能量也很大，电弧温度高达数千摄氏度，可造成大面积的深度烧伤，严重时能将人体组织烘干、烧焦。在机电控制系统中，拉断断路器时产生的电弧会烧伤操作者的手部和面部；当线路发生短路，熔断器熔断时炽热的金属微粒飞溅出来会造成灼伤等。

电烙印是电流通过人体后，在皮肤表面接触部位留下与接触带电体开关相似的斑痕，如同烙印。斑痕处皮肤呈现硬变，表层坏死，失去知觉。

机械损伤多数是由于电流作用于人体，使肌肉产生剧烈收缩，造成肌腱、皮肤、血管、神经组织断裂、关节脱位或骨折等。

2. 射频电磁场危害

射频是指无线电波的频率或者相应的电磁振荡频率（一般为 100kHz 以上的频率）。射频伤害是由电磁场的能量造成的，在射频电磁场作用下，人承受过量辐射可引起中枢神经系统机能障碍，出现神经衰弱等临床症状，造成植物神经紊乱，出现心动过缓、血压下降或心动过速、血压上升等异常；可引起眼睛损伤，造成晶体浑浊，严重时导致白内障；可造成皮肤表层灼伤或深度灼伤等。

3. 电气系统故障危害

断线、短路、异常接触、漏电、电器元件损坏、机电系统受电磁干扰产生误动作等都属于电气系统故障，其危害主要有引起火灾和爆炸、异常带电和异常停电等。

2.1.3 触电规律

1. 季节性明显

一年中第二季度和第三季度事故多发，6 月至 9 月最集中。这段时间正值炎热季节，人穿着单薄且皮肤多汗，气候潮湿多雨，电气装置绝缘性降低，均增大了触电危险性。

2. 低压设备事故多

以额定交流 1200V 或直流 1500V 为标准，低于标准的称为低压，反之为高压。由于缺乏电气安全知识的人员大多与低压设备接触，导致低压触电事故远多于高压触电事故。机电控制系统及其装置大多采用低压电流，其操作人员是防触电的重点对象。

3. 电连接部位事故多

机电控制装置中，电气连接部位机械牢固性较差，电气绝缘可靠性也较低，易出现触电事故。

4. 非电工事故多

非电工人员是机电装置操作的主体，由于直接接触机电控制系统，加之部分人员缺乏电气安全知识和经验，触电事故相对较多。

2.2 安全电参数

2.2.1 安全电压

国际电工委员会认为，不危及人身安全的电压称为安全电压。安全电压取决于人体允许的安全电流和人体电阻。人体电阻由体内电阻（约为500Ω）和皮肤电阻两部分组成（平均为1500Ω）。我国规定的安全电压上限为42（额定供电电压）~50V（设备空载电压）。根据不同使用条件，安全电压分为5个等级，见表2-1。

表2-1 安全电压与适用说明

安全电压(有效值)		适用说明
额定值/V	空载上限值/V	
42	50	有触电危险场所使用的手持式电动工具等
36	43	矿井、导电粉尘多的场所使用的行灯等
24	29	某些人体偶然会触及的带电设备选用
12	15	
6	8	

2.2.2 安全电流

医学研究把流过人体的工频（50Hz）电流分为感知电流、摆脱电流和致命电流。大量实验统计得到成年男子的平均感知电流为0.7mA。人触电后能自动摆脱电源的最大电流称为摆脱电流，成年男子平均摆脱电流为16mA，成年女子平均摆脱电流为10mA。

对于大多数人而言，可以忍受的电流为5~30mA，因此我国规定的安全电流允许值为30mA，高空或水面作业，允许值为5mA。超过安全电流允许值的电流为致命电流，致命电流在较短时间内能危及生命。

2.2.3 跨步电压

当人在接地电流流散的区域内行走时，在接地点20m范围内地面各点电位不同，在两脚之间（约为0.8mm）存在的电位差称为跨步电压。在跨步电压作用下人也会触电，人越接近接地点，跨步电压越大，越危险，若距离接地点20m以上，跨步电压接近零。

2.2.4 接触电压

人体同时触及接地电流回路中两点时呈现的电位差称为接触电压，越接近接地体接触电压越低，反之越高。一般以人站在离漏电设备0.8m处、手触及漏电设备距地面1.8m高度的外壳时所受的电位差作为计算接触电压的依据。

2.3 接地与接零

将电源中性线（N线）直接接地称为工作接地，避雷器接地也属于工作接地。为防止绝缘被击穿后机电控制装置的金属外壳带电造成触电，将机电控制装置的金属外壳接地（PE 线）称为保护接地，如电动机外壳接地和断路器金属外壳接地都属于保护接地。将机电控制装置金属外壳接地点与三相四线制电源的中性线连起来称为保护接零，一旦发生接地故障，可使保护装置迅速动作切断故障电流，确保人员免遭触电危险。

2.3.1 技术要求

1）在电源中性线直接接地的低压电网中，所有设备的金属外壳接在保护地线上实现接零保护，确保中性线与金属外壳绝缘。

2）在电源中性线直接接地的低压电网中，所有设备的金属外壳接在保护地线上实现接零保护，确保中性线与金属外壳绝缘。

3）由同一台发电机、同一台变压器或同一段母线供电的低压线路，不宜同时采用接零和接地两种保护方式，因为一旦保护接地的装置漏电，会导致保护接零的装置外壳也同时带电，增加了触电危险。

4）禁止在保护地线或保护中性线上装设熔断器或单独的断路器。

5）保护地线和保护中性线必须有足够的截面积以保障短路电流通过，并使线本身的机械强度足够。当保护地线材质与相线完全相同时，其最小截面积必须符合表 2-2 的规定。

表 2-2 保护地线（PE 线）最小截面积

相线芯线截面积 S/mm^2	PE 线最小截面积$/mm^2$
$S \leqslant 16$	S
$16 < S \leqslant 35$	16
$S > 35$	$S/2$

2.3.2 接地案例

我国接地接零系统规定代号为系统 + 保护方式。系统代号：T——变压器低压侧中性点直接接地系统；I——变压器低压侧中性点不接地或不直接接地系统。保护方式代号：T——保护接地；N——保护接零（中线）；C——中性线 N 与零线 PE 合一的接零保护；S——中性线 N 与零线 PE 分开的接零保护。

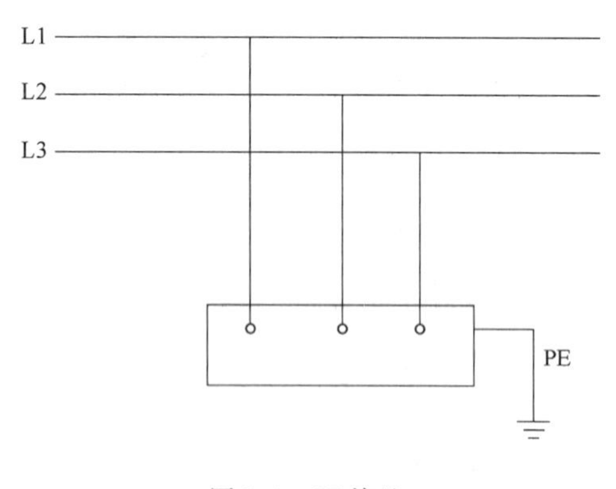

图 2-1 IT 接地

图 2-1 所示为变压器低压侧中性点不直接接地系统的保护接地的 IT 方式，图中“⏚”是接地一般符号，“PE”是保护接地的文字符号。IT 方式通过限制设备对地电压，使触电危险消除，由于单相接地电流较小，发生单相接地后，系统还可继续运行。

2.3.3 接零案例

保护接零是在低压三相四线制中性线接地的系统中，将机电控制装置正常工作情况下不带电的金属外壳与电源的中性线牢靠地连接起来。若因装置的绝缘损坏使得一相的带电部分碰到装置的金属外壳时，能通过外壳形成相对中性线的单相短路，短路电流促使线路上的过电流保护装置迅速动作从而断开故障电源，消除触电危险。

图2-2所示为三相五线制电源的变压器低压侧中性线直接接地系统的N线与PE线分开接零的TN-S方式。TN-S方式中机电装置金属外壳接PE线，在正常工作时PE线没有电流，机电装置的金属外壳不呈现对地电压。一旦一相带电部分与金属外壳发生短接，由于PE线电阻很小，将产生很大短路电流使保护装置迅速切断电源。

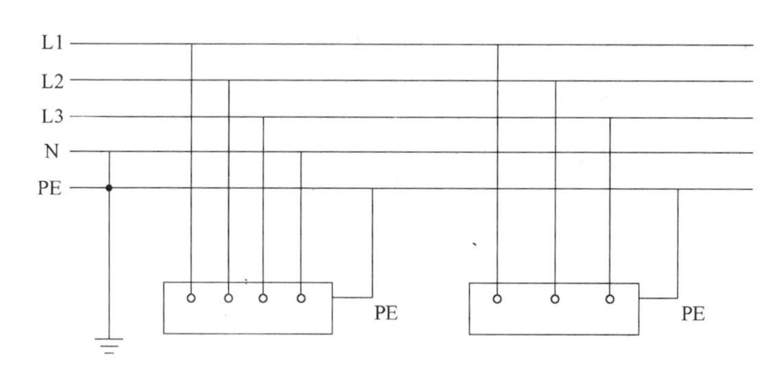

图2-2 TN-S接零

2.4 防接触电击

从防止触电的角度考虑，绝缘、屏护和间距都是防止直接接触电击的安全措施。

2.4.1 绝缘

绝缘通常是指阻滞热电或声通过的材料，电绝缘是指电阻率为$10^7\Omega\cdot m$以上的电工绝缘材料封闭带电体。良好的绝缘是保证机电控制装置和线路正常运行的必要条件，也是防触电的基本措施。用于绝缘的材料应能耐受电气、机械、化学、生物等有害因素的作用而不遭致破坏。机电控制装置及其线路绝缘电阻最常用的几种指标如下：

1）配电盘二次线路的绝缘电阻不低于1MΩ，在潮湿环境允许降低至0.5MΩ。

2）新装或大修后的低压线路绝缘电阻不低于0.5MΩ，运行中的装置可降低至1000Ω。

3）携带式机电控制装置绝缘电阻不低于2MΩ。

2.4.2 屏护

屏护是指采用遮栏、护罩、护盖、箱匣等将带电体同外界隔离，包括屏蔽和阻碍两种方式，主要用于不便于绝缘或绝缘不足以保证安全的场合。当电气操作场所邻近带电体时，必须在操作人员和带电体之间、过道、入口等处设置可移式屏护装置。

屏护装置所用材料应有足够的机械强度和良好的耐火性能，遮拦高度应不低于1.7m，下部边缘离地应不超过0.1m。屏护上的网眼应不大于20mm×20mm至40mm×40mm。

网眼遮栏与裸导体距离不小于0.15m，10kW设备不小于0.35m。低压装置的栅栏与裸导体距离不小于0.8m，栏条距离不超过0.2m。金属材料制成的屏护必须接地或接零，防止屏护意外带电造成触电。

2.4.3 间距

间距是指带电体和地面之间、带电体和其他装置之间以及带电体与带电体之间必须保持的安全距离。

明装电源插座离地面高度为 1.3 ~ 1.8m，暗装的为 0.2 ~ 0.3m。

配电箱箱底离地面高度间距一般为 1.3m。

常用隔离开关或低压断路器的安装高度为 1.3 ~ 1.5m。

机电控制装置上照明灯具高度一般为 2.5m，位于上方人不易碰到位置时可减至 1.5m。

低压操作时，人体及其所携带工具与带电体之间的距离不得小于 0.1m。

思 考 题

2-1 解释名词：感知电流、跨步电压。

2-2 列举电流对人体伤害的相关因素与程度。

2-3 说明工频交流电比直流电危险性大的原因。

2-4 说明屏护的主要应用场所。

2-5 说明屏护装置的安全条件。

2-6 说明间距的作用。

2-7 说明保护接零与保护接地的异同。

第3章 开关电器

3.1 拨位开关

拨位开关用于机电控制电源的接通和切断以及控制中的起动、停止、变速、换向等状态转换。

3.1.1 电源开关

图3-1所示的三极双位拨位开关主要用于电源的接通与切断，又称为电源开关。该开关沿转轴4自下而上分别安装了三层开关组件，每层上均有一个动触头8、一对静触头9及一对接线柱1，各层分别控制一条支路的通与断，形成开关的三极。当手柄3每转过一定角度，就带动固定在转轴上的三层开关组件中的三个动触头同时转动至一个新位置，在新位置上分别与各层的静触头接通或断开。

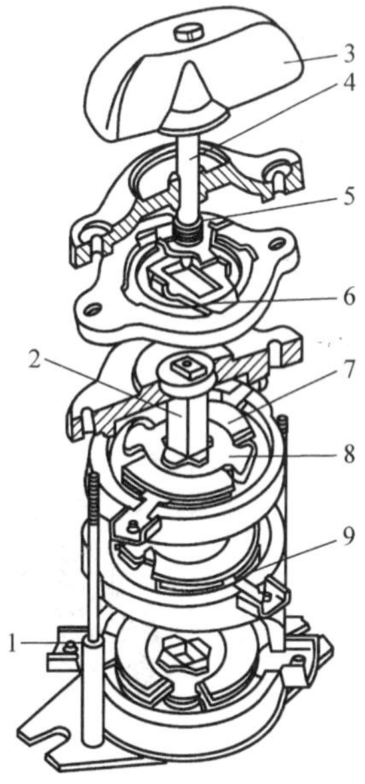

图3-2所示为电源开关（三极双位）图符，其标记为QS。电源开关还有双极与单极之分，图符分别如图3-3和图3-4所示。

图3-1 三极双位拨位开关
1—接线柱 2—绝缘杆
3—手柄 4—转轴 5—弹簧
6—凸轮 7—绝缘垫板
8—动触头 9—静触头

3.1.2 电源开关示例

图3-5所示的电源开关（三极双位）有三个进线接线端和三个出线接线端，分别接入和接出三相交流电，面板上有一手工操作拨杆，左端为“OFF”位，三相进线与三相出线之间处于切断状态；右端为“ON”位，三相进线与三相出线处于接通状态。

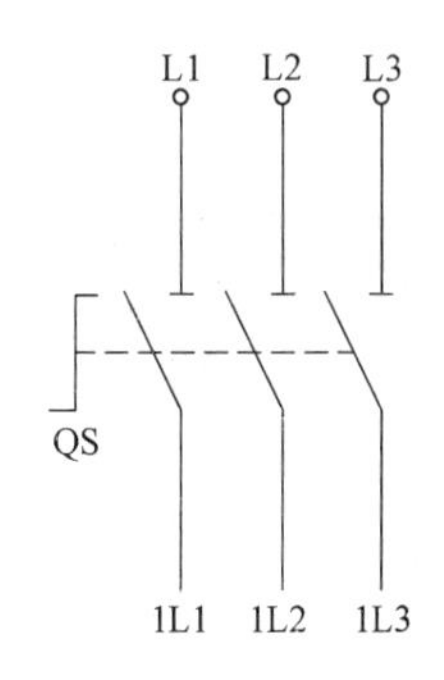

图3-2 电源开关（三极双位）图符

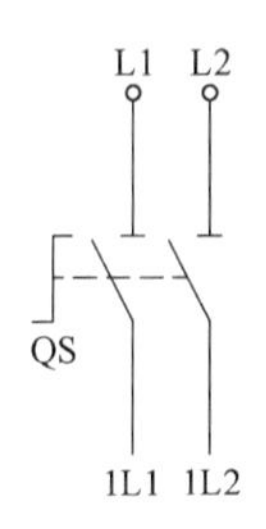

图3-3 电源开关（双极双位）图符

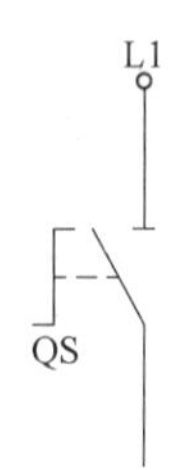

图3-4 电源开关（单极双位）图符

3.1.3 组合开关

图 3-6 所示组合开关（六极三位）用于线路中的状态转换控制，所以又称为转换开关。该开关右侧装有三副静触头，标注号分别为 L1、L2 和 W，左侧也装有三副静触头，标注号分别为 U、V、L3，共有六副触头，所以为六极拨位开关。转轴上固定有两组共 6 个动触头。开关手柄有“倒”、“停”、“顺”三个位置：当手柄置于“停”位置时，两组动触头与静触头均不接触；当手柄置于“顺”位置时，一组 3 个动触头分别与左侧三副静触头接通；当手柄置于“倒”位置时，转轴上另一组 3 个动触头分别与右侧三副静触头接通。

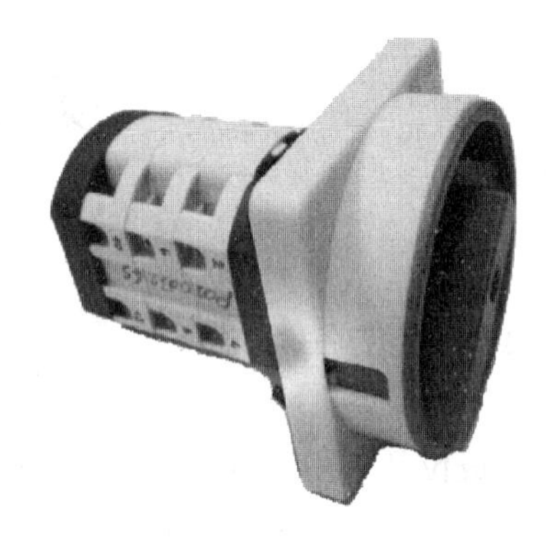

图 3-5 电源开关（三极双位）

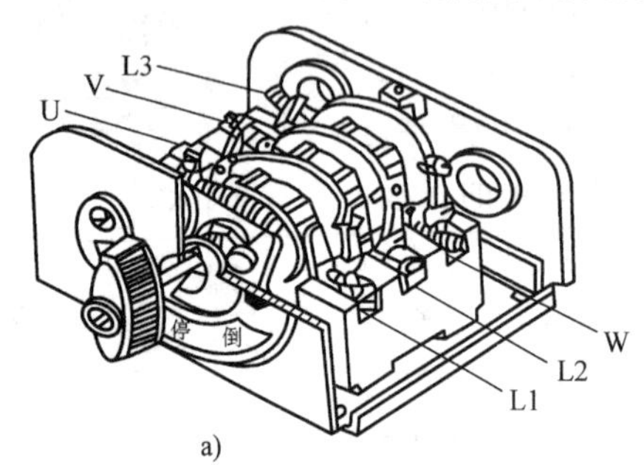

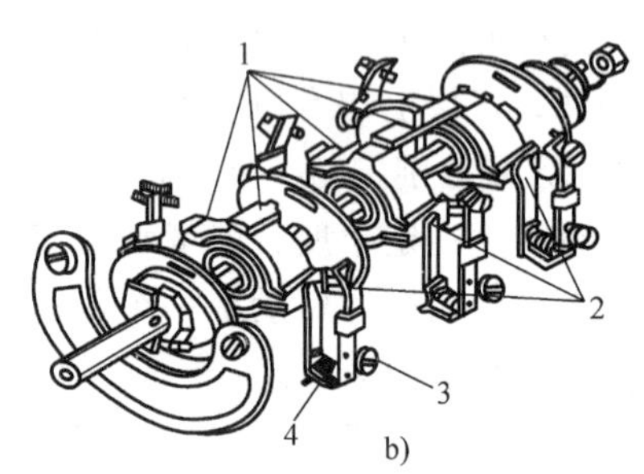

图 3-6 组合开关（六极三位）

a）外形 b）结构

1—动触头 2—静触头 3—调节螺钉 4—触头压力弹簧

图 3-7 是组合开关图符，用标记 SA 标识，图中小黑点表示开关手柄在不同位置上各支路的通断状况。开关手柄置于“停”位置时，支路1～6均不接通，置于“顺”位时支路 1、2、3 接通，4、5、6 断开；置于“倒”位时支路 1、2、3 断开，4、5、6 接通。

3.1.4 组合开关示例

图 3-8 所示为 HZ5（HZ 为组合开关，5 为设计代号）系列组合开关，该开关有七组进线和出线接线端，标识分别为 1—2、3—4、5—6、7—8、9—10、11—12、13—14，操作面

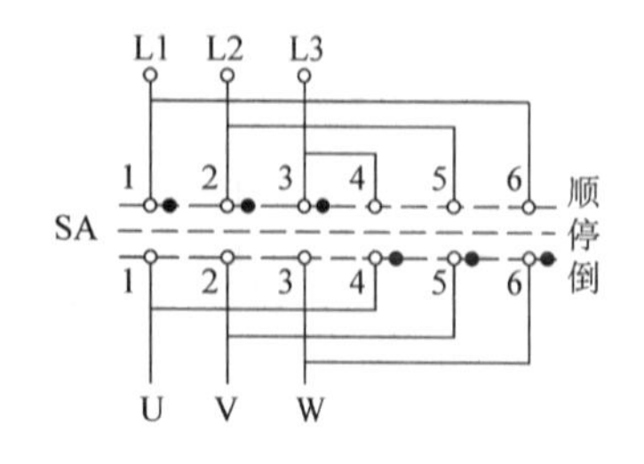

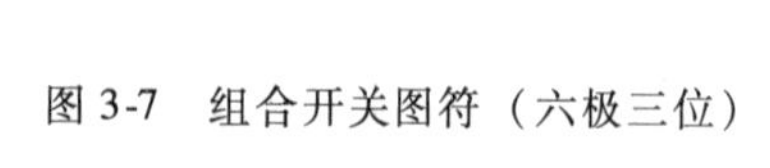

图 3-7 组合开关图符（六极三位）

图 3-8 HZ5 系列组合开关（七极三位）

板上有一拨杆，左端拨位号为0，中间拨位号为1，右端拨位号为2。开关接线端子的通断见表3-1。

表3-1　HZ5系列组合开关接线端子通断表

接线端子组	1	0	2
1—2			×
3—4	×		
5—6			×
7—8	×		
9—10			×
11—12	×		
13—14			

注：“×”表示接通。

3.2　行程开关

行程开关又称限位开关，触头依靠机械运动部件的碰撞动作，将机械信号转换为电信号，再通过其他电器间接控制机械运动部件的行程、运动方向或进行限位保护等。

3.2.1　直动式

图3-9所示为直动式行程开关，当运动机械的挡铁撞到顶杆1时，顶杆受压触动使常闭触头3断开，常开触头5闭合；顶杆上的挡铁移走后，顶杆在弹簧2作用下复位，各触头回至原始通断状态。

图3-10所示为YBLX-1（YB为改进型代号，LX为行程开关，1为设计序号）系列直动式行程开关，用于交流50Hz/60Hz，380V及以下，直流220V及以下的电气线路中，控制运动机构的行程、方向或进行速度变换、运动机构限位等。

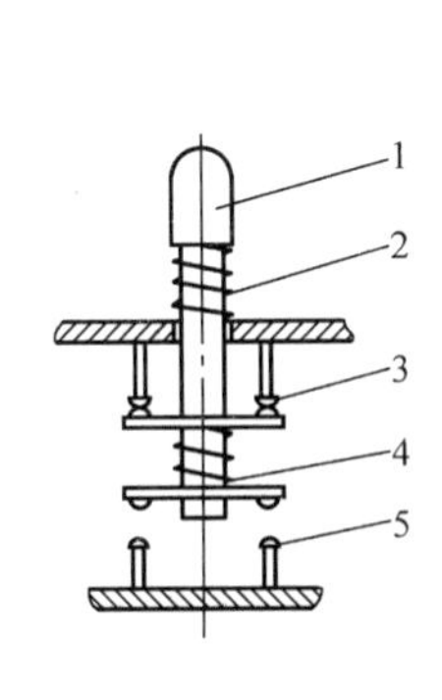

图3-9　直动式行程开关

1—顶杆　2—弹簧　3—常闭触头

4—触头弹簧　5—常开触头

图3-10　YBLX-1系列直动式行程开关

3.2.2　旋转式

图3-11所示为旋转式行程开关，当运动机械的挡铁撞到行程开关的滚轮1时，杠杆2

连同转轴 3、凸轮 4 一起转动，凸轮将撞块 5 压下，当撞块被压至一定位置时便推动微动开关 7 动作，使常闭触头断开，常开触头闭合；当滚轮上的挡铁移走后，复位弹簧 8 就使行程开关各部件恢复到原始位置。

图 3-12 所示为 YBLX-2（YB 为改进型代号，LX 为行程开关，2 为设计序号）系列旋转式行程开关。

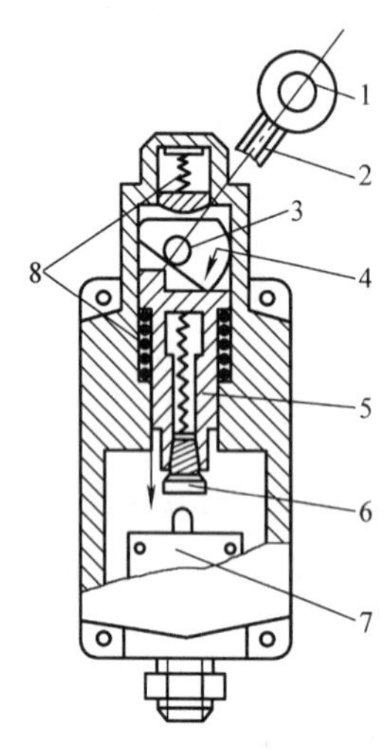

图 3-11　旋转式行程开关

1—滚轮　2—杠杆　3—转轴　4—凸轮　5—撞块
6—调节螺钉　7—微动开关　8—复位弹簧

图 3-12　YBLX-2 系列旋转式行程开关

3.2.3　图符

图 3-13 所示为行程开关触头图符。

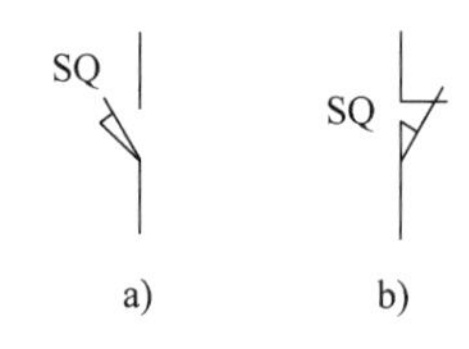

图 3-13　行程开关触头图符

a）常开触头　b）常闭触头

3.3　按钮

按钮用于控制线路，手动操作按下按钮帽发出控制信号，使控制线路的通、断状态转换。按钮触头允许通过的电流较小，一般不超过 5A。

3.3.1　结构

图 3-14 所示的按钮结构中，当手动按下按钮帽 1 时，常闭触头 3 断开，常开触头闭合；当手松开时，复位弹簧 2 将按钮的动合触头 4 恢复原位，从而实现对电路的控制。

图 3-15 所示为按钮示例。LA19 系列和 LAY3 系列按钮适用于交流 50Hz 或 60Hz、电压

至380V及直流电压至220V的电磁起动器、接触器、继电器及其他电气线路，作遥远控制之用。LAY39系列和NP2系列按钮适用于交流50Hz或60Hz、额定工作电压至380V及直流工作电压至220V的工业控制电路中，作为电磁起动器、接触器、继电器及其他电气线路的控制用，带指示灯式按钮还适用于灯光信号指示的场合。NP6系列按钮适用于交流50Hz或60Hz、电压至220V，直流工作电压至220V的电路控制系统中。作为主令元件或电源开关用，按钮也被广泛用于数控设备、仪器仪表及小型控制设备等各个领域，带指示灯式按钮还适用于灯光信号指示的场合。

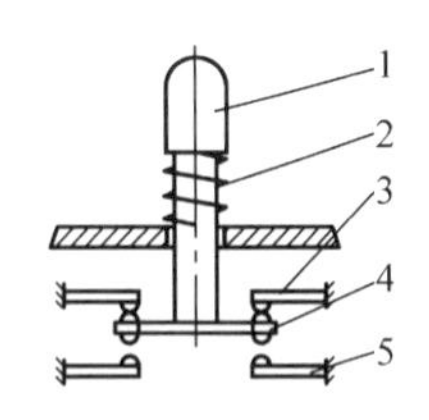

图3-14　按钮结构
1—按钮帽　2—复位弹簧　3—常闭触头　4—动合触头　5—常开触头

a)

b)

c)

d)

e)

图3-15　按钮示例
a）LA19系列　b）LAY3系列　c）LAY39系列　d）NP2系列　e）NP6系列

3.3.2　图符

图3-16所示为六种常见的按钮图符。

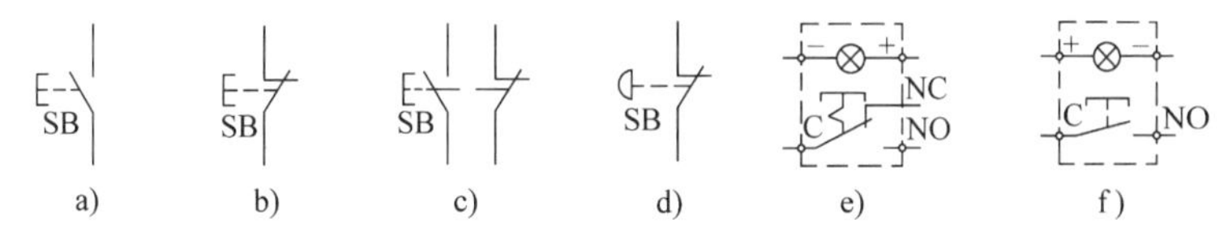

图3-16　常见的按钮图符
a）常开按钮　b）常闭按钮　c）复合按钮　d）紧急按钮　e）按钮带锁及带灯　f）按钮带灯

3.3.3　颜色选择

按钮颜色根据工作状态指示和工作情况要求选择，见表3-2。

表3-2　按钮颜色选择

按钮颜色	含义	说明	应用示例
红	紧急	危险或紧急情况时操作	急停
黄	异常	异常情况时操作	干预制止异常情况
绿	正常	正常情况时起动操作	起动电机、泵等情况
蓝	强制性	要求强制动作情况下操作	复位功能
白	未赋予特定含义	除急停以外的一般功能的起动	起动/接通（优先）、停止/断开
灰			起动/接通、停止/断开
黑			起动/接通、停止/断开（优先）

思 考 题

3-1 说明电源开关的主要作用。

3-2 说明组合开关的使用场合。

3-3 简述行程开关与按钮的异同。

3-4 按下复合按钮，说明常开触头和常闭触头的动作顺序。

3-5 说明单极二位拨位开关和常开触头按钮的异同。

3-6 绘制三极双位电源开关、六极三位组合开关、行程开关、复合按钮、紧急按钮、按钮带灯的图符。

3-7 说明红色、黄色和绿色按钮的使用场合。

第4章 继 电 器

4.1 电磁继电器

4.1.1 电压继电器

触头是否动作与线圈中电压相关的继电器称为电压继电器。电压继电器在电气控制线路中起电压保护和控制作用，其线圈是电压线圈，与负载并联。按吸合电压大小，电压继电器分为过电压继电器与欠电压继电器。

1. 过电压继电器

过电压继电器在电路中起过电压保护作用。过电压继电器线圈在额定电压时，衔铁不产生吸合动作，只有当线圈电压高于其额定电压时衔铁才产生吸合动作，并利用其常闭触头断开需要保护电器的电源。由于直流电路一般不会产生波动较大的过电压现象，所以没有直流过电压继电器产品。

2. 欠电压继电器

欠电压继电器在电路中起欠电压保护作用。欠电压继电器在额定电压时衔铁处于吸合状态，一旦所接电气控制线路中的电压降低至线圈释放电压时，衔铁由吸合状态转为释放状态，欠电压继电器利用其常开触头断开需要保护电器的电源。

3. 示例

图4-1所示为DJ-100系列电压继电器，在继电保护装置线路中，既可作为过电压保护，也能在低电压时闭锁。

图4-1 电压继电器示例（DJ-100系列）

4.1.2 电流继电器

触头是否动作与线圈中电流大小相关的继电器称为电流继电器。电流继电器在电气控制线路中起电流保护和控制作用，其线圈是电流线圈，与负载串联。按吸合电流大小，电流继电器分为过电流继电器与欠电流继电器。

1. 过电流继电器

正常工作时，线圈中虽有负载电流但衔铁不产生吸合动作，当出现超出整定电流的吸合电流时，衔铁才产生吸合动作。在电气控制线路中出现冲击性过电流故障时，过电流使过电流继电器衔铁吸合，利用其常闭触头断开接触器线圈通电回路，从而切断电气控制线路中电气设备的电源。

2. 欠电流继电器

正常工作时，衔铁处于吸合状态，当电路的负载电流降低至释放电流时，衔铁释放。在直流电路中，当负载电流降低或消失往往会导致严重后果（如直流电动机励磁回路断线等)，但交流电路中一般不会出现欠电流故障，因此无交流欠电流继电器。

3. 示例

图 4-2 所示为 DL-30 系列电流继电器，用于电机、变压器和输电线路的过负荷和短路保护线路中。

4.1.3　中间继电器

中间继电器是指用于转换控制信号的中间电器，与接触器类似，通过线圈的通电与断电控制各触头的接通与断开，实现电气控制线路的控制。中间继电器的触头数量较多，各触头额定电流相同。中间继电器的主要用途是当其他继电器触头数量或容量不够时，可借助中间继电器扩充触头数目或增大触头容量，起中间转换作用。将多个中间继电器相组合，还能构成各种逻辑运算电器或计数电器。

图 4-2　DL-30 系列电流继电器

图 4-3 所示为 DZ-15 中间继电器，用于各种保护线路中，以增加主保护继电器的触点数量或触点容量。

图 4-4 所示是铭牌上提供的内部接点图，说明该继电器共有 10 个接线端，①—②为中间继电器线圈、③—⑤与④—⑥为两组常闭辅助触头、⑦—⑨和⑧—⑩为两组常开辅助触头。

图 4-3　DZ-15 中间继电器

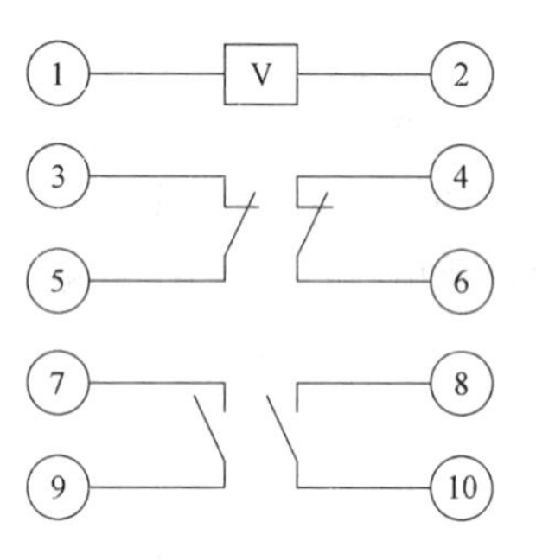

图 4-4　DZ-15 内部接点图

4.1.4　图符

电压继电器各部件的图符如图 4-5 所示：电压线圈方框中用 $U>$ 表示过电压，$U<$ 表示欠电压，$U=0$ 表示零电压。电流继电器各部件的图符如图 4-6 所示：线圈方框中用 $I>$ 表示过电流，$I<$ 表示欠电流。中间继电器各部件图符如图 4-7 所示。

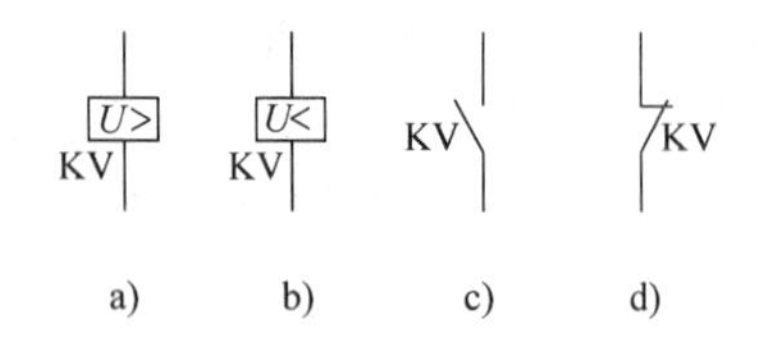

图 4-5　电压继电器图符

a) 过电压继电器线圈　b) 欠电压继电器线圈

c) 电压继电器常开触头　d) 电压继电器常闭触头

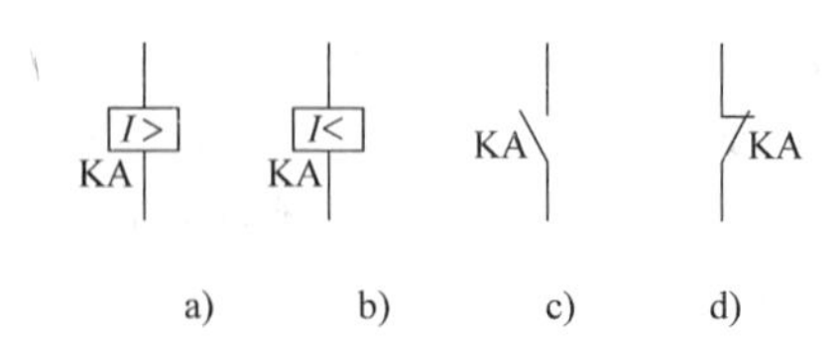

图 4-6　电流继电器图符

a) 过电流继电器线圈　b) 欠电流继电器线圈

c) 电流继电器常开触头　d) 电流继电器常闭触头

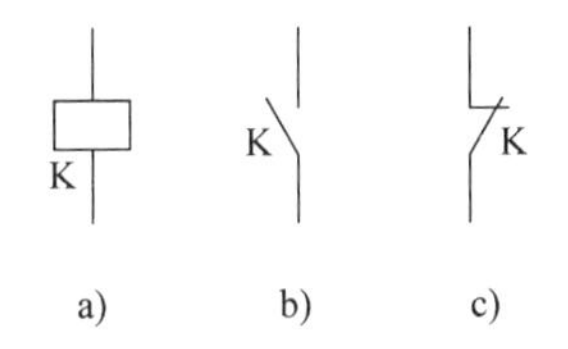

图 4-7　中间继电器图符

a）线圈　b）常开触头　c）常闭触头

4.2　时间继电器

继电器吸引线圈通电或断电以后，其触头经过一定延时才能动作的继电器称为时间继电器。时间继电器有通电延时与断电延时之分，吸引线圈通电后延迟一段时间后触头动作，吸引线圈一旦断电，触头瞬时动作的为通电延时型时间继电器；吸引线圈断电后延迟一段时间触头动作，吸引线圈一旦通电，触头瞬时动作的为断电延时型时间继电器。

4.2.1　原理

图 4-8 所示为空气阻尼式时间继电器原理。

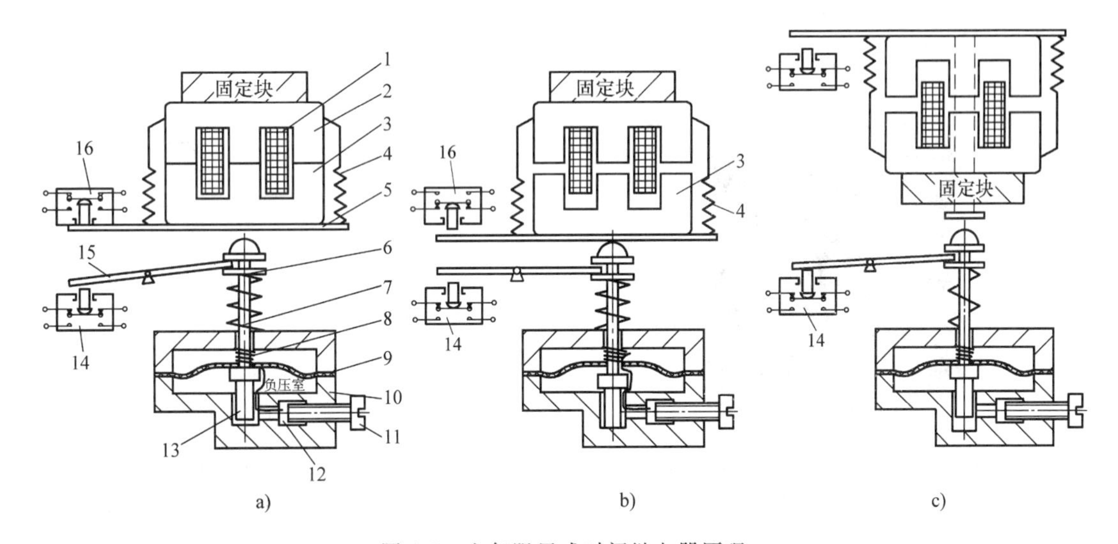

图 4-8　空气阻尼式时间继电器原理

a）通电延时原理　b）断电不延时原理　c）断电延时原理

1—线圈　2—铁心　3—衔铁　4—复位弹簧　5—推板　6—活塞杆　7—塔形弹簧　8—弱弹簧　9—橡皮膜　10—空气室壁　11—调节螺杆　12—进气孔　13—活塞　14、16—微动开关　15—杠杆

1. 通电延时

图 4-8a 中，当线圈 1 通电后，铁心 2 将衔铁 3 吸合，推板 5 使微动开关 16 立即动作，而活塞杆 6 在塔形弹簧 7 作用下将带动活塞 13 及橡皮膜 9 向上移动。

由于橡皮膜下气室空气须经进气孔 12 缓慢补充，因此橡皮膜下气室短期内形成负压，导致活塞杆不能迅速上移产生延时，活塞杆缓慢升到最上端时才能通过杠杆 15 触动微动开关 14，延时时间长短取决于进气孔 12 的大小，可通过调节螺杆 11 调节。

2. 断电不延时

图 4-8b 中，当线圈 1 断电时，衔铁 3 在复位弹簧 4 作用下将活塞 13 推至最下端（图示位置），橡皮膜下气室内的空气可通过活塞杆 6 与橡皮膜之间的间隙进入上气室，上下气室间不形成负压，微动开关 14 与 16 都迅速复位。

3. 断电延时

图 4-8c 是将电磁机构倒置安装构成的断电延时型时间继电器，断电时微动开关 14 将在延时后触动。

空气阻尼式时间继电器延时精度较低，不能精确设定延时时间，延时精度要求较高的电气控制线路中不宜采用。

4.2.2 示例

图 4-9 所示为能精确设定延时时间继电器示例（JSZ6 系列），该时间继电器具有体积小、重量轻、结构紧凑、延时范围广、延时精度高、可靠性好、寿命长等特点，适用于机床自动控制、成套设备自动控制等要求高精度、高可靠性的自动控制系统延时控制。

4.2.3 图符

时间继电器图符如图 4-10 所示，各种延时触头的动作方向总是指向触头上圆弧图形的圆心，a)～c) 和 d)～f) 两组各 3 个图符，组内配套使用。

图 4-9 精确延时时间继电器示例（JSZ6 系列）

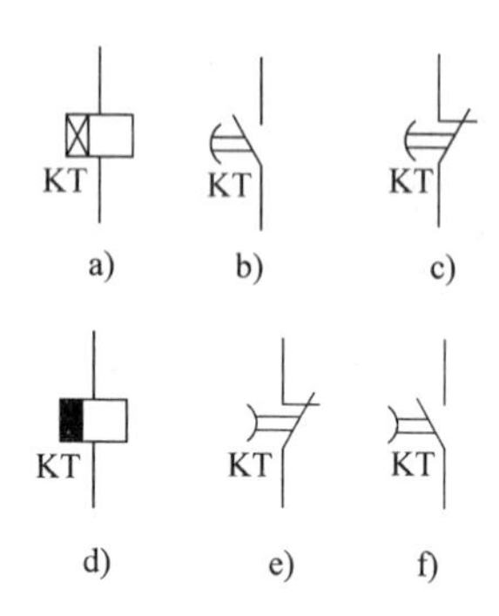

图 4-10 时间继电器各种部件图符
a）通电延时型线圈 b）延时闭合的常开触头
c）延时断开的常闭触头 d）断电延时型线圈
e）延时闭合的常闭触头 f）延时断开的常开触头

4.3 速度继电器

速度继电器常用于电动机反接制动电气控制线路中，当电动机轴速度达到规定值时速度继电器动作，当电动机轴速度下降到接近零时速度继电器触头自动及时切断控制支路。

4.3.1 原理

图 4-11 所示速度继电器的转子 2 由永磁材料制成并与电动机同轴连接，电动机转动时

永磁转子跟随电动机转动，笼型绕组4切割转子磁场产生感应电动势及环内电流，环内电流在转子磁铁作用下产生电磁转矩使绕组套3跟随转子转动方向偏转，即转子顺时针转动时，绕组套3随之顺时针方向偏转；转子逆时针方向转动时，绕组套3随之逆时针偏转。

绕组套3偏转时带动下方的摆锤5摆动，推动簧片6右移或簧片9左移，静触头7或8的通断状态随之改变。

图4-11 速度继电器示意图

1—转轴 2—永磁转子 3—绕组套 4—笼型绕组 5—摆锤 6、9—簧片 7、8—静触头

4.3.2 示例

图4-12是JY1速度继电器，左端为该速度继电器的联轴头，打开右端的后盖，可看到控制部分的摆杆结构。

4.3.3 图符

速度继电器各部件图符如图4-13所示。

图4-12 JY1速度继电器

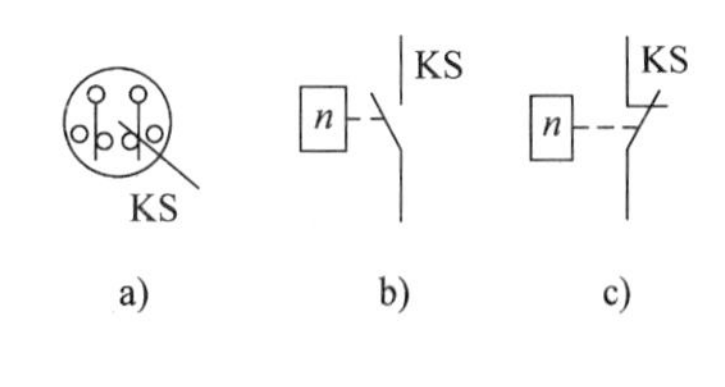

图4-13 速度继电器各部件图符

a）转子 b）常开触头 c）常闭触头

4.4 热继电器

热继电器就是利用电流的热效应工作的保护电器，在电气控制线路中主要用于电动机的过载保护。热继电器根据过载电流的大小自动调整动作时间，过载电流大，热继电器动作时间较短；过载电流小，热继电器动作时间较长；而在正常额定电流时，热继电器长期保持无动作。

4.4.1 原理

热继电器由加热元件、双金属片、触头系统等组成，其中双金属片是关键的测量元件。双金属片由两种热膨胀系数不同的金属通过机械碾压形成一体，热膨胀系数大的一侧称为主动层，小的一侧称为被动层。双金属片受热后产生热膨胀，但由于两层金属的热膨胀系数不同，且两层金属又紧密地结合在一起，致使双金属片向被动层一侧弯曲，因受热而弯曲的双金属片产生的机械力就带动动触头产生分断电路的动作。

图4-14中加热元件13串接在电动机定子绕组中，电动机绕组电流即为流过加热元件的电流。

电动机正常运行时，热元件产生的热量虽能使双金属片2弯曲，但不足以使热继电器动

作，只有当电动机过载时，加热元件产生大量热量使双金属片弯曲位移增大从而推动导板 3 左移，通过补偿双金属片 14 与簧片 9 将动触头连杆 5 和静触头 4 分开。动触头连杆 5 和静触头 4 是热继电器串接于接触器电气控制线路中的常闭触头，一旦两触头分开，就使接触器线圈断电，再通过接触器的常开主触头断开电动机的电源，使电动机获得保护。

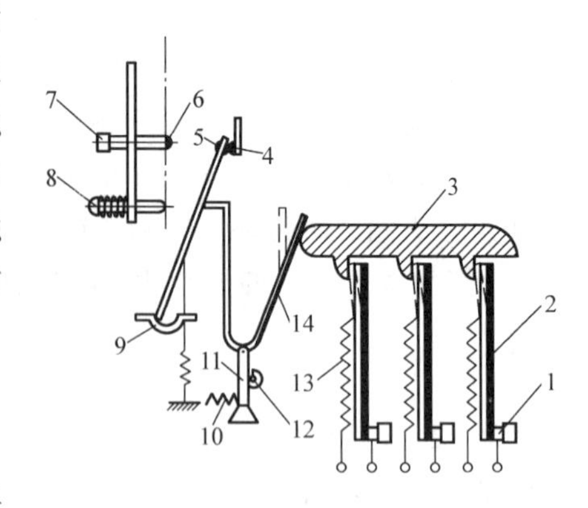

图 4-14　热继电器示意图
1—固定柱　2—双金属片　3—导板
4、6—静触头　5—动触头连杆
7—螺钉　8—复位按钮　9—簧片
10—弹簧　11—支撑杆　12—调节偏心轮
13—加热元件　14—补偿双金属片

4.4.2　示例

图 4-15 所示为 NR2 系列热过载继电器，通过上端三根铜插可与接触器接插安装，将三相进线接入，下端 2/T1、4/T2、6/T3 为出线接线端，95—96 为一组常闭辅助触头，97—98 为一组常开辅助触头。

4.4.3　图符

热继电器各部件图符见图 4-16。

图 4-15　NR2 系列热过载继电器

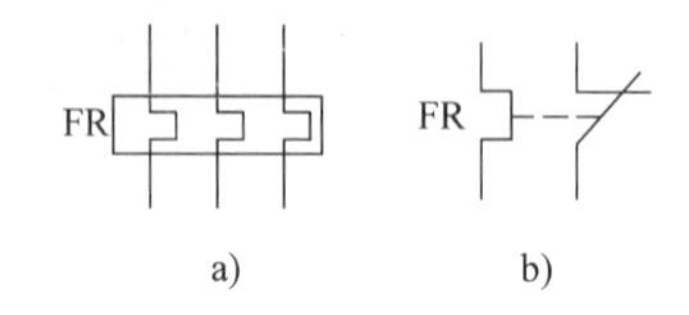

图 4-16　热继电器各部件图符
a）加热元件　b）热继电器触头

思　考　题

4-1　说明电压继电器、电流继电器和中间继电器的主要用途。
4-2　绘制各类电压继电器、电流继电器和中间继电器的图符。
4-3　绘制时间继电器各类部件和触头的图符。
4-4　说明空气式时间继电器延时时间调节原理。
4-5　说明速度继电器的主要用途。
4-6　绘制速度继电器的各类图符。
4-7　说明热继电器在电动机起动阶段是否动作及其原因。
4-8　绘制热继电器的各类图符。

第5章　其他电器

5.1　交流接触器

5.1.1　原理

图4-1所示交流接触器是根据电磁原理工作的，当电磁线圈5通电后产生磁场，使静铁心6产生电磁吸力吸引动铁心4向下运动，使三对常开主触头1闭合，同时常闭辅助触头2断开，常开辅助触头3闭合。当线圈断电时，电磁力消失，动触头在弹簧7作用下向上复位，各触头复原（即主触头断开、常闭辅助触头闭合、常开辅助触头断开）。

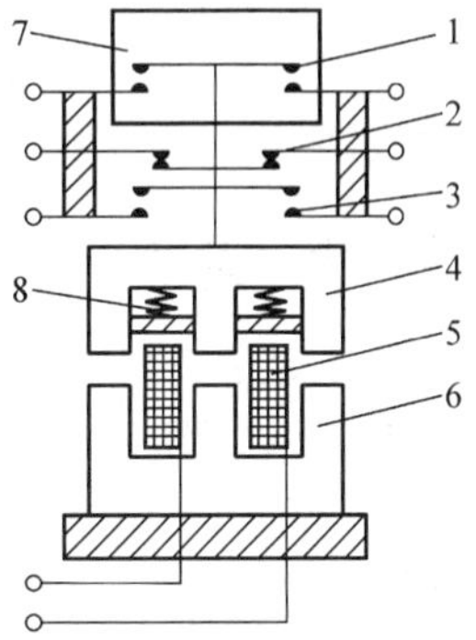

图5-1　交流接触器原理
1—常开主触头　2—常闭辅助触头
3—常开辅助触头　4—动铁心
5—电磁线圈　6—静铁心
7—弹簧　8—灭弧罩

5.1.2　图符

交流接触器在原理图中常按各部件作用分别画到主电路和各条控制支路中，各部件图符如图5-2所示。

5.1.3　示例

图5-3所示的交流接触器（NC1系列）用于远距离接通和分断电路。三个进线接线端标识为1/L1、3/L2、5/L3，三个出线接线端标识为2/T1、4/T2、6/T3，A1、A2为线圈的两个接线端，13NO、14NO为线圈控制的一对常开辅助触头的接线端。当辅助触头不够用时，可通过安装中间继电器的方法扩充辅助触头的数量。

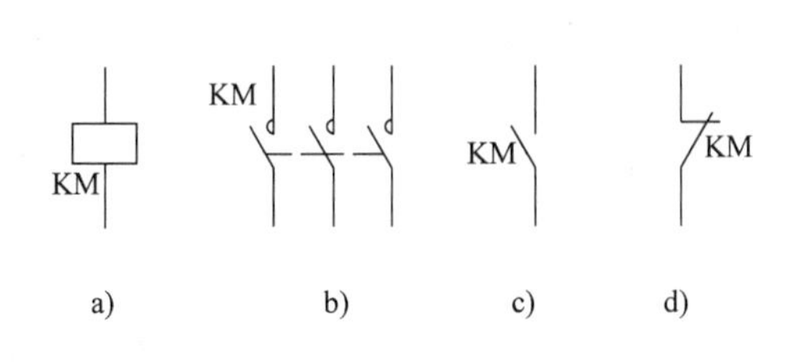

图5-2　交流接触器各部件图符
a）线圈　b）主触头　c）常开辅助触头　d）常闭辅助触头

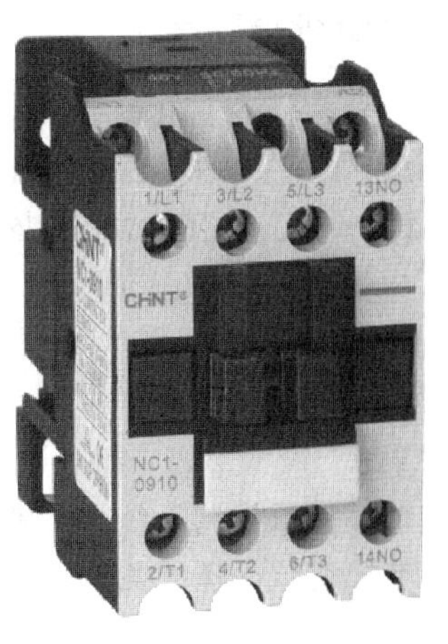

图5-3　交流接触器示例（NC1系列）

5.2 异步电动机

异步电动机是依据气隙旋转磁场与转子绕组感应电流相互作用产生电磁转矩而实现将电能转变为机械能的一种交流电动机，因转子转速与旋转磁场转速间存在差异的不同步而得名。

5.2.1 笼型绕组电动机

笼型绕组由插入每个转子槽中的导条和两端的环形端环构成，如果去掉铁心，整个绕组形如一个“圆笼”，其图符如图 5-4 所示。U、V、W 表示通入三相绕组中的三根接入线，PE 表示接地线，M 表示电动机，3 ~ 表示是三相交流电动机。

5.2.2 绕组多抽头电动机

需改变定子三相绕组不同联结方式时，定子绕组中会引出 6 个或 9 个接线端子，其图符如图 5-5 所示，图 5-5a 的三相异步电动机定子绕组引出了 6 个接线端子 U1、V1、W1 及 U2、V2、W2；图 5-5b 的三相异步电动机定子绕组中引出了 9 个接线端子 U1、V1、W1、U2、V2、W2、U3、V3、W3。

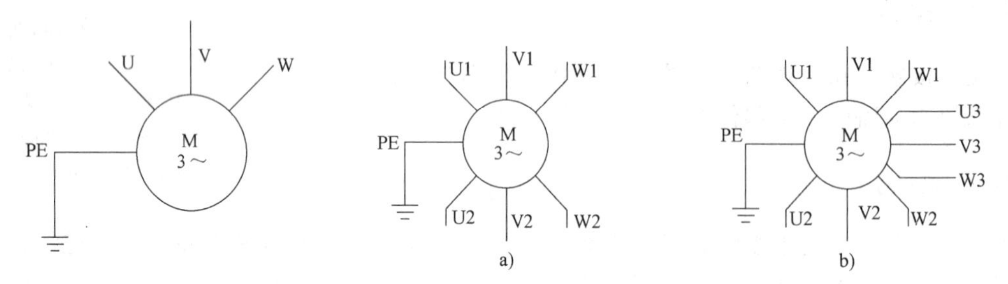

图 5-4 三相异步电动机图符

图 5-5 定子绕组多抽头电动机图符

a）6 抽头 b）9 抽头

5.2.3 电动机功率等级

根据国家标准，250kW 以下电动机的功率等级标准分别为 0.12、0.18、0.25、0.37、0.55、0.75、1.1、1.5、2.2、3.0、4.0、5.5、75、11、15、18.5、22、30、37、45、55、75、90、110、132、160、200、250 共 28 个功率等级。250kW 以上的电动机共分为 43 个功率等级。

5.3 变压器

变压器是机电控制系统主电路的负载电器，利用电磁感应原理，以相同频率在多个绕组之间实现变换交流电压，为低压控制线路中接入特定电压的电流。

5.3.1 控制变压器

控制变压器用于向低压控制线路提供特定电压的电流，为控制、局部照明灯、指示灯等电器提供电源。

图 5-6 所示的控制变压器图符中，一次侧接入 380V 交流电，二次侧分别供出 24V 和 36V 交流电。

图 5-7 所示的 NDK(BK)-100 控制变压器适用于 50～60Hz 的交流电路中，作为机床和机械设备中一般电器的控制电源、局部照明及指示灯电源。

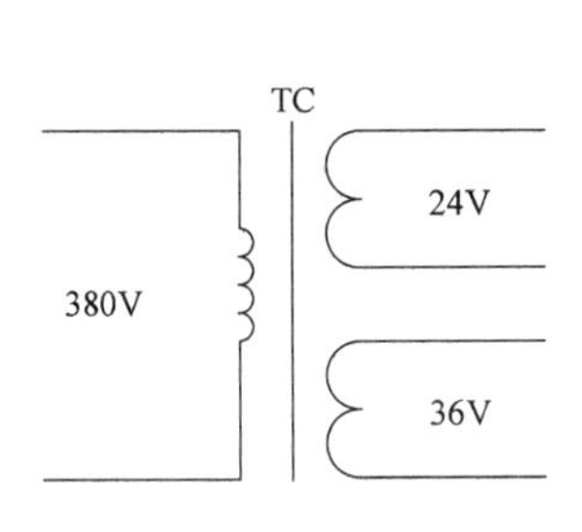

图 5-6 控制变压器图符

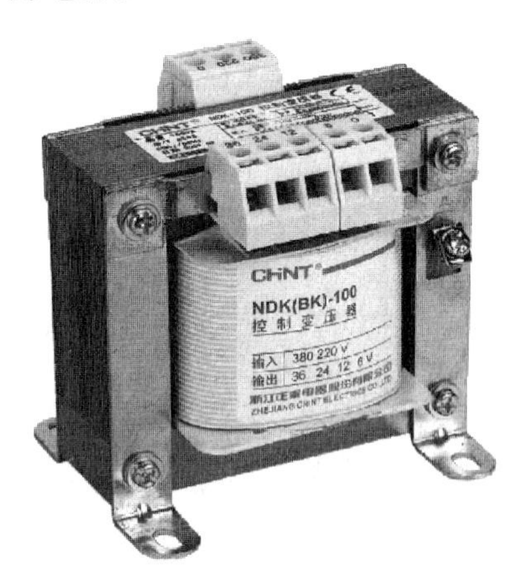

图 5-7 NDK(BK)-100 变压器

5.3.2 自耦变压器

1. 原理

自耦变压器是指一次和二次绕组在同一条绕组上的变压器。由于在一个闭合的铁心上绕两个或以上的绕组，当一个绕组通入交流电源时（一次绕组），绕组中流过交变电流，在铁心中产生交变磁场，交变主磁通在一次绕组中产生自身感应电动势，在另一个绕组（二次绕组）中感应互感电动势。通过改变一、二次绕组的匝数比关系来改变一、二次绕组端电压，实现电压的变换，一般匝数比为 1.5∶1～2∶1。因为一次和二次绕组直接相连，所以有跨级漏电的危险。

2. 图符

图 5-8 所示的自耦变压器图符中，一次绕组 U1、V1、W1 端接入三相 380V 交流电，二次绕组 U2、V2、W2 端输出电压为（$380/k$）V，k 为自耦变压器的变压比。变压器用交流接触器 KM 控制一次和二次绕组之间的通断。

3. 案例

图 5-9 所示自耦变压器（QZB-J 系列）适用于不频繁操作条件下的减压起动，降低电动机的起动电流，以改善电动机起动时对输电网络的影响。

5.3.3 三相变压器

电气控制线路中常用三相绕组共用一个铁心的三相心式变压器。各相的高压绕组首端和末端分别用 U1、V1、W1 和 U2、V2、W2 表示，高压绕组可采用星形或三角形联结。各相低压绕组的首端和末端分别用 u1、v1、w1 和 u2、v2、w2 表示，低压绕组则采用星形联结，图符如图 5-10 所示。

图 5-11 所示的 NSK 系列三相变压器用于交流 50～60Hz，额定电源电压 500V 及以下，额定容量 5kV · A 及以下的电路中。

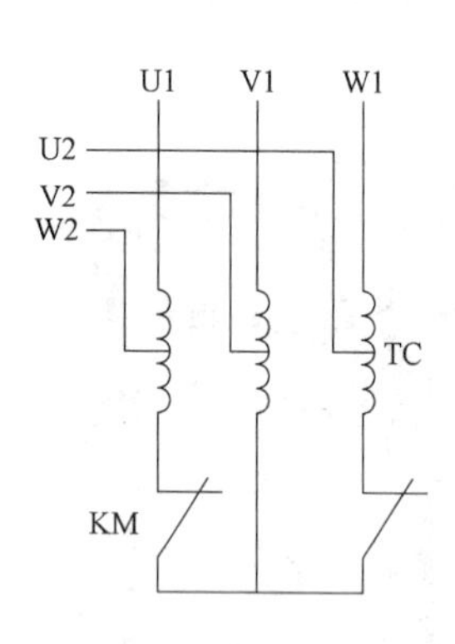

图 5-8　自耦变压器图符

图 5-9　自耦变压器示例（QZB-J 系列）

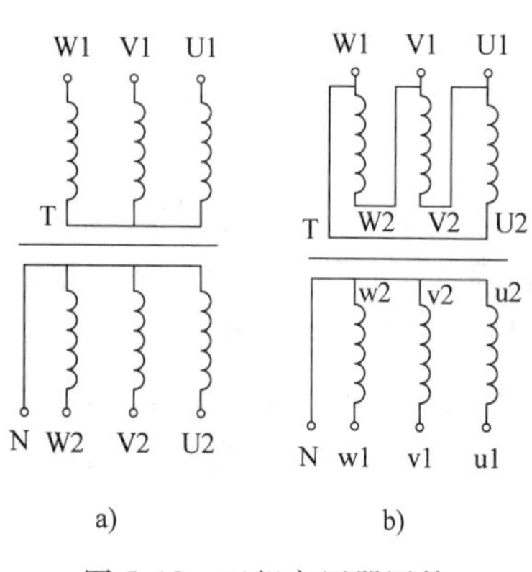

图 5-10　三相变压器图符

a）星-星联结　b）三角-星联结

图 5-11　NSK 系列三相变压器

5.4　灯具

5.4.1　指示灯

指示灯的作用是指示机电控制装置重要部位的工作状态，指示灯图符如图 5-12 所示。

图 5-13 所示的指示灯（ND16 系列）用于指示信号、预告信号、事故信号及其他指示信号。

图 5-14 所示为机床指示灯（LS52 自立安装型多层式），采用高度 LED 光源、长寿命钨丝灯泡、特殊闪光灯罩以及 85dB 的蜂鸣音等，用于数控机床工况显示。

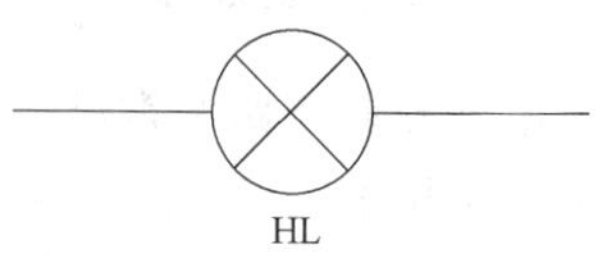

图 5-12　指示灯图符

图5-13 指示灯（ND16系列）

图5-14 机床指示灯（LS52自立安装型多层式）

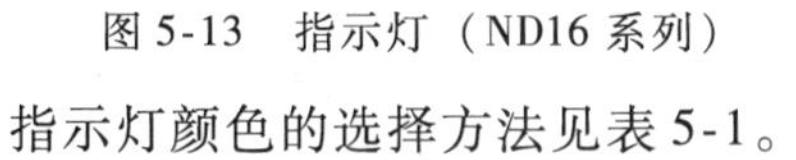

指示灯颜色的选择方法见表5-1。

表5-1 指示灯颜色选择

指示灯颜色	含 义	说 明
红	异常情况或警报	对可能出现的危险和需要立即处理的情况报警
黄	警告	状态改变或变量接近其极限值
绿	准备、安全	安全运行条件指示或机械准备起动
蓝	特殊指示	上述几种颜色（即红、黄、绿色）未包括的任一种功能
白	一般信号	上述几种颜色（即红、黄、绿色）未包括的各种功能，如某种动作正常

5.4.2 照明灯

照明灯用于为机电装置操作者提供局部照明，照明灯图符如图5-15所示。

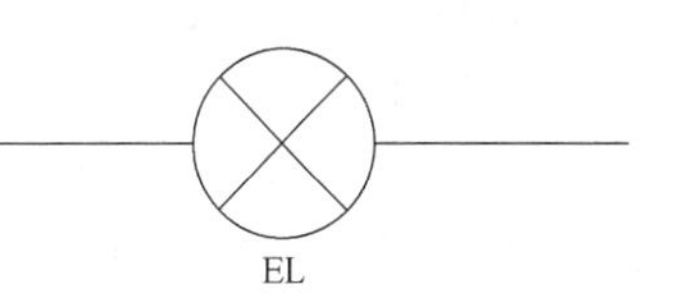

图5-15 照明灯图符

图5-16所示的照明灯（LY系列防水荧光灯）具有防水、防蚀、防爆功能，广泛用于数控机床、组合机床及加工中心照明。

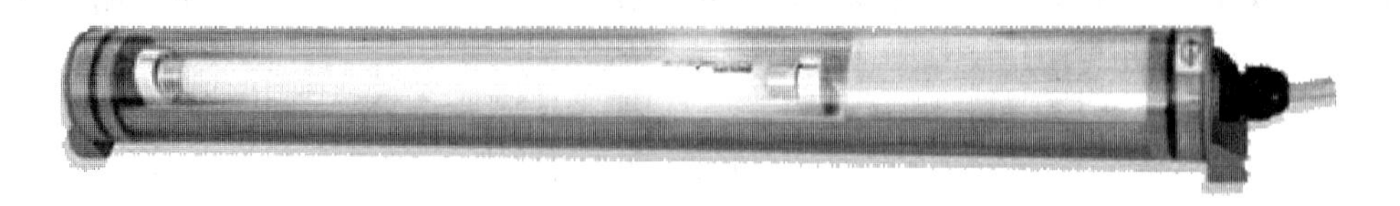

图5-16 照明灯（LY系列防水荧光灯）

5.5 保护电器

5.5.1 低压断路器

低压断路器用于正常工作时不频繁接通和断开电路，一旦线路中出现过载、短路以及失压等故障能自动切断故障电路。

1. 原理

图 5-17 所示的低压断路器中，主触头 1 处于合闸位置时，自由脱扣机构 2 将主触头锁扣在闭合状态。

（1）短路分断原理　线路正常工作时，过电流脱扣器 3 线圈产生的吸力不能将上方的摆杆吸合。线路中出现短路故障时，短路过电流使过电流脱扣器线圈吸力增加，将线圈上方的摆杆式衔铁吸合，使之绕支点逆时针转动，自由脱扣机构 2 上升并和主触头脱扣，主触头在拉簧作用下左移分断。

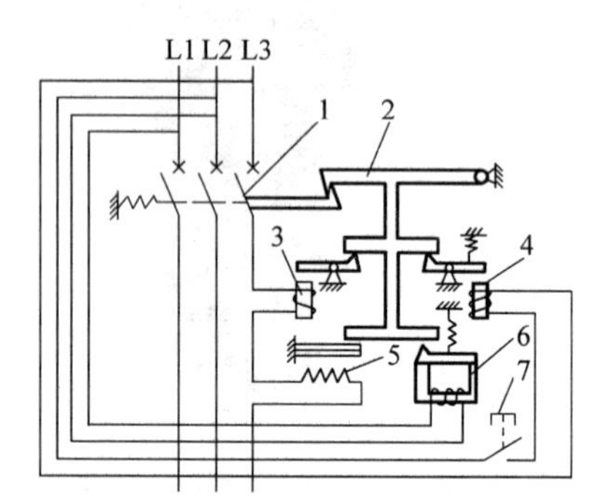

图 5-17　低压断路器示意图

1—主触头　2—自由脱扣机构　3—过电流脱扣器　4—分励脱扣器　5—热脱扣器　6—失压脱扣器　7—按钮

（2）过载分断原理　线路中出现过载故障时，热脱扣器 5 的线圈因发热对上方的双金属片进行加热，因双金属片的下层金属材料的线胀系数大于上层，加热后双金属片产生上翘，推动自由脱扣机构上升而使主触头脱扣分断。

（3）失压分断原理　线路中出现失压现象时，失压脱扣器 6 线圈的吸力减少而不能吸合上方的衔铁，从而使衔铁上升导致自由脱扣机构 2 随之上升，主触头脱扣分断。

（4）远程分断原理　分励脱扣器 4 受远程控制分断按钮 7 控制，合上远程按钮，分励脱扣器线圈吸合上方的摆杆式衔铁，自由脱扣机构 2 上升，主触头脱扣分断。

2. 图符

图 5-18 所示是三极低压断路器的图符。图中的手动触头 QF 处于断开状态，三相交流电从导线 1L1、1L2、1L3 不能到达 2L1、2L2、2L3。手动触头 QF 一旦合上，三相交流电就可由 1L1、1L2、1L3 分别到达 2L1、2L2、2L3。向左凸出的方形线和半圆线表示带有“浪涌过流保护”功能，2L1、2L2、2L3 线路中一旦出现短路故障导致电流突增（即浪涌过流），手动触头 QF 就会自动跳断，切断从 1L1、1L2、1L3 到达 2L1、2L2、2L3 的电流。图中用虚线将三路线连接在一起，表示 1L1、1L2、1L3 三条线路中的触头联动。

图 5-19 是同时控制 2 条线路的双极低压断路器图符。图 5-20 是控制 1 条线路中的单极低压断路器图符。

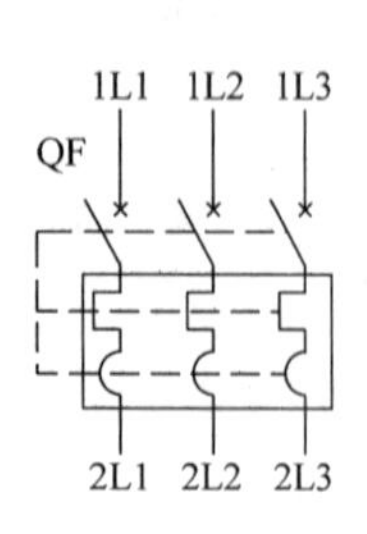

图 5-18　三极低压断路器图符

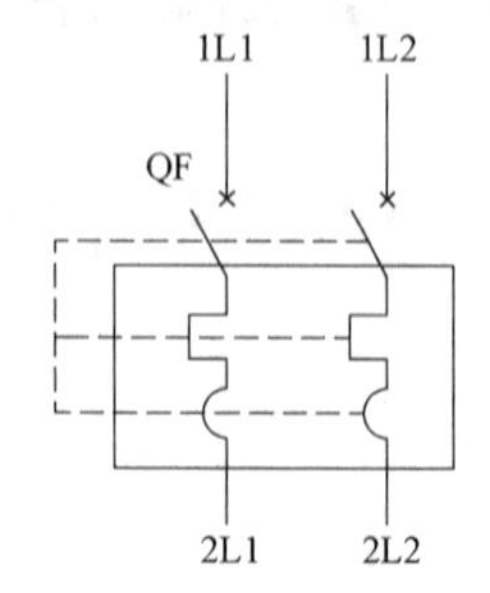

图 5-19　双极低压断路器图符

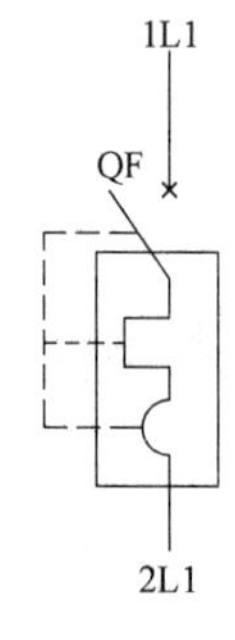

图 5-20　单极低压断路器图符

3. 示例

图 5-21 所示为 NM8（N——企业特征代号，M——塑料外壳式断路器，8——设计代号）系列低压断路器。该断路器有三个标号分别为 1、3、5 的进线接线端，三个标号分别为 2、4、6 的出线接线端，分别接入和接出三相交流电，铭牌板中有一手工操作推杆，推杆推至下端为“OFF”位，三相进线与三相出线之间处于切断状态；推杆推至上端为“ON”位，三相进线与三相出线处于接通状态。

图 5-21 NM8 系列低压断路器

5.5.2 熔断器

熔断器串联在所保护的电路中，用于电路及用电设备的短路保护。在正常情况下熔断器相当于一根导线，在发生短路时因电流过大导致熔体过热熔化自常闭开电路。在断开电路过程中往往产生强烈的电弧并向四周飞溅，为有效熄灭电弧一般将熔体安装在壳体内。

图 5-22 是熔断器的图符，短路时由于电流剧增，导致熔断器内部的熔丝烧断，从而切断 1L1、1L2 之间的电流，保护了串联在熔断器后面的电器及设备。

图 5-23 所示为 RT14 系列圆筒型帽熔断器支持件，内配装 RT28-32 熔体，适用于交流 50Hz、额定电压至 380V，额定电流至 32A 的配电装置中作过载和短路保护之用。

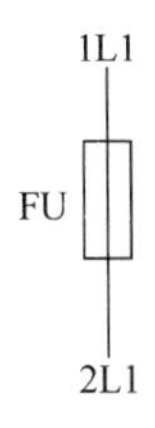

图 5-22 熔断器图符

图 5-23 熔断器（RT14 系列）

思 考 题

5-1 图示并简述交流接触器的工作原理。

5-2 绘制交流接触器各部件的图符。

5-3 说明交流接触器触头结构形式及其使用场合。

5-4 简述线圈电压为 220V 的交流接触器误接至 380V 交流电源上所产生的结果。

5-5 说明 NC1 系列交流接触器各个接线端子标识及含义。

5-6 分别绘制三抽头、六抽头、九抽头异步电动机的图符。

5-7 简述电动机功率等级标准的含义及与电动机选用之间的关系。

5-8 简述控制变压器、自耦变压器和三相变压器各自的用途。

5-9 绘制 380V 输入、24V 输出控制变压器的图符。

5-10 简述红色、黄色、绿色三种指示灯的使用场合。

5-11 图示并简述低压断路器的工作原理。

5-12 简述电动机电气控制线路中热继电器与熔断器各自的作用。

5-13 简述 NM8 电器型号的含义。

5-14 简述熔断器的用途和在线路中的连接方法。

第6章　起停控制

6.1　全压单点起停控制

全压起动又称为直接起动，即起动时将三相异步电动机定子绕组直接连在额定电压的交流电源上。三相异步电机起动电流 I_{st} 为额定电流 I_N 的4~7倍，起动时过大的电流将导致绕组因严重发热而损坏，甚至还会造成电网电压显著下降及邻近其他电气设备（例如电动机）工作不正常，全压起动时电动机功率通常在10kW以下。

6.1.1　点动起停

1. 主回路

图6-1是三相笼型异步电动机单向全压点动起停控制电路。主回路由组合开关QS、熔断器FU1、接触器的主触头KM、热继电器的加热元件FR和电动机M组成。控制回路由热继电器的常闭触头FR、点动按钮SB、线圈KM和熔断器FU2组成。

2. 变压器的作用

三相电源由组合开关QS引入主回路，主回路与控制回路之间电源连接关系是：先从主回路向变压器TC一次绕组引入两相电源，然后由变压器二次绕组引出两相符合控制回路电压要求的控制电源供给控制回路。

3. 点动控制

按下按钮SB时，KM线圈通电，主回路中的KM主触头闭合（组合开关QS先已合上），电动机M全压起动运转。手松开按钮SB时，按钮SB1在复位弹簧作用下，恢复至断开状态，接触器KM的线圈断电，导致主回路中接触器的主触头断开，电动机M断电停转。

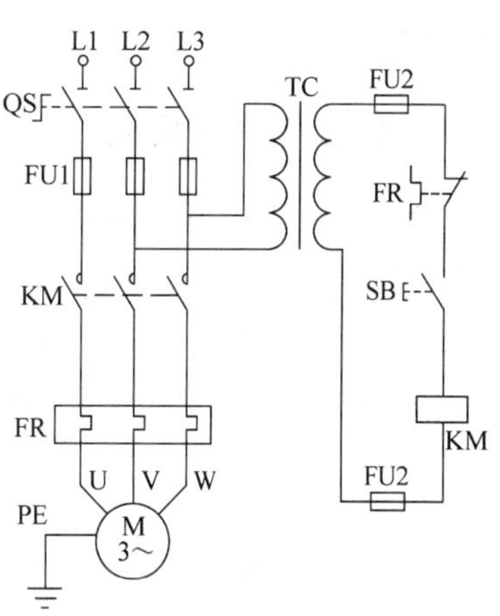

图6-1　三相笼型异步电动机单向全压点动起停控制电路

这种按下按钮、电动机起动，松开按钮、电动机断电停转的控制形式称为点动，点动控制多用于机床刀架、横梁、立柱等快速移动和机床对刀等场合。

6.1.2　起停保持

图6-2是电动机全压起停保持控制电路。三相电源仍由组合开关QS引入，两相控制回路电源仍通过变压器TC从主回路中接入电源，变压后再供给控制回路，但变压器部分连接线路省略。

1. 主回路

起动时，合上QS，引入三相电源。按下SB2，KM线圈通电，主回路中KM主触头闭合，电动机接通电源直接起动运转。

2. 保持控制

由于按钮 SB2 与一个 KM 常开辅助触头并联，KM 线圈一旦通电，KM 常开辅助触头闭合，以后即使 SB2 松开后复位断开，通过 KM 常开辅助触头的闭合，KM 线圈继续保持通电，电动机 M 连续运行。这种依靠接触器自身辅助触头而使其线圈保持通电的控制方式称为自锁。

3. 停止控制

按下按钮 SB1，KM 线圈断电，致主回路中 KM 主触头断开，电动机 M 停止工作，控制回路中的 KM 常开辅助触头同时断开。松开 SB1 后，SB1 将复位闭合，但 KM 线圈已不能依靠 KM 常开辅助触头通电，按钮 SB1 起停止作用。

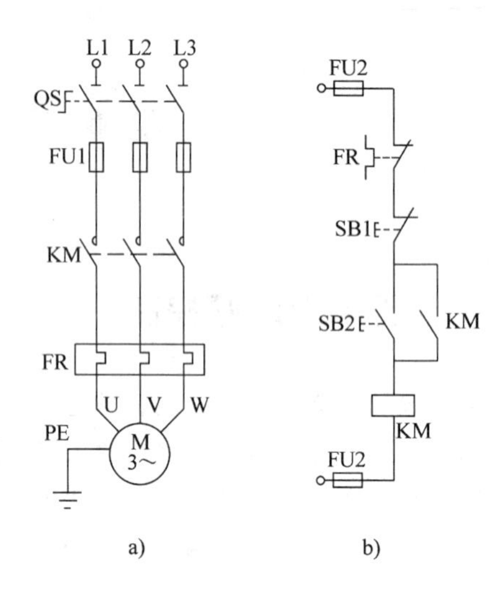

图 6-2　电动机单向全压起停保持控制电路
a）主回路　b）控制回路

4. 保护环节

熔断器 FU1、FU2 用于电路短路保护但不能起过载保护作用，因此需用热继电器 FR 实现过载保护。

6.1.3　点动与保持切换

图 6-3 所示各控制电路具有点动起停方式与起停保持方式切换功能。

1. 开关切换

图 6-3a 控制电路中通过手动开关 SA 实现点动方式与保持方式的切换。SA 置于“断”位置，按钮 SB2 是一个点动方式按钮；SA 置于“通”位置，按钮 SB2 转换为起动保持方式按钮。

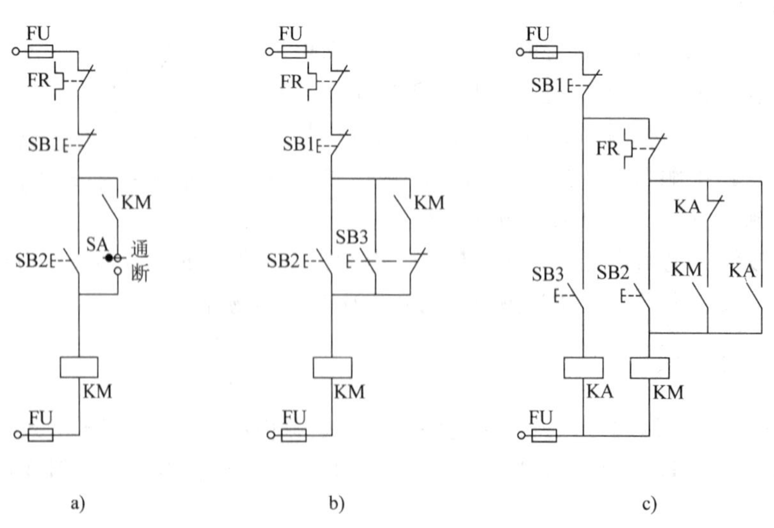

图 6-3　点动与保持切换控制电路
a）开关转换　b）分别控制　c）中间继电器控制

2. 分别控制

图6-3b控制电路中点动方式与保持方式用按钮SB2、复合按钮SB3分别控制。点动方式按钮为SB3，按下复合按钮SB3，其常闭触头断开接触器KM的自锁触头支路，常开触头所在支路接通，实现点动。保持方式按钮为SB2。

3. 中间继电器控制

图6-3c控制线路中，按下按钮SB3，中间继电器KA的常闭触头断开接触器KM的自锁触头，而KA的常开触头使接触器KM的线圈通电实现点动，保持方式用按钮SB2实现。

6.2 多点起停控制

根据机电设备操作人数有单人多点控制与多人多点控制两种控制电路。

6.2.1 单人多点起停

单人操作的大型机电设备为了操作方便，常要求在两个或两个以上地点都能操作，其控制电路如图6-4所示，分别在甲地安装起动按钮SB1与停止按钮SB2，乙地安装SB3、SB4，丙地安装SB5、SB6，在甲、乙、丙中任何一地，均可通过相应的起动按钮与停止按钮操作。

6.2.2 多人多点起停

多人多点操作的大型机电设备为了操作安全，要求多个操作者都发出起动信号，设备才能起动工作，其控制电路如图6-5所示。甲、乙、丙三地的起动操作按钮SB2、SB4与SB6必须都按下，接触器KM的线圈才能通电。

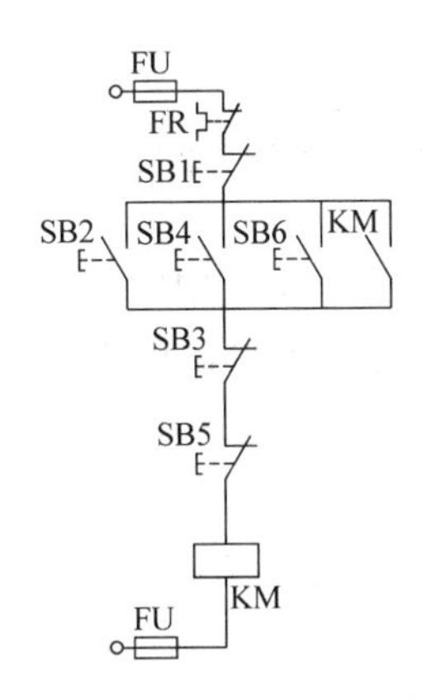

图6-4 单人多点起停控制电路

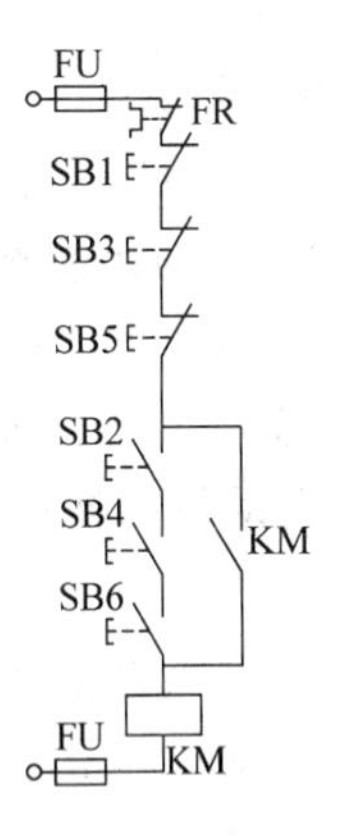

图6-5 多人多点起停控制电路

6.3 减压起动控制

由于较大功率（大于10kW）笼型异步电动机的起动电流较大，起动时会引起电网电压波动，因此需通过减压起动减小电动机绕组中的起动电流。常用减压起动方法有串电阻减压起动、星-三角换接减压起动、延边三角形换接减压起动及自耦变压器减压起动等。

6.3.1 串电阻减压起动

图 6-6 是定子绕组串电阻减压起动控制电路。电动机起动时，在电路中串电阻，可使电动机定子绕组电压降低，起动结束后再将电阻切除，使电动机在额定电压下运行。

1. 主回路

主回路中 QS 是电源引入开关，当接触器 KM1 主触头闭合、接触器 KM2 主触头断开时，电源电流将经组合开关 QS、熔断器 FU1、主触头 KM1、串接在线路中的电阻 *R*、热继电器加热元件 FR 接入电动机 M 的三相定子绕组中，三相定子绕组处于减压起动状态。反之，将 KM1 断开、KM2 闭合，则电源不再经过串电阻 *R*，而是直接接入三相定子绕组中，三相定子绕组处于全压运转状态。

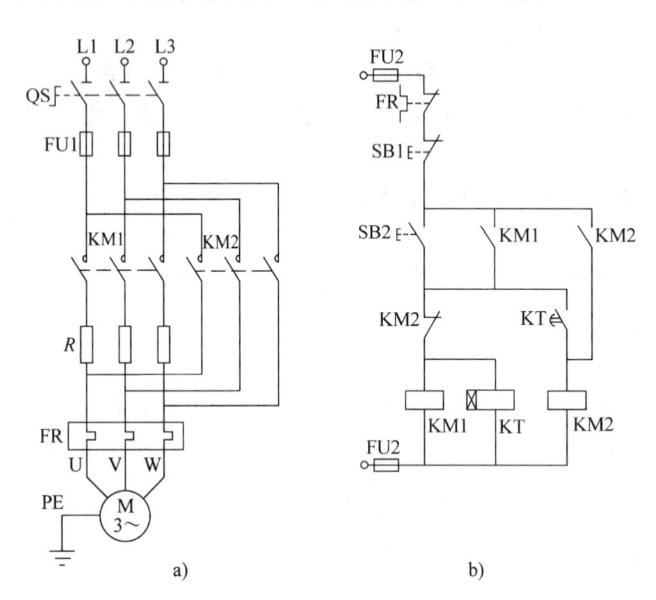

图 6-6 定子绕组串电阻减压起动控制电路

a）主回路 b）控制回路

2. 减压起动控制

当按下 SB2，KM1 线圈通电，并通过 KM1 常开辅助触头闭合形成对 SB2 的自锁。主回路中 KM1 主触头接通，电动机进入减压起动状态。

3. 全压切换控制

按下 SB2 时 KT 线圈同时通电，经一段延时时间（延时时间至接近电动机额定转速时结束）后，KT 常开延时闭合触头闭合，KM2 线圈通电。

KM2 线圈一旦通电，KM1 线圈因所在支路中的 KM2 常闭触头立即断开而断电，此时主回路中 KM1 主触头断开，KM2 主触头闭合，引入的电源电流不经过串电阻直接接入电动机的三相绕组，电动机切换成全压运转状态。

4. 特点

串电阻减压起动的优点是控制电路简单、成本低、动作可靠、功率因素高。但由于串电阻减压起动时电流随定子电压成正比下降，起动转矩按电压的二次方成正比下降，且每次起动都要消耗大量电能，仅适用于要求起动平稳的中小容量电动机，且起动不宜频繁。

6.3.2 星-三角换接减压起动

用于星-三角换接减压起动三相异步电动机定子绕组中有六个接线端子 U1、V1、W1、W2、U2 及 V2，如图 6-7 所示。

1. 星-三角换接原理

起动时，KM 主触头和 KM1 主触头闭合、KM2 主触头断开，接线端子 W2-U2-V2 互连，定子绕组暂接成星形，这时定子绕组相电压仅为电动机额定电压的 $1/\sqrt{3}$，电动机起动。

待电动机转速升到一定值时，再换接成 KM 主触头和 KM2 主触头闭合、KM1 主触头断开的状态，接线端子 U1-V2、V1-W2、W1-U2 互连，定子绕组换接成三角形，电动机在额定电压下正常运转。

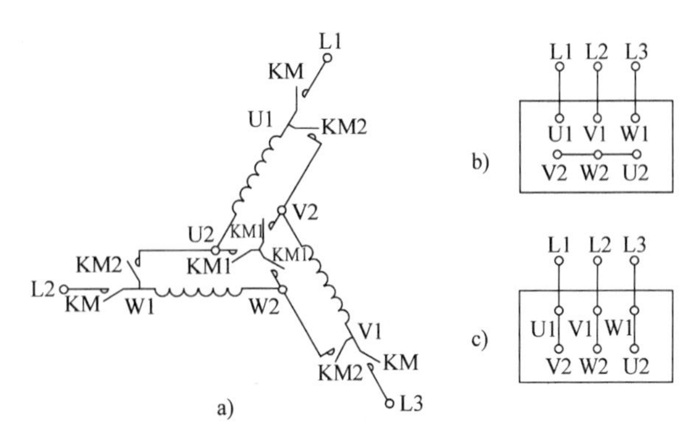

图 6-7 星-三角换接的定子绕组接线

a）定子绕组接线示意图 b）星形联结 c）三角形联结

2. 星-三角手动换接

图 6-8 是星-三角手动换接减压起动电路。起动时按下 SB2，控制回路中 KM 线圈通电，并通过 KM 常开辅助触头自锁，主回路中的 KM 主触头闭合，与此同时 KM1 线圈也通电，主回路中的 KM1 主触头闭合，三相异步电动机定子绕组接成星形。

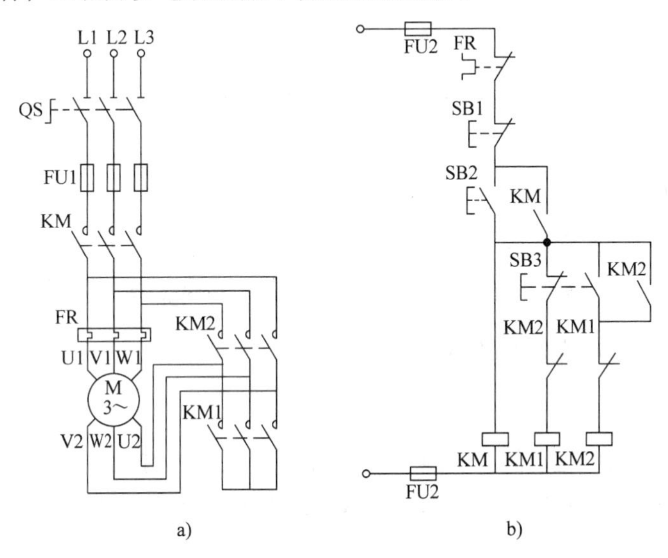

图 6-8 星-三角手动换接减压起动电路

a）主回路 b）控制回路

待电动机转速稳定时，再按下 SB3，控制回路中 KM 线圈仍然通电，主回路中 KM 主触头保持闭合；而 KM1 线圈断电，主回路中的 KM1 主触头断开，同时 KM2 线圈通电，使主回路中的 KM2 线圈闭合，定子绕组换接成三角形。

3. 星-三角自动换接

图 6-9 是星-三角自动换接减压起停电路。按下 SB2，KM 线圈通电，并通过 KM 常开辅助触头自锁，同时，KM1 线圈通电、KT 线圈也通电。主回路中的 KM 主触头与 KM1 主触头都闭合，定子绕组连接成星形。

KT 线圈延时到达后，KT 常开延时闭合辅助触头闭合，KM2 线圈通电，并通过 KM2 常开辅助触头形成自锁。与此同时，KM1 线圈因所在支路中的 KT 常闭延时断开触头断开而断电，KM 线圈则保持通电。上述结果导致主回路中 KM1 主触头断开，KM 主触头与 KM2 主触头闭合，定子绕组自动换接成三角形。

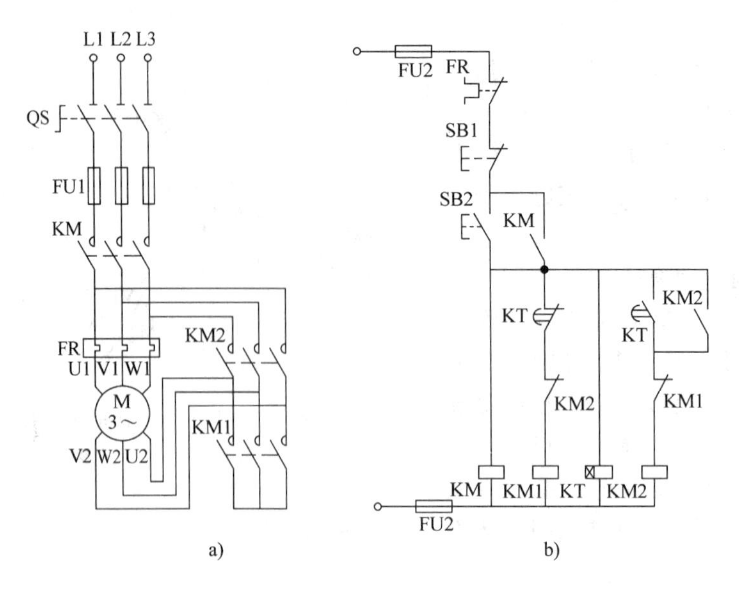

图 6-9 星-三角自动换接减压起停电路

a）主回路 b）控制回路

4. 特点

星-三角换接减压起动的优点在于定子绕组接成星形联结时，起动电压为三角形联结的 $1/\sqrt{3}$，起动电流为三角形联结的 1/3，起动电流特性好，电路比较简单；缺点是起动转矩下降为三角形联结的 1/3，转矩特性差，所以起动完成后要换接成三角形联结。

6.3.3 延边三角形换接减压起动

1. 换接原理

用于延边三角形减压起动的三相异步电动机定子绕组中有 9 个接线端子 U1、V1、W1、W2、U2、V2、U3、V3、W3，如图 6-10 所示。当 KM2 主触头和 KM1 主触头闭合、KM3 主

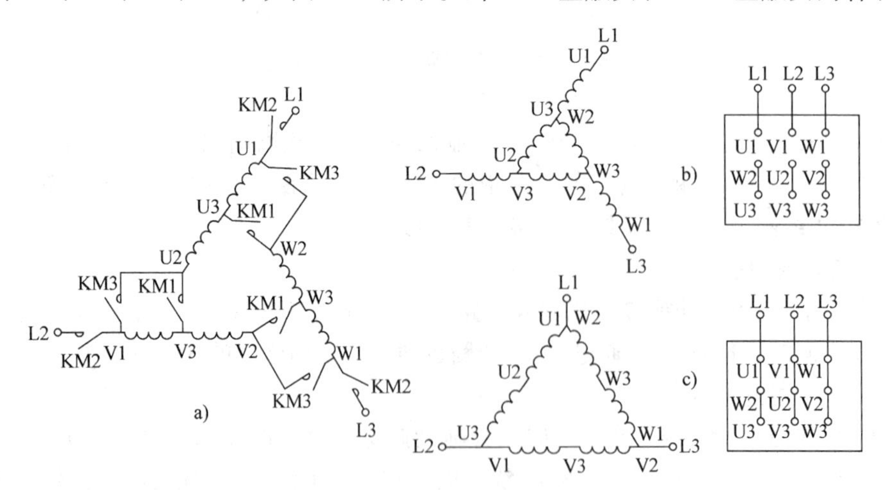

图 6-10 延边三角形换接定子绕组接线

a）定子绕组接线示意图 b）延边三角形联结 c）大三角形联结

触头断开时，W2-U3、U2-V3、V2-W3 互连，三相电源经 U1、V1、W1 接入，定子绕组接成一个延边三角形，电动机减压起动。

电动机转速升至接近额定值时，控制 KM2 主触头和 KM3 主触头闭合、KM1 主触头断开，这时 U1-W2、V1-U2、W1-V2 互连，定子绕组换接成三角形联结，电动机在额定电压下正常运转。

2. 控制电路

图 6-11 所示是延边三角形换接减压起停电路。按下 SB2，线圈 KM1 和线圈 KM2 通电，线圈 KM3 断电；导致主回路中 KM1 主触头与 KM2 主触头闭合、KM3 主触头断开，定子绕组暂接成延边三角形，电动机减压起动。

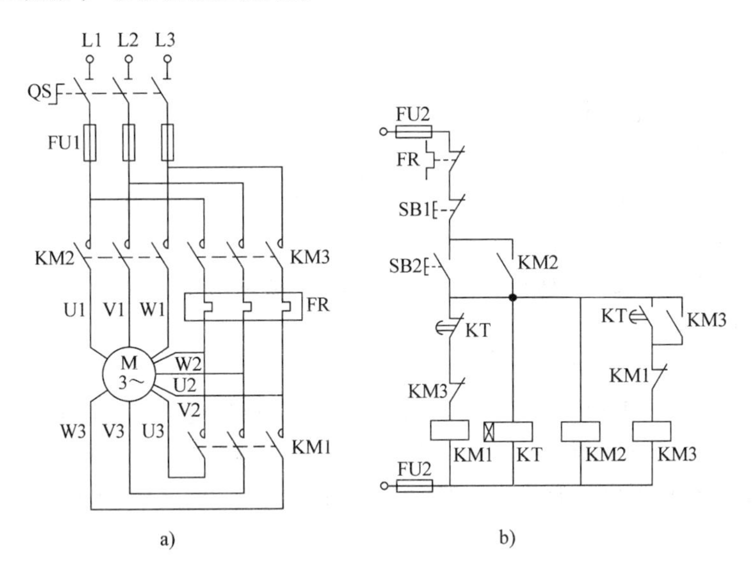

图 6-11 延边三角形减压起停电路

a）主回路 b）控制回路

按下 SB2 的同时 KT 线圈也通电，经过一段延时，KM1 线圈因所在支路中的 KT 常闭延时断开辅助触头断开而断电，使主回路中 KM1 主触头断开；KM3 线圈所在支路因 KT 常开延时闭合辅助触头闭合而接通，导致主回路中 KM3 主触头接通；而 KM2 主触头始终保持接通，定子绕组换接成三角形，电动机进入正常运转状态。

3. 特点

延边三角形换接减压起动转矩大于星-三角换接减压起动转矩，并且转矩可在一定范围内选择，兼具了星-三角形换接起动电流小的优点，同时也不需要专门起动设备，结构较为简单；缺点是电动机引出线多，制造费时。

6.3.4 自耦变压器减压起动

自耦变压器减压起动过程中，电动机在起动时先经自耦变压器降压限制起动电流，当转速接近额定转速时再切除自耦变压器，电动机转入全压运转状态。

1. 减压起动控制

图 6-12 的控制电路中采用了两个接触器 KM1、KM2 实现自耦变压器减压起动过程中的

切换控制。

按下 SB2，KM1 线圈通电，并通过 KM1 常开辅助触头进行自锁，主回路中 KM1 主触头闭合、KM2 主触头断开、KM2 常闭辅助触头保持闭合，定子绕组得到的电压是自耦变压器的二次电压 U_2。由于自耦变压器电压比 $K=U_1/U_2>1$（U_1——自耦变压器一次电压），故 $U_2=U_1/K$，电动机减压起动。

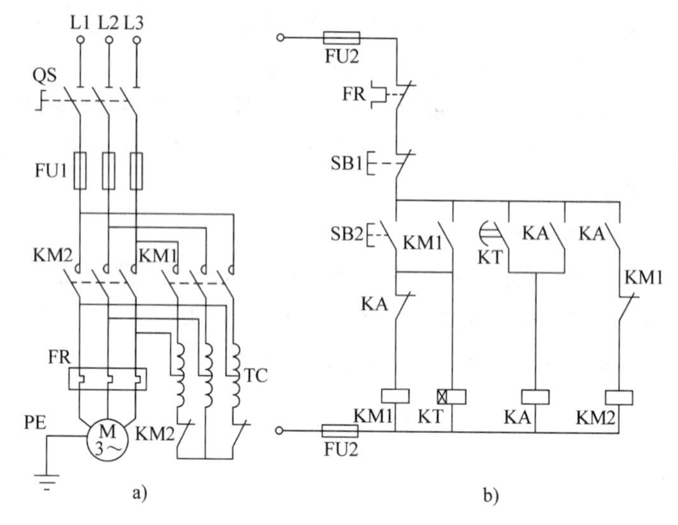

图 6-12 自耦变压器减压起停电路

a）主回路 b）控制回路

根据电动机原理，电压降为 U_1/K 时，电网供给的起动电流减小至 I_1/K^2（I_1——电网供给电流），转矩也降至 M_1/K^2（M_1——全压起动时的转矩），所以自耦变压器减压起动常用于空载或轻载起动。

2. 全压切换控制

按下 SB2 的同时 KT 线圈也通电，经过一段延时后，电动机转速升至接近额定转速，KA 线圈因所在支路中的 KT 常开延时常闭辅助触头闭合而通电，并通过 KA 常开辅助触头自锁，KM1 线圈因所在支路中的 KA 常闭辅助触头断开而断电，KM2 线圈因所在支路中的 KA 常开辅助触头的闭合而通电，导致主回路中 KM1 主触头断开、KM2 主触头闭合，定子绕组得到额定电压 U_1，电动机处于全压运转状态。

3. 特点

自耦变压器减压起动过程中，起动电流与起动转矩的比值按变比的二次方降低，在获得相同起动转矩情况下，采用自耦变压器减压起动从电网中获得的电流比电阻减压起动小得多，对电网电流冲击小，功率损耗小；缺点是自耦变压器价格高，体积大，不允许频繁操作。

思 考 题

6-1 简述全压起动的定义及特点。

6-2 绘制单向全压点动起停控制主回路，并简述其中的保护环节作用。

6-3 图示说明自锁环节的作用及实现方法。

6-4 绘制点动方式和保持方式分别实现的起停控制电路。

6-5 绘制实现多人多点起停控制的电路。

6-6 比较定子绕组星形联结和三角形联结各自的优劣及各自的适用阶段。

6-7 图示说明星-三角自动换接减压起动控制的实现电路。

6-8 简述延边三角形换接减压起动的特点。

6-9 绘制自耦变压器减压起停控制电路并说明其控制逻辑。

第 7 章　正反转控制

需要两个相反方向运动的场合很多，如机床工作台的进退、升降，刀库的正向回转与反向回转，主轴的正反转等。通过电动机的正反转控制就可实现两个相反方向的运动，对于交流电动机，主要通过改变三相定子绕组上任两相之间的电源相序的方法改变电动机转向。

7.1　正-停-反控制

7.1.1　主回路

图 7-1 是电动机正-停-反控制电路。主回路中 KM1 主触头闭合、KM2 主触头断开时，三相电源线 L1、L2、L3 分别接入定子绕组的 U、V、W 接线端子上，电动机正转；而当 KM1 主触头断开、KM2 主触头闭合时，三相电源线中 L1、L3 换接至定子绕组的 W、U 接线端子上，电动机反转。

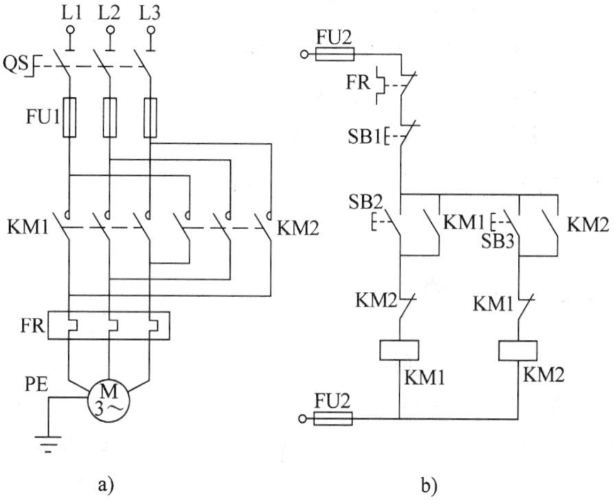

a)　　b)

图 7-1　电动机正-停-反控制电路
a）主回路　b）控制回路

7.1.2　正转控制

操作时按下 SB2，KM1 线圈通电，并通过 KM1 常开辅助触头自锁。主回路中 KM1 主触头闭合、KM2 主触头断开，电动机正转。

7.1.3　反转控制

反转操作时，必须先按 SB1 使 KM1 线圈断电，然后才能按下 SB3，使 KM2 线圈通电，并通过 KM2 常开辅助触头自锁，主回路中形成 KM1 主触头断开、KM2 主触头闭合的状态，电动机反转。所以该控制电路称为正-停-反控制电路。

7.1.4　互锁

当 KM1 线圈通电，KM2 线圈因所在支路的 KM1 常闭辅助触头断开而确保断电；反之，当 KM2 线圈通电，KM1 线圈也为因所在支路的 KM2 常闭辅助触头断开而确保断电。这种在对方线圈所在支路中串接一个本线圈所控制的常闭辅助触头，保证两个线圈不能同时通电的电路环节称为互锁。

7.2 正-反-停控制

7.2.1 正转控制

图 7-2 是电动机正-反-停控制电路。当按下复合按钮 SB2 时，KM1 线圈通电，并通过 KM1 常开辅助触头自锁。同时 KM2 因所在支路中的联动按钮 SB2 的常闭触头断开而确保断电，主回路中 KM1 主触头闭合、KM2 主触头断开，电动机正转。

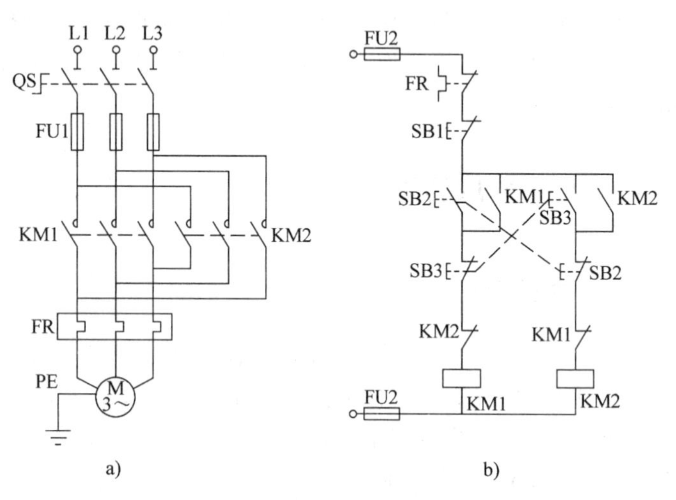

图 7-2 电动机正-反-停控制电路

a）主回路 b）控制回路

7.2.2 反转控制

当按下 SB3 时，KM1 线圈因所在支路的 SB3 常闭触头断开而断电，KM2 线圈因所在支路的 SB3 常开触头闭合而通电，同时通过 KM2 常开辅助触头自锁，主回路中形成 KM1 主触头断开、KM2 主触头闭合的状态，电动机反转。

7.2.3 停转控制

当按下 SB1 时控制电路中各线圈均断电，电动机停转。所以该控制电路称为正-反-停控制电路。KM1 线圈与 KM2 线圈所在支路中既有电气互锁，又有机械互锁，该控制电路称为电气机械双重互锁电路，比较安全可靠，是机电设备中最常用的电气控制环节。

7.3 正-反自循环控制

7.3.1 正-反自循环运动

图 7-3 是平面磨床工作台往返自循环运动模型，行程开关 SQ1、SQ2 安装在工作台运动部件的左右两个极限位置，工作台上还安装左右两个挡铁。

起动后，工作台运动向右运动至右极限位置时，右挡铁压下 SQ1 行程开关按钮，电动机改变转向驱动工作台向左运动。

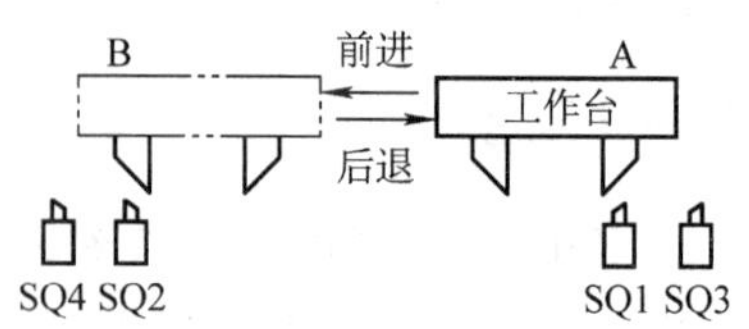

图 7-3 平面磨床工作台往返自循环运动模型

工作台运动至左极限位置时，左挡铁压下 SQ2 行程开关按钮，电动机又一次改变转向驱使工作台向右运动，形成左右往复循环运动。安装在行程开关外侧还有两个行程开关 SQ3、SQ4。如因某种故障，工作台到达 SQ1 或 SQ2 位置时，未能触动 SQ1 或 SQ2 所控制的触头，工作台将继续运动到行程开关 SQ3 或 SQ4 处压下 SQ3 或 SQ4，从而切断主回路电源迫使电动机停机，避免工作台超出允许极限位置而造成事故，因此 SQ3、SQ4 是超程保护开关。

7.3.2　正-反自循环电路

图 7-4 是能实现工作台往复运动的电动机正-反自循环控制电路。按下 SB2，KM1 线圈通电，并通过 KM1 常开辅助触头自锁，主回路中 KM1 主触头闭合、KM2 主触头断开，电动机正转驱动工作台右移。

7.3.3　左移切换

工作台移至右极限位置时，右挡铁压下 SQ1 行程开关，KM1 线圈因所在支路中的 SQ1 常闭辅助触头断开而断电，并使 KM1 常开辅助触头解除自锁；KM2 线圈则通过支路中的 SQ1 常开辅助触头闭合形成自锁并通电，主回路中 KM1 主触头断开、KM2 主触头闭合，电动机反转驱动工作台左移。

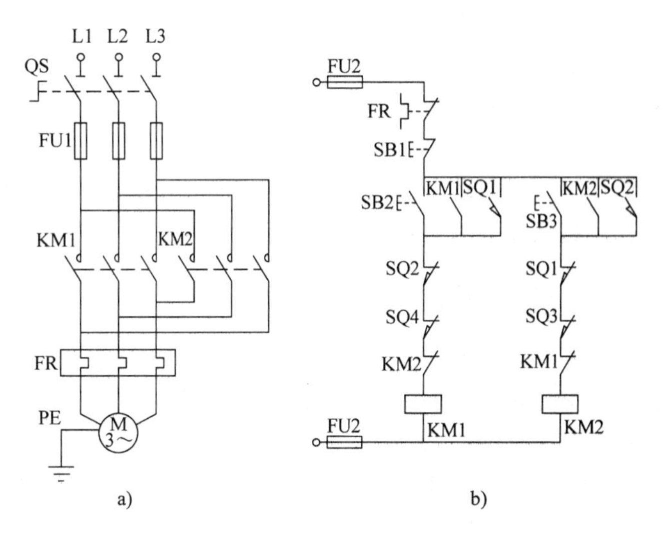

图 7-4　电动机正-反自循环控制电路
a）主回路　b）控制回路

7.3.4　右移切换

当工作台运动到左极限位置时，左挡铁压下 SQ2 行程开关时，又使主回路中 KM1 主触头闭合、KM2 主触头断开，电动机再次正转驱动工作台右移，如此循环。按下 SB1，KM1 线圈和 KM2 线圈均断电，自循环停止。

思　考　题

7-1　简述交流电动机正反转的实现方法。

7-2　简述正反转控制中实现互锁控制的原因及方法。

7-3　简述正-反-停控制电路中保证两交流接触器线圈不同时接通的方法。

7-4　在图 7-3 中，当行程开关 SQ1 失效时，分析正反自循环控制电路中的自循环能否继续保持。

7-5　简述正-反自循环控制电路中两个交流接触器线圈不同时接通的实现方法。

第 8 章　制动与调速控制

由于机械惯性，三相异步电动机从切断电源到停止转动，需经过一段降速时间，不能满足电动机快速停车的效率要求，因此需要对电动机制动。

制动方法分为机械制动和电气制动两大类。机械制动采用机械抱闸、液压制动器等机械装置实现。电气制动实质上是在电动机切断电源时产生一个与转子运转方向相反的制动转矩，迫使电动机迅速降速。电气制动有能耗制动和反接制动两种控制电路。

8.1　能耗制动控制

所谓能耗制动，就是在电动机切断三相交流电源的同时，在定子绕组中通入直流电流，利用电磁感应电流与静止磁场作用产生电磁制动转矩实现制动。

8.1.1　电路原理

图 8-1 是时间原则控制的单向能耗制动电路。主回路中，KM1 主触头断开，导致电动机脱离三相交流电源，电动机开始降速，但因为惯性，电动机还需较长一段时间才能停转。

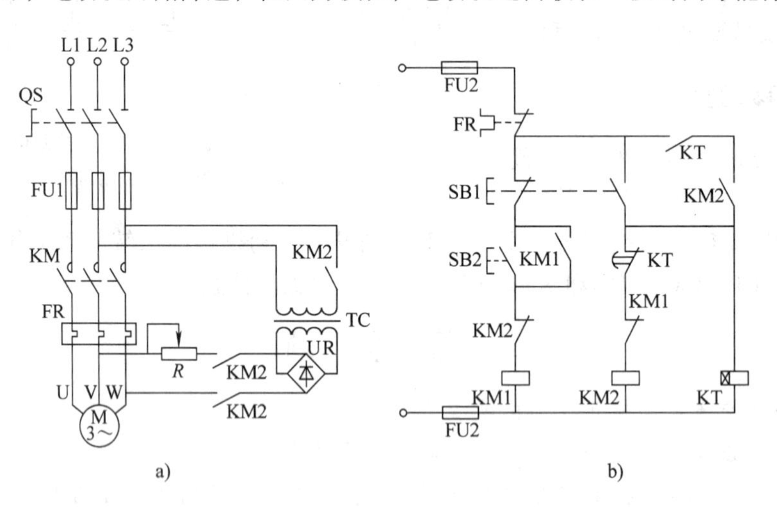

图 8-1　时间原则控制的单向能耗制动电路

a）主回路　b）控制回路

8.1.2　形成制动

主回路中若 3 个 KM2 主触头全部闭合，则从 L2、L3 引入的两相交流电源通过变压器 TC 引入桥式整流器 VC 的输入端，经整流后输出端的直流电加载到了定子绕组的 V、W 相，V、W 两相间连接一个可调电阻，通过感应作用在电动机转子的 V、W 两相绕组中产生制动转矩，抵消电动机定子绕组断电后的惯性转矩，使电动机快速降速。

8.1.3　桥式整流器

1. 电路原理

桥式整流电路如图 8-2 所示。当 E_2 处在交流正弦波的正半周，整流二极管 VD1、VD3 导通，整流回路中电流由 5→VD1→4→R_f→3→VD3→6，负载 R_f上得到一个半波整流电压。当 E_2 处在交流正弦波的负半周，整流二极管 VD2、VD4 导通，整流回路中电流由 6→VD2→4→R_f→3→VD4→5，负载 R_f上得到另一个半波整流电压。桥式整流电路简化画法如图 8-3 所示。

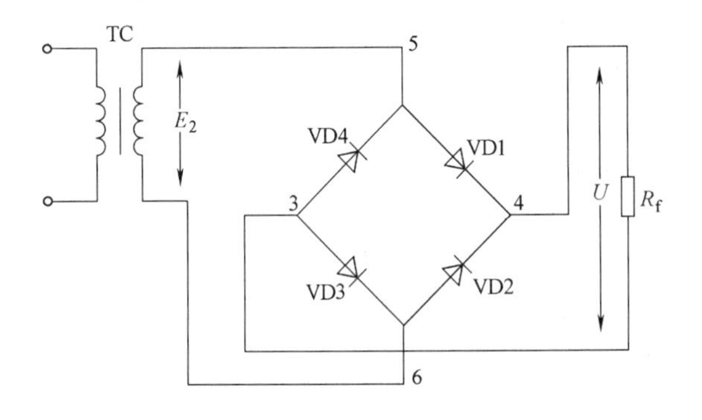

图 8-2　桥式整流电路

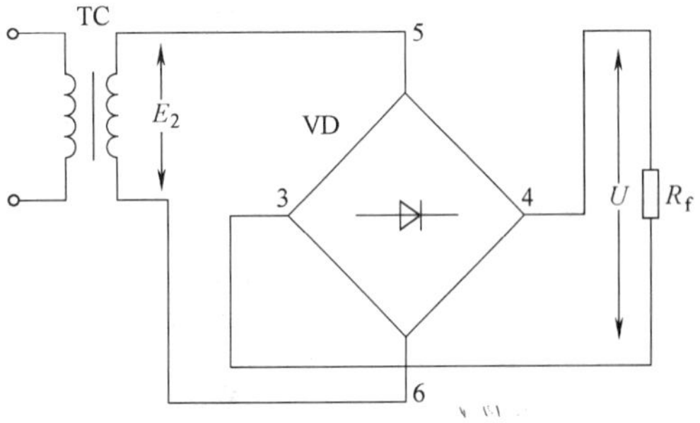

图 8-3　桥式整流电路简化画法

2. 整流器

图 8-4 所示的桥式整流器由四只整流硅芯片作桥式连接，外用绝缘塑料封装而成，大功率桥式整流器在绝缘层外添加锌金属壳的包封，增强散热。

8.1.4　撤销制动

按下 SB1 的同时，接触器线圈 KM2 和时间继电器线圈 KT 同时通电吸合，并通过常开辅助触头 KM2、KT 自锁。经过一段延时后，主回路中的电动机转速降至接近零速，KM2 线圈会因所在支路中的 KT 常闭延时断开辅助触头的断开而断电，KM2 主触头断开切除能耗制动的直流电流，电动机停止转动。

图 8-4　桥式整流器

8.2　反接制动控制

反接制动通过改变异步电动机定子绕组中三相电源的相序，从而产生一个与转子惯性转动方向相反的制动转矩，实现制动。反接制动时，转子与旋转磁场的相对速度接近两倍同步转速，所以定子绕组中流过的反接制动电流相当于全电压起动时起动电流的两倍，冲击电流很大。为了减小冲击电流，需在电动机主回路中串接电阻限制反接制动电流。

8.2.1 电路原理

图 8-5 是单向反接制动控制电路。起动时，按下 SB2，KM1 线圈通电，并通过 KM1 常开辅助触头自锁，主回路中 KM1 主触头闭合，电动机正转起动升速。当升速至接近速度继电器 KS 的额定动作速度时，控制回路中的 KS 辅助触头闭合。

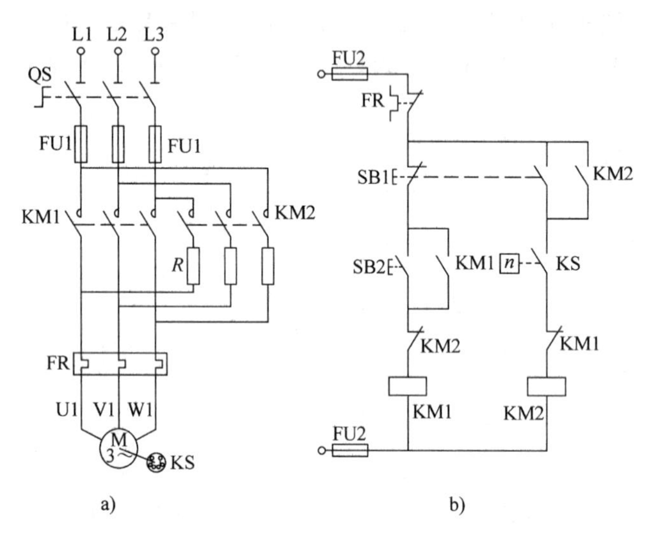

图 8-5 单向反接制动控制电路

a）主回路 b）控制回路

8.2.2 形成制动

当按下 SB1，KM1 线圈断电、KM2 线圈因所在支路中的 SB1 常开辅助触头的闭合而通电。主回路中 KM1 主触头断开、KM2 主触头闭合，导致 L1、L3 中电流反接至 W、U 两相定子绕组中，改变了定子绕组中三相电源的相序，从而产生出一个与电动机正向转动惯性矩相反的制动转矩，使电动机快速降速。

8.2.3 撤销制动

当电动机转子转速接近零速时，KM2 线圈因所在支路中的 KS 辅助触头的断开而断电，惯性转矩消失，电动机停转。

由以上分析可知，能耗制动比反接制动消耗的能量少，其制动电流也比反接制动电流小得多，但能耗制动的制动效果不及反接制动的明显，同时需要一个直流电源，控制电路相对比较复杂，通常能耗制动适用于电动机容量较大、起动、制动频繁的场合。

8.3 调速控制

电气调速是指在同一负载下，改变电动机电气参数得到不同转速的方法。根据三相异步电动机转速公式 $n=60f_1(1-s)/p$（f_1 为电源频率，s 为转差率，p 为电动机磁极对数）可知，三相异步电动机调速方法有变极调速、变差调速和变频调速三种。

8.3.1　变极调速

变极调速是指通过改变电动机磁极对数 p 对电动机调速的方法。单绕组双速电动机就是根据变极调速原理设计的可调速电动机。

1. 双速电动机变极调速接线

图 8-6 是 4/2 磁极单绕组双速异步电动机定子绕组的变极调速示意图。电动机低速运转时，定子绕组的 U1、V1、W1 接线端接三相交流电源，而 U2、V2、W2 接线端不接，此时电动机定子绕组联结成三角形。该连接方式磁极对数 $p=2$，所以转子同步转速为

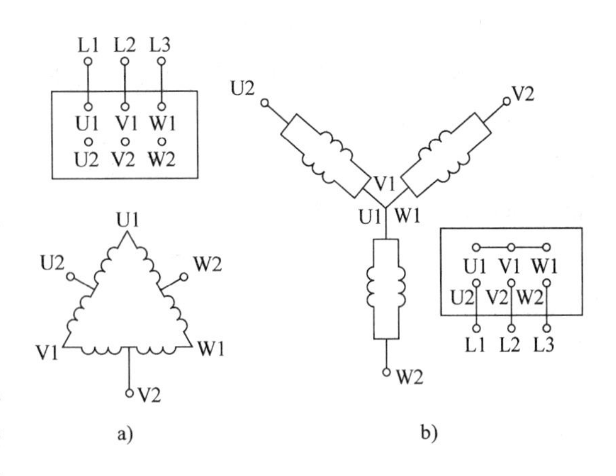

图 8-6　4/2 磁极单绕组双速异步电动机定子绕组的变极调速示意图
a）三角形联结　b）双星形联结

$$n=60f_1(1-s)/p=60\times50(1-0)/2\text{r/min}=1500\text{r/min}$$

电动机高速运转时，只需将电动机定子绕组的 U2、V2、W2 接线端接三相交流电源，而将 U1、V1、W1 接线端相互连接，此时电动机定子绕组接成双星形，磁极对数变为 $p=1$，所以转子同步转速变换成 3000r/min。为保证单绕组双速异步电动机变极调速时转向不变，必须将三相电源线中的任意两相换接。

2. 双速电动机变极调速电路

图 8-7 是用于小功率双速电动机的三角-双星形变极调速控制电路。主电路中当 KM1 主触头闭合、KM2 和 KM3 主触点断开，构成三角形联结；而当 KM2 主触头和 KM3 主触点闭合、KM1 主触头断开，构成双星形联结。

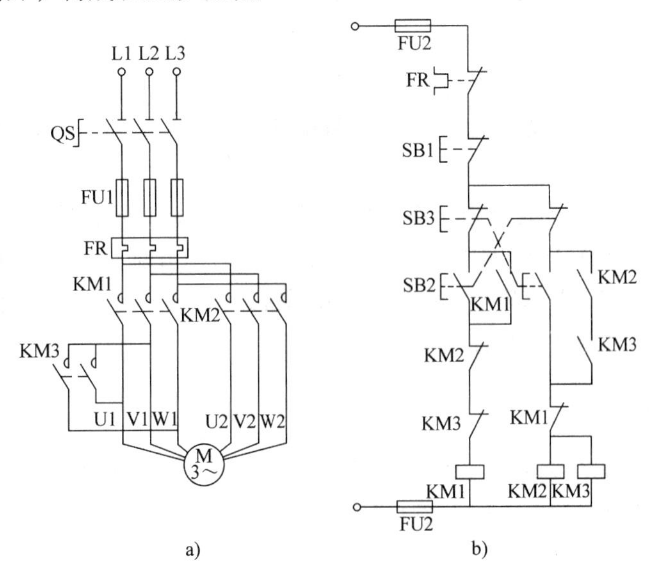

图 8-7　小功率双速电动机的三角-双星形变极调速控制电路
a）主电路　b）控制回路

控制回路中当按下 SB2，KM1 线圈通电，并通过 KM1 常开辅助触头自锁；KM2 线圈和 KM3 线圈则断电，主回路中定子绕组为三角形联结，电动机低速运转。

调速时，按下 SB3，KM1 线圈断电，并解除自锁，KM2 线圈和 KM3 线圈则通电，并通过 KM2 常开辅助触头和 KM3 常开辅助触头自锁，主电路中定子绕组变换为双星形联结，电动机高速运转，完成变极调速。

图 8-8 是用于大功率双速电动机的三角-双星形变极调速控制电路。当 SA 由“停”位置拨到“低速”位置时，KM1 线圈通电，主回路中定子绕组为三角形联结，电动机低速运转。

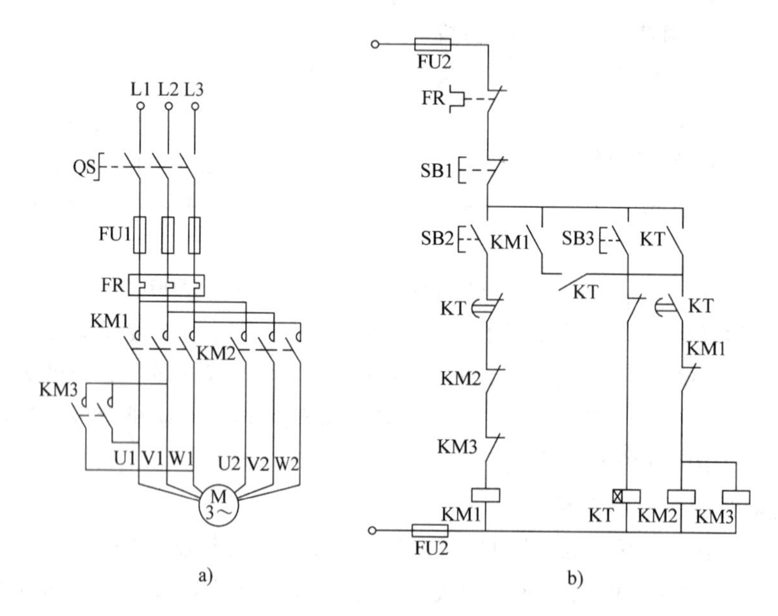

图 8-8 大功率双速电动机三角-双星形变极调速控制电路
a）主电路 b）控制回路

当 SA 由“停”位置，拨到“高速位置时”，而 KT 线圈通电，通过控制回路中的 KT 常开辅助触头的闭合使 KM1 线圈通电，主回路中 KM1 主触头闭合，电动机首先进行低速运转。

经过一段延时后，KM2 线圈因所在支路中的 KT 常开延时闭合辅助触头的闭合而通电，KM3 线圈随之通电，而 KM1 线圈因上方的 KT 常闭延时断开辅助触头的断开而断电，导致主电路中 KM1 主触头断开、KM2 主触头和 KM3 主触头闭合，定子绕组换接成双星形联结，电动机高速运转，完成变极调速过程。

8.3.2 变差调速

通过改变电动机的某些参数（例如定子电压、转子电阻、转差电压等）使转差率 s 改变，从而实现电动机调速的方法称为变差调速。

1. 串电阻变差调速

图 8-9 是绕线转子三相异步电动机转子回路串电阻变差调速的控制电路。按下 SB2，KM1 线圈通电，并通过 KM1 常开辅助触头自锁，此时由于 KM2 线圈、KM3 线圈、KM4 线

圈均处于断电状态。

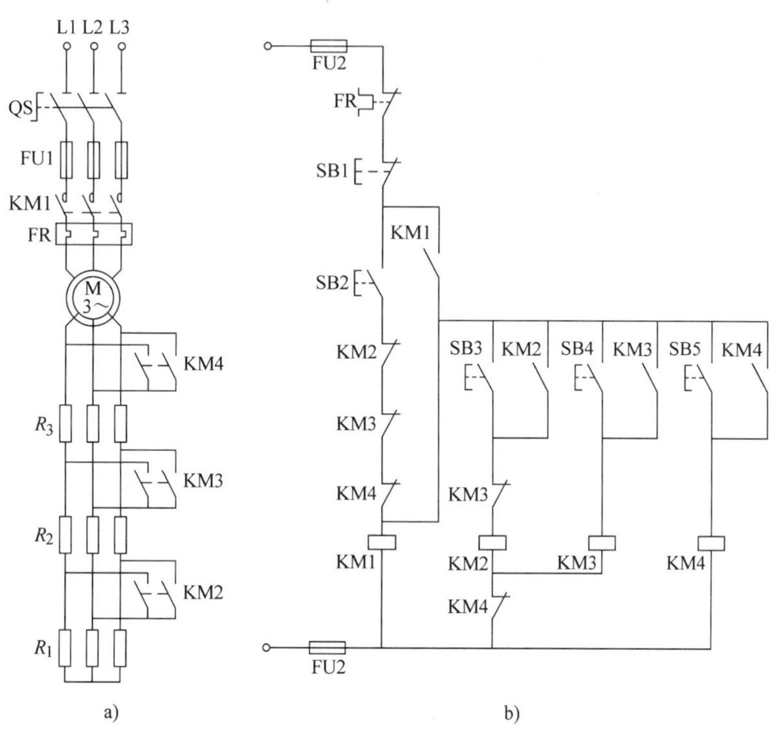

图 8-9　绕线转子三相异步电动机转子回路串电阻变差调速控制电路

a）主回路　b）控制回路

主回路中 KM1 主触头闭合，KM2、KM3、KM4 等主触头均断开，三相转子绕组中都串接了电阻 R_1、R_2 和 R_3。由于转子绕组中串接电阻值最大，电动机以最低速运转。

之后当按下 SB3，KM2 线圈通电，并通过 KM2 常开辅助触头自锁。主回路中三相转子绕组中因短接，串接电阻减去了 R_1，使电动机转速调高一挡。

当按下 SB4，KM3 线圈通电，通过 KM3 常开辅助触头自锁，并通过 KM2 线圈所在支路的 KM3 常闭辅助触头的断开而使 KM2 线圈断电。主回路中 KM2 主触头断开，KM3 主触头闭合，三相转子绕组中串接电阻又减去了 R_2，电动机转速又被调高一挡。

同理，按下 SB5 时，主回路 KM4 主触头闭合，三相转子绕组中已无任何串接电阻，电动机以最高转速运转。

2. 电磁变差调速

图 8-10 是电磁变差调速异步电动机控制电路。由三相异步电动机、电磁转差离合器和控制

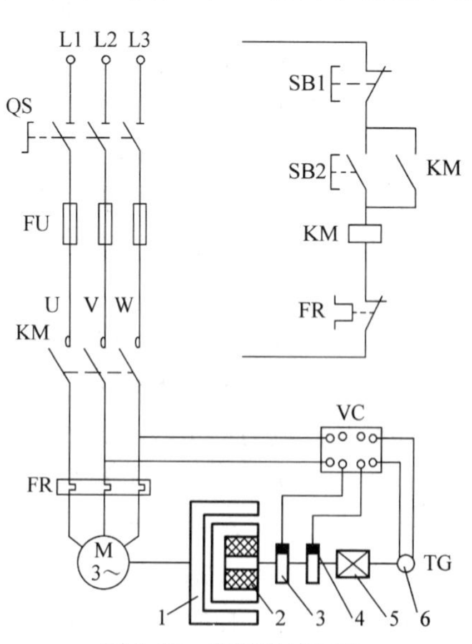

图 8-10　电磁变差调速异步电动机控制电路

1—电枢　2—磁极　3—集电环　4—电刷　5—负载　6—测速发电机

装置三部分组成。

当异步电动机带动电磁离合器的主动部件电枢 1 旋转，并在磁极 2 的励磁绕组中通往直流电后。旋转中的电枢因切割磁场在电枢上形成涡流，并与磁场作用产生转矩，使电磁离合器的从动部件跟随旋转，其转速低于电枢转速。

磁极与电枢之间存在转差，才能产生涡流和电磁转矩。VC 是晶闸管可控整流电源，其作用是将交流电变换为直流电，供给电磁转差离合器的转子绕组，电流大小则通过变阻器调节。该调速系统中输出转速为

$$n_2 = n_1 - KT^2/I^4$$

式中 n_2——输出转速（r/min）；

n_1——异步电动机转速（r/min）；

K——几何系数；

T——输出转矩（N·m）；

I——励磁电流（A）。

励磁电流 I 改变，输出转速 n_2 随之改变。例如，I 越大，n_2 也越大，转差率 $s=(n_1-n_2)/n_1$ 被调小，实现了变差调速。

8.3.3 变频调速

变频调速是数控机床主轴速度控制常用方法，常用交直交变频器进行变频。

交直交变频器内部由整流调压电路、滤波电路及逆变器电路三部分组成，整流调压环节将电网的交流电整流成电压可调的直流电，经滤波后再将直流电供给逆变器，逆变器则将直流电变换调制为频率和幅值都可变的交流电。

图 8-11 是主轴变频器外围接线图。采用三相交流 380V 电源供电，速度指令通过电位器获得，在数控机床上一般由数控装置或 PLC 的模拟量输出接口经变频器的 3、4 输入接口输入，指令电压范围是直流 0～10V。

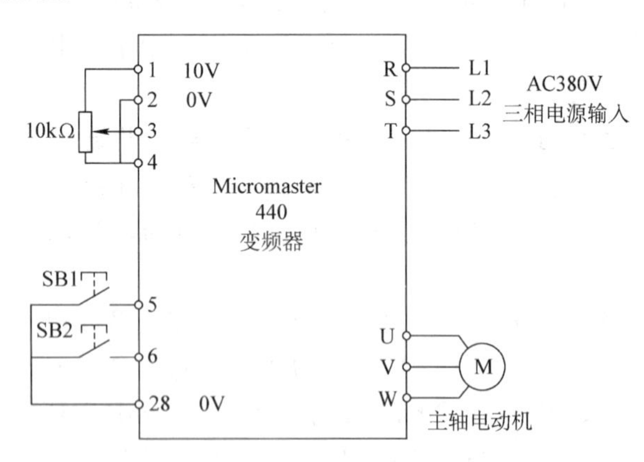

图 8-11 主轴变频器外围接线图

主轴电动机的起动、停止以及旋转方向由外部开关 SB1、SB2 控制：当 SB1 闭合时，电动机正转；当 SB2 闭合时，电动机反转；若 SB1 和 SB2 同时断开或闭合，电动机则停转。根据实际需要也可以定义为 SB1 控制电动机的起动和停止，SB2 控制电动机的旋转方向。变频器根据输入的速度指令和运行状态指令输出相应频率和幅值的交流电源，控制电动机旋转。

思 考 题

8-1 简述异步电动机制动方法及各自的工作原理。

8-2　绘制桥式整流器内部电路，并简述其整流原理。

8-3　简述反接制动工作原理。

8-4　比较能耗制动和反接制动的特点。

8-5　说明异步电动机变极调速的原理，并举例说明其实现方法。

8-6　分析图 8-12 各控制电路中 KM 线圈能否受控正常通电与断电，若不能，请给出改进电路。

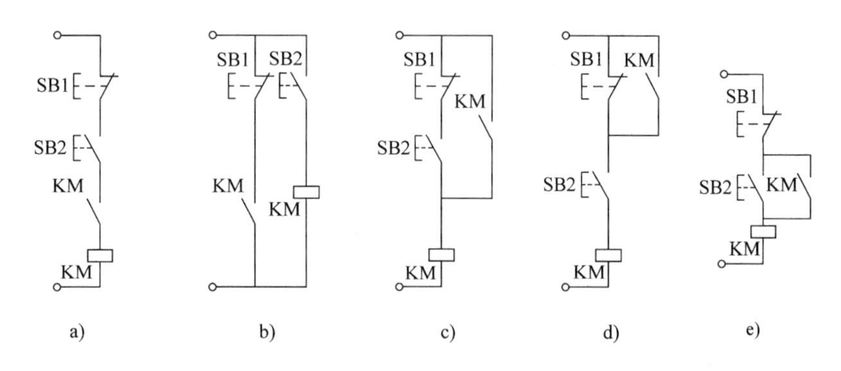

图 8-12　题 8-6 图

第 9 章　电工简明估算

9.1　负载线路估算

9.1.1　电动机额定容量估算

1. 方法

无牌电动机容量，测得空载电流值；
乘十除以八求算，近靠等级千瓦数。

2. 作用

测知无铭牌电动机的空载电流，估算其额定容量。

电动机额定容量一般指电动机的额定功率（P_m），是电动机在制造厂所规定的额定情况下运行时，其输出端的机械功率，单位一般为千瓦（kW），也就是电动机轴的输出功率，在电动机铭牌标示为额定功率。

电动机容量（kW）等级，根据国家标准，250kW 以下分为 0.12、0.18、0.25、0.37、0.55、0.75、1.1、1.5、2.2、3.0、4.0、5.5、7.5、11、15、18.5、22、30、37、44、55、75、90、110、132、160、200、250。自 280kW 至 10MW 再分为 43 个功率等级。

3. 说明

对于无铭牌的三相异步电动机，不知其容量千瓦数是多少，可通过测量电动机空载电流值，估算电动机容量。

9.1.2　电动机空载电流估算

1. 方法

电动机空载电流，容量八折左右求；
新大极数少六折，旧小极小千瓦数。

2. 作用

已知异步电动机容量，求算其空载电流。

电动机负载电流是指电动机拖动负载时实际检测到的定子电流数值，此值随着负载的变化而变化。

电动机空载电流是指电动机空载运行时，定子三相绕组中通过的电流。电动机空载时，向系统吸取的功率只是在定子与转子之间建立电磁场用，无任何输出，因此空载电流很小。

空载时转差率特别小，磁场的相对切割小，产生的感应电流也就小，所以电流小；反过来，负载越重，转差率越大，磁场的相对切割大，产生的感应电流大，反应到定子的电流也大。一台品质好的电动机，就是要在满足额定负载时的优良技术参数的前提下，追求最小的空载损失。但空载电流也不能过小，否则会影响电动机的其他性能。在电动机的铭牌或产品说明书上，一般不标注空载电流。

3. 说明

该估算方法通过众多的测试数据总结而成，适合在现场快速求算电动机空载电流。

中型、4或6极电动机的空载电流为电动机容量千瓦数的0.8倍，即“容量八折左右求”；新系列、大容量、极数偏小的2级电动机，按“新大极数少六折”计算空载电流；对旧的、老式系列、较小容量、极数偏大的8极以上电动机，按“旧小极小千瓦数”计算空载电流，即空载电流值近似等于容量千瓦数，但一般是小于千瓦数。

简明估算电动机的空载电流，估算值与电动机说明书标注的实测值有一定的误差，但完全能满足电工日常工作的需要。

9.1.3 负载设备电流估算

1. 方法

千瓦,电流,如何计算?
电力加倍,电热加半;
单相千瓦,四点五安;
单相三百八,电流两安半。

2. 作用

根据低压380/220V系统中负载设备功率（kW或kV·A）算出电流（A）。

3. 说明

方法是以380/220V三相四线系统中的三相负载设备为准，计算每千瓦的安数。

电力专指电动机，在380V三相时（力率0.8左右），电动机每千瓦的电流约为2A，即将“千瓦加倍”（乘2）就是电动机的额定电流。

例9-1 5.5kW电动机按“电力加倍”算得电流为11A。

“电热”是指用电阻加热的电阻炉等，三相380V的电热设备，每千瓦的电流为1.5A。即将“千瓦数加半”（乘1.5），就是电流（安）。

例9-2 3kW电加热器按“电热加半”算得电流为4.5A。

对所有以千伏安为单位的电器（如变压器或整流器）、以千乏为单位的用电设备（如移相电容器）以及以千瓦为单位的电热和照明设备，这种方法均适用。虽然照明的灯泡是单相而不是三相，但对照明供电的三相四线干线仍属三相，只要三相大体平衡也可以这样计算。

例9-3 12kW的三相（平衡时）照明干线按“电热加半”算得电流为18A。

例9-4 30kV·A的整流器按“电热加半”算得电流为45A（指380V三相交流侧）。

例9-5 100kvar的移相电容器（380V三相）按“电热加半”算得电流为150A。

在380/220V三相四线系统中，单相设备的两条线，一条接相线而另一条接零线的（如照明设备）单相220V用电设备，这种设备的力率大多为1，计算时只要“将千瓦数乘4.5”就是电流（A）。同理，它适用于所有以千伏安为单位的单相220V用电设备，以及以千瓦为单位的电热及照明设备，而且也适用于220V的直流。

例9-6 500V·A（0.5kV·A）的行灯变压器（220V电源侧）按“单相（每）千瓦4.5A”算得电流为2.3A。

对于电压更低的单相设备，可以取 220V 为标准，看电压降低多少，电流就反过来增大多少。

例 9-7 36V 电压，以 220V 为标准来说，它降低到 1/6，电流就应增大到 6 倍，即每千瓦的电流为 $6\times4.5A=27A$。

在 380/220V 三相四线系统中，单相设备的两条线都接到相线上，习惯上称为单相 380V 用电设备，这种设备以千瓦为单位时，力率大多为 1，计算时，只要将千瓦或千伏安数乘 2.5 就是电流（A）。

例 9-8 32kW 钼丝电阻炉接单相 380V，按电流两安半算得电流为 80A。

例 9-9 2kV · A 的行灯变压器，一次侧接单相 380V，按电流两安半算得电流为 5A。

按“电力加倍”计算电流，与电动机铭牌上的电流有的有些误差，算得的电流比铭牌上的略大些，而千瓦数较小的，算得的电流则比铭牌上的略小些。作为估算，影响并不大。

9.1.4 白炽灯负荷容量估算

1. 方法

照明电压二百二,一安二百二十瓦

2. 作用

测知白炽灯照明线路电流，估算 220V 单相线路中的负荷容量

3. 说明

用钳型电流表测得某相线电流值，然后乘以 220 系数，积数就是该相线所载负荷容量。测电流求容量数，可帮助电工分析配电箱内保护熔体经常熔断的原因，配电导线发热的原因等。

9.2 电动机保护估算

9.2.1 电动机保护设备估算

1. 方法

直接起动电动机,容量不超十千瓦
六倍千瓦选开关,四倍千瓦配熔体
供电设备千伏安,需大三倍千瓦数

2. 作用

已知小型 380V 三相笼型电动机容量，求其供电设备最小容量、负荷开关、保护熔体电流值。

3. 说明

小型 380V 三相笼型电动机起动电流很大，一般是额定电流的 4 ~ 7 倍。用负荷开关直接起动的电动机容量最大不应超过 10kW，一般以 4.5kW 以下为宜，且开启式负荷开关（俗称胶盖瓷底隔离开关）一般用于 5.5kW 及以下的小容量电动机作不频繁的直接起动；封闭式负荷开关（俗称铁壳开关）一般用于 10kW 以下的电动机作不频繁的直接起动。两者均需有熔体作短路保护，还有电动机功率不大于供电变压器容量的 30%。电动机用负荷开关直

接起动是有条件的。

小型笼型电动机当起动不频繁时可用封闭式负荷开关（或其他有保护罩的开关）直接起动。由于封闭式负荷开关、开启式负载开关均按一定规格制造，估算的电流值还需靠近开关规格。同样算选熔体，应按产品规格选用。封闭式负荷开关的容量（安）应为电动机的“千瓦数的6倍”左右才安全。

例9-10　1.7kW电动机开关起动，配15A封闭式负荷开关。

例9-11　7kW电动机开关起动，配60A封闭式负荷开关。对于不是用来“直接起动”电动机的开关，容量不必按6倍考虑，而是可以小些。

笼型电动机通常采用熔断器作为短路保护。但对于熔断器中的熔体电流，又要考虑避开起动时的大电流。为此一般熔体电流可按电动机“千瓦数的4倍”选择。

熔断器可单独装在磁力起动器之前，也可与开关合成一套（如封闭式负荷开关内附有熔断器）。选用的熔体出现“在开动时熔断”的现象，应检查原因，若无短路现象，则可能没有避开起动电流。这时允许换大一级的熔体（必要时也可换大两级的熔体），但不宜更大。

9.2.2　脱扣器整定电流估算

1. 方法

断路器的脱扣器,整定电流容量倍;
瞬时一般是二十,较小电动机二十四;
延时脱扣三倍半,热脱扣器整两倍。

2. 作用

根据电动机容量（kW）直接决定脱扣器额定电流的大小（A）。

整定电流是指低压断路器或接触器的过电流保护装置的动作电流值，由于这个数值要调整到一个事先设计的过电流值时，同时要求精确控制达到过电流值到跳闸之间的时间，这个调整就叫整定。低压断路器要求电路中达到过电流值立即跳闸，即达到过电流值到跳闸之间的时间为零，所以常称为低压断路器的瞬时整定电流。

3. 说明

“断路器的脱扣器，整定电流容量倍；瞬时一般是二十，较小电动机二十四”指的是断路器的脱扣器整定电流按电动机容量的数倍进行估算，一般电动机容量的二十倍数电流出现时，脱扣器立即跳闸，较小的电动机跳闸电流为电动机容量的二十四倍数。

“延时脱扣三倍半，热脱扣器整两倍”说的是作为过载保护的自常闭路器，其延时脱扣器的电流整定值指形成跳闸的过电流值，该过电流值按所控制电动机容量的3.5倍千瓦数选择。但电路中达到该电流值并不会立即跳闸，而是要持续保持一定的时间才能跳闸，这个持续时间即为热保护动作时间（t_{gl}），应比两倍电动机起动时间（t_{qd}）略大。

热脱扣器电流整定值应等于或略大于电动机的额定电流，即按电动机容量千瓦数的2倍选择。热保护动作时间应大于两倍电动机起动时间，小于20min。

控制一台笼型电动机（三相380V）的低压断路器，其电磁脱扣器瞬时动作整定电流按“千瓦数的20倍”选择。

例9-12　10kW电动机低压断路器电磁脱扣器瞬时动作整定电流为200A，即10×20。

有些小容量的电动机起动电流较大，有时按“千瓦数的 20 倍”选择瞬时动作整定电流，仍不能避开起动电流的影响，这时允许再略取大些，但以不超过 20% 为宜。

对于上述电动机的过负荷保护，其热脱扣器或延时过电流脱扣器的整定电流可按电动机额定功率的 2 倍选择。

例 9-13 10kW 电动机，整定电流为 20A。

9.2.3 热继电器电流估算

1. 方法

电动机过载的保护，热继电器热元件；
电流容量两倍半，两倍千瓦数整定。

2. 作用

已知 380V 三相电动机容量，求其过载保护热继电器额定电流和整定电流。

额定电流是指通过热继电器的电流。整定电流是指长期通过发热元件而不致使热继电器动作的最大电流。

当发热元件中通过的电流超过整定电流值的 20% 时，热继电器须在 20min 内动作，热继电器的整定电流大小可通过整定电流旋钮来改变，整定电流值与电动机的额定电流必须一致。

3. 说明

正确算选 380V 三相电动机的过载保护热继电器，热元件额定电流按“电流容量两倍半”算选，所选型号的热继电器的额定电流值应大于等于热元件额定电流值；热元件电流整定值按“两倍千瓦数整定”算选，与电动机额定电流估算方法“电力加倍”计算结果一致。

9.2.4 接触器额定电流估算

1. 方法

远控电动机接触器，两倍容量靠等级；
频繁起动正反转，靠级基础升一级。

2. 作用

已知 380V 三相电动机容量，求其远控交流接触器额定电流等级。

额定电流是指接触器触头在额定工作条件下的电流值。380V 三相电动机控制电路中，常用额定电流等级为 5A、10A、20A、40A、60A、100A、150A、250A、400A 和 600A。

3. 说明

额定工作电流可近似等于控制功率的两倍，按额定电流等级圆整值选取。对于频繁起动的正反转控制回路中的额定工作电流，按额定电流等级圆整值升高 1 级选取。

9.3 配线估算

9.3.1 电动机配线估算

1. 方法

2.5加三、4加四，

6后加六、25后加五，

120导线配百数。

2. 作用

根据电动机容量（kW）直接决定所配支路导线截面积的大小，不必根据电动机容量先算出电流，再来选导线截面积。

3. 说明

“2.5加三”表示2.5mm^2的铝芯绝缘线穿管敷设，能配“2.5加三”千瓦的电动机，即最大可配备5.5kW的电动机。

“4加四”表示4mm^2的铝芯绝缘线穿管敷设，能配“4加四”千瓦的电动机。即最大可配8kW（产品只有相近的7.5kW）的电动机。

“6后加六”是说从6mm^2及以后都能配“加六”千瓦的电动机。即6mm^2可配12kW的电动机、10mm^2可配16kW的电动机、16mm^2可配22kW的电动机。

“25后加五”表示从25mm^2开始，加数由六改为五。即25mm^2可配30kW的电动机、35mm^2可配40kW的电动机、50mm^2可配55kW的电动机、70mm^2可配75kW的电动机。

“120导线，配百数”（读作百二导线配百数）表示电动机大到100kW，导线截面积便不是以“加大”的关系来配电动机，而是120mm^2的导线反而只能配100kW的电动机。

例9-14　7kW电动机配截面积为4mm^2的导线（按“4加四”，$7-4=3$，3圆整为4）。

例9-15　18.5kW电动机配截面积为16mm^2的导线（按“6后加六”，$18.5-6=12.5$，圆整为16）。

以上配线稍有余裕，即使容量稍超过一点（如16mm^2配23kW），或者容量虽不超过，但环境温度较高，也都可适用。但大截面积的导线当环境温度较高时，仍以改大一级为宜。比如70mm^2本来可以配75kW，若环境温度较高则以改大为95mm^2为宜。而100kW则改配150mm^2为宜。

9.3.2　导体载流量估算

1. 方法

10下五，100上二；

25，35，四三界；

70，95，两倍半；

穿管温度八九折；

裸线加一半，铜线升级算。

2. 作用

各种导线的载流量（安全电流）通常可以从手册中查找。但估算可省去查表。导线的载流量与导线的载面积有关，也与导线的材料（铝或铜）、型号（绝缘线或裸线等）、敷设方法（明敷或穿管等）以及环境温度（25℃左右或更大）等有关，影响的因素较多，计算也较复杂。

3. 说明

估算以铝芯绝缘线，明敷在环境温度25℃的条件为准。为此，应当先熟悉导线标称截面积（mm^2）：0.3、0.5、0.75、1、1.5、2.5、4、6、10、16、25、35、50、70、95、120、150、185、240 等。生产厂制造铝芯绝缘线的截面积通常从 2.5 开始，铜芯绝缘线则从 1 开始，裸铝线从 16 开始，裸铜线从 10 开始。

铝芯绝缘线载流量（A）可以按截面数的倍数来计算。估算方法中阿拉伯数码表示导线截面积（mm^2），汉字表示倍数。把估算方法的截面积与倍数关系排列如下：

…10、16－25、35－50、70－95、120…

五倍、四倍、三倍、两倍半、二倍

“10 下五”是指截面积 10mm^2 以下，载流量都是截面数的五倍。“100 上二”（读作百上二），是指截面积 100mm^2 以上，载流量都是截面数的二倍。截面积 25mm^2 与 35mm^2 是四倍和三倍的分界处，这就是“25，35，四三界”。而截面积 70mm^2、95mm^2 则为 2.5 倍。从上面的排列可以看出：除 10mm^2 以下及 100mm^2 以上之外，中间的导线截面积是每两种规格属同一倍数。

下面以明敷铝芯绝缘线、环境温度为 25℃为例说明。

例 9-16 6mm^2 的按“10 下五”算得载流量为 30A。

例 9-17 150mm^2 的按“100 上二”算得载流量为 300A。

从上面的排列还可以看出，倍数随截面积的增大而减小。在倍数转变的交界处，误差稍大些。比如截面积 25mm^2 与 35mm^2 是四倍与三倍的分界处，25mm^2 属四倍的范围，但靠近向三倍变化的一侧，它按口诀是四倍，即 100A，但实际不到四倍（按手册为 97A）。

而 35mm^2 则相反，按口诀是三倍，即 105A，实际是 117A。不过这对使用的影响并不大。若能心中有数，在选择导线截面时，25mm^2 的不让它满到 100A，35mm^2 的则可以略为超过 105A 就更准确了。

同样，2.5mm^2 的导线位置在五倍的最始（左）端，实际不止五倍（最大可达 20A 以上），不过为了减少导线内的电能损耗，通常都不用到这么大，手册中一般也只标 12A。

从“穿管温度八九折”以下是对条件改变的处理。若是穿管敷设（包括槽板等敷设，即导线加有保护套层，不明露的），计算后，再打八折（乘 0.8）。若环境温度超过 25℃，计算后再打九折（乘 0.9）。关于环境温度，按规定是指夏天最热月的平均最高温度。实际上，温度是变动的，一般情况下它导体载流的影响并不大。因此，只对某些高温车间或较热地区超过 25℃较多时才考虑打折扣。

还有一种情况是两种条件都改变（穿管同时温度较高），则计算后打八折，再打九折。或者简单地一次打七折计算（即 $0.8\times0.9=0.72$，约 0.7）。这也可以说是“穿管温度八九折”的意思。

例 9-18 铝芯绝缘线 10mm^2 穿管（八折）为 40A，即 $10\times5\times0.8=40$。

例 9-19 铝芯绝缘线 10mm^2 穿管又高温（七折）为 35A，即 $10\times5\times0.7=35$。

对于裸铝线的载流量，简明方法指出“裸线加一半”，即计算后再加一半（乘 1.5），指同样截面积的铝芯绝缘线与铝裸线比较，载流量可加大一半。

例 9-20 16mm^2 的裸铝线为 96A，即 $16\times4\times1.5=96$。

例 9-21 16mm^2 的裸铝线高温为 86A，即 $16\times4\times1.5\times0.9=86.4$。

对于铜导线的载流量，简明方法指出“铜线升级算”，即将铜导线的截面按截面积排列顺序提升一级，再按相应的铝线条件计算。

例9-22　$35mm^2$ 裸铜线，25℃，升级为 $50mm^2$，再按 $50mm^2$ 裸铝线，25℃计算为225A，即 $50\times3\times1.5=225$。

例9-23　$16mm^2$ 铜绝缘线，25℃，按 $25mm^2$ 铝绝缘的相同条件计算，为100A，即 $25\times4=100$。

9.4　变压器估算

9.4.1　变压器负荷容量估算

1. 方法

已知配变二次压,测得电流求千瓦;
电压等级四百伏,一安零点六千瓦;
电压等级三千伏,一安四点五千瓦;
电压等级六千伏,一安整数九千瓦;
电压等级十千伏,一安一十五千瓦;
电压等级三万五,一安五十五千瓦。

2. 作用

测知电力变压器二次侧电流，求算其所载负荷容量。

变压器负荷容量是指变压器的视在功率，单位为V·A或kV·A，是二次电压有效值与次级电流有效值乘积的最大值。例如，变压器负载容量为630kV·A，当负载为阻性负载，则可以负载630kW；如果是感性负载，就要视负载的功率因数而定，功率因数一般为0.8，所以变压器负载为 $630\times0.8kW=504kW$。

3. 说明

变压器二次电流可用钳型电流表测知，可负荷功率是多少不能直接看到和测知。这就需估算，如用常规公式来计算，既复杂又费时。

“电压等级四百伏，一发零点六千瓦”。当测知电力变压器二次（电压等级400V）负荷电流后，安培数值乘以系数0.6便得到负荷功率千瓦数，其余类似。

9.4.2　二次侧断路脱扣器估算

1. 方法

配变二次侧供电,最好配用断路器;
瞬时脱扣整定值,三倍容量千伏安。

2. 作用

已知电力变压器容量，求算其二次侧（0.4kV）出线自常闭路器瞬时脱扣器整定电流值。

3. 说明

配电变压器后作为总开关用的低压断路器，其电磁脱扣器瞬时动作整定电流（安），可按“三倍容量千伏安”选择。

例9-24　500kV·A变压器后作为总开关的低压断路器电磁脱扣器瞬时动作整定电流为

500×3A=1500A。

9.4.3 保护设备估算

1. 方法

配变高压熔断体，容量电压相比求；
配变低压熔断体，容量乘9除以5。

2. 作用

已知变压器容量，速算其一、二次保护熔体（俗称保险丝）的电流值。

3. 说明

正确选用熔体对变压器的安全运行关系极大。当仅用熔断器作变压器高、低压侧保护时，熔体的正确选用更为重要。

思考题

9-1 分别估算一台40kW水泵电动机、一台15kW电阻炉、一台320kV·A配电变压器的负载电流。

9-2 估算一只1000W投光灯、五只36V60W的行灯、一只21kV·A的交流电焊变压器（一次侧接单相380V）的负载电流。

9-3 估算5.5kW电动机起动时配置的封闭式负荷开关的额定电流。

9-4 估算一台40kW电动机的整定电流。

9-5 估算一台30kW的电动机配置的铝芯导线截面积。

9-6 估算70mm^2铝芯绝缘线环境温度25℃时、95mm^2铝芯绝缘线环境温度30℃时的截流量。

9-7 估算95mm^2穿管铜绝缘线25℃时、35mm^2裸铝线25℃时、120mm^2裸铝线25℃时的截流量。

第10章　电器选用与接线

本章以正-反-停控制项目为例介绍电器选用与接线工艺，主要涉及阅读原理图、电计算、电器选用、线路设计、绘制框图、规范装配过程、机械装配、电气装配和功能调试等内容。

10.1　负载及电线的选择

10.1.1　电动机额定电流

三相异步电动机是正-反-停控制线路的唯一负载。该线路中的负载电动机选用的Y系列（IP44）三相异步电动机额定电压为380V，额定频率为50Hz，功率为1.1kW。

1. 估算电动机空载电流

电动机空载电流指电动机无负载时运转所需的电流。根据“新大极数少六折”估算方法，算得电动机空载电流 = 1.1 × 0.6A = 0.66A。

电动机空载时，输入电动机的功率只用于在定子与转子间建立电磁场，因无输出功率，所以空载电流很小。空载时转差率特别小，磁场相对切割小，产生的感应电流很小。

反之，电动机负载越重，转差率越大，磁场相对切割大，产生的感应电流很大。一台品质好的电动机，就要在额定负载运行时技术参数优良，空载时损失又很小。

2. 估算电动机额定电流

额定电流是指电器在额定条件下长期连续工作时的允许电流。额定条件包括环境温度、日照、海拔、安装条件及电压等，其中电压是最主要的额定条件。对于三相电动机，额定电流指电动机在额定电压的电源中引入的线电流。

根据“电力加倍”估算方法，算得电动机的额定电流 = 1.1 × 2A = 2.2A，依照三相电动机控制电路中的常用额定电流等级，圆整至5A。

10.1.2　电线截面积

1. 铝芯线截面积估算

根据“10下五”估算方法，$10mm^2$ 以下的铝芯绝缘线截面积的5倍即为截流量。由于电动机额定电流为5A，则铝芯绝缘线截面积 = $5/5mm^2 = 1mm^2$，根据导线系列标称截面积，圆整为 $1mm^2$。

2. 铜芯线截面积折算

根据“铜线升级算”的估算方法，计算采用铜芯绝缘线时，截面积降一级为 $0.75mm^2$。

3. 电线选择

常用电线如图10-1所示，根据固定在一起相互绝缘的导线根数，绝缘电线可分为单芯线和多芯线，多芯线也可把多根单芯线固定在一个绝缘护套内。平行的多芯线用“B”表示，绞型的多芯线用“S”表示。

$6mm^2$ 及以下单股线称为硬线，多股线称为软线。硬线用“B”表示，软线用“R”表示。电线常用的绝缘材料有聚氯乙烯和聚乙烯两种，聚氯乙烯用“V”表示，聚乙烯用“Y”表示。

图 10-1a 中 BV 为铜芯聚氯乙烯绝缘电线，图 10-1b 中 BVR 为铜芯聚氯乙烯绝缘软线，图 10-1c 中 BVVB 为铜芯聚氯乙烯绝缘聚氯乙烯护套电线硬线。

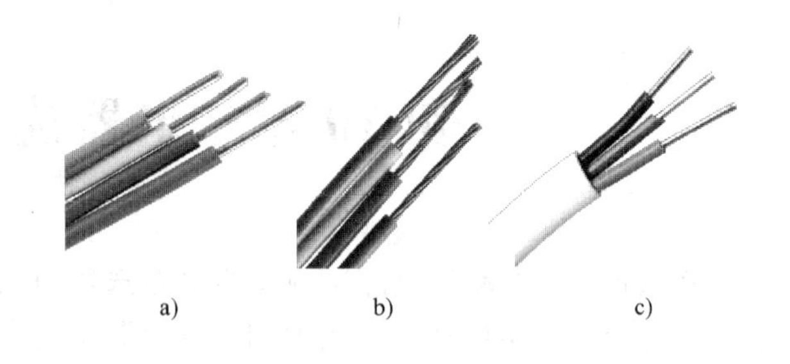

图 10-1 常用电线
a）BV 系列单芯导线 b）BVR 系列多芯导线
c）BVVB 护套导线

10.2 主回路电器的选择

10.2.1 开关选择

由于电动机非全压起动，根据电动机保护设备“六倍千瓦选开关”的估算方法，开关 QS 额定工作电流 $=1.1\times6A=6.6A$。

根据正泰低压电器产品样本，选 HZ12-16/01 基型电源切断开关，其工作电压 380V 时工作电流 10A，触头对数为 3。

10.2.2 熔断器选择

熔断器由支持件（底座）和配套的熔体组成。根据“四倍千瓦配熔体”的估算方法，熔断器 FU1 中的熔体电流 $=1.1\times4A=4.4A$。查正泰低压电器样本，选择 RT14-20 的支持件、配 RT14-20/6 的熔体，该熔体额定电流为 6A。

10.2.3 热继电器选择

1. 电流容量

根据“电流容量两倍半”的估算方法，热继电器电流容量 $>1.1\times2.5A=2.75A$。

2. 电流整定值

热继电器的电流整定值必须与电动机的额定电流一致，因此热继电器电流整定值 =5A。查正泰低压电器样本，选择 JR36-

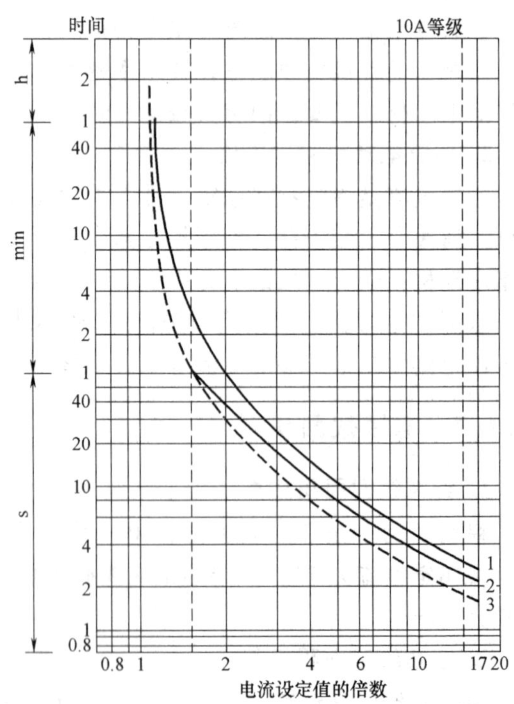

图 10-2 JR36 系列热继电器时间-电流动作特性
1—平衡运转，3 相，从冷态开始 2—平衡运转，2 相，从冷态开始 3—平衡运转，3 相，从热态开始

20系列过载热继电器。

3. 整定

根据计算结果，将电流整定值调至5A，并用红漆封住。一旦电路中电流超过5A的20%，即达到5A的1.2倍，查图10-2中曲线3，热继电器约在10min时切断电路；若电流达到5A的10倍，则热继电器将在3s时切断电路。

10.2.4　接触器选择

1. 额定电流

根据“两倍容量靠等级”的估算方法，本应选择额定电流为5A的交流接触器，但由于是频繁起动的正反转控制回路，所以按“靠级基础升一级”的估算方法，确定交流接触器额定电流为10A。

2. 型号与参数

选择CJT1-20交流接触器，其额定工作电压380V、频率50Hz或60Hz、线圈额定控制电源电压 $U_S=110V$、吸合电压为（85% ~110%）U_S、释放电压为（20% ~75%）U_S。

10.3　变压器的选择

10.3.1　负载线圈工作电流

正-反-停控制回路中负载元件仅有交流接触器KM1和KM2两个线圈，每个线圈的静态功耗按7V·A计算，两个线圈为14V·A。负载线圈工作电流=14/110A=0.13A。

10.3.2　型号与主要参数

选择JBK1-40机床控制变压器，其容量40V·A>14V·A，一次电压为220V或380V，二次电压为110V、127V、220V，正-反-停控制系统采用一次侧380V、二次侧110V的变压方案。

10.4　控制回路电器的选择

10.4.1　控制回路熔断器

正-反-停的控制回路中熔断器FU2用于短路保护，中性线上另加一个熔断器是为了防止短路时，相线上的熔断器未能迅速熔断，则中性线上的熔断器提供后背保护。

根据“配变低压熔断体，容量乘9除以5”的方法，因负载线圈工作电流为0.13A熔断器FU2中的熔断体额定电流=(0.13×9)/5A=0.234A。可选正泰RT14-20的支持件（底座）、配RT14-20/2的熔体，该熔体额定电流为2A。

10.4.2　控制回路按钮

控制回路中，按钮SB1、SB2、SB3选用LA2按钮，其中停止按钮SB1采用红色，断开与接通复合按钮 SB2、SB3 采用黑色（黑色代表操作时断开优先于接通）。

10.4.3 控制回路电线

控制回路电线采用 0.3mm² 的 BVR 铜芯聚氯乙烯绝缘软线。正-反-停控制回路电器清单见表 10-1。

表 10-1 正-反-停控制回路电器清单

序号	电器名称	数量	符号	型号	主参数	供货	安装位置及尺寸
1	基型电源切断开关	1	QS	HZ12-16/01	380V 时工作电流 10A，触头对数为 3	正泰	板外。长×宽×高=73mm×73mm×6mm
2	三相异步电动机	1	M	Y90S	额定功率 1.1kW，额定电压 380V，额定转速 1500r/min，极数 4	苏州恒力电动机	板外
3	交流接触器	2	FM1 FM2	CJT1-20	380V 时额定电流 10A，线圈额定电压 U_S = 110V，吸合电压 85% ~ 110% U_S，释放电压 20% ~75% U_S	正泰	板内。长×宽×高=92mm×102mm×110mm
4	热继电器	1	FR	JR36-20	额定工作电流 20A，电流整定值 5A	正泰	板内。长×宽×高=71mm×48mm×81mm
5	熔断器	3	FU1	RT14-20 底座配 RT14-20/6 熔断体	额定工作电流 20A，熔断体额定电流 6A	正泰	板内。底座的长×宽×高=20mm×70mm×47mm
6	熔断器	2	FU2	RT14-20 底座配 RT14-20/2 熔断体	额定工作电流 20A，熔断体额定电流 2A	正泰	板内。底座的长×宽×高=20mm×70mm×47mm
7	变压器	1	TC	JBK1-40	一次电压为 220V 或 380V，二次电压为 110V、127V、220V	正泰	板内。长×宽×高=97mm×88mm×108mm
8	按钮	1	SB1	LA2	红色	正泰	板外。安装板开孔尺寸 Φ30.5
9	复合按钮	2	SB2	LA2	黑色	正泰	板外。安装板开孔尺寸 Φ30.5
10	电线	备		BVR	主回路 U、V、W 三相分别用 0.75mm² 的黄、绿、红三色，PE 用黄绿色。控制回路中用 0.3mm² 的黑色线		板内
11	导轨	备		TH35-7.5	6.2mm×15mm 标准孔型	杭州日城	板内。长×宽×高=1000mm×35mm×7.5mm
12	线槽	备		GDR3030F	灰色，PVC 料，孔宽 6mm，齿宽 6.5mm	上海日成	板内。长×宽×高=2000mm×30mm×30mm
13	接线端子	备	XT	NJD7P-1	额定电压到 690V，额定电流 20A	正泰	板内。长×宽×高=10mm×62mm×42mm
14	插头	1	X	KH-004	额定电压 380V，额定电流 25A	康豪	板外

10.5 电气接线过程

10.5.1 绘制接线图

图10-3是根据原理图和电气清单绘制的正-反-停控制项目接线图。首先为板外电器安排接线端子，用“°”表示，其次为每根导线编制唯一线号。线号由数字0、1、2、3、4、5、6、7、8和字母L、U、V、W、P、E等组成，数字中避免同时采用6与9，一般用“0”表示零线，字母中“U”、“V”、“W”一般表示接向电动机的三相线，“L”一般表示从三相电源中接入的线，“PE”表示保护接地。控制回路中有多条支路时，一般用2位或3位数字进行编号，首位为“0”表示变压器引入或引向变压器的导线，首位为“1”表示从左至右的第1条支路的导线，首位为“2”表示从左至右的第2条支路的导线等。

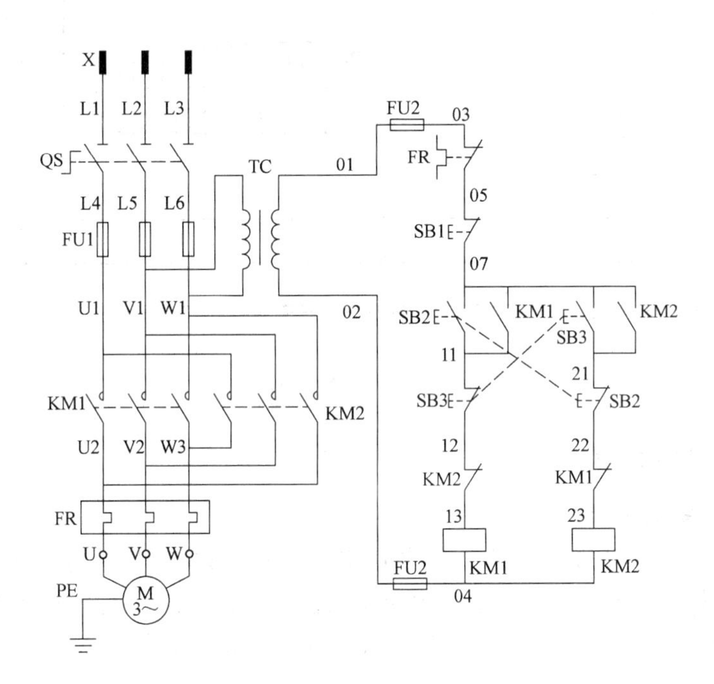

图10-3 正-反-停控制项目接线图

10.5.2 设计屏柜图

图10-4所示是根据接线图和电器清单中的安装位置和尺寸设计的正-反-停控制屏柜图，采用二层布置，四周线槽与电盘板边缘相距30mm。

上层的熔断器因工作电压不同，分开排列，并和交流接触器隔开30mm，其中交流接触器和周围线槽间相距30mm。

下层的变压器、热继电器、端子排隔开30mm排列，其中变压器和周围线槽间相距30mm。

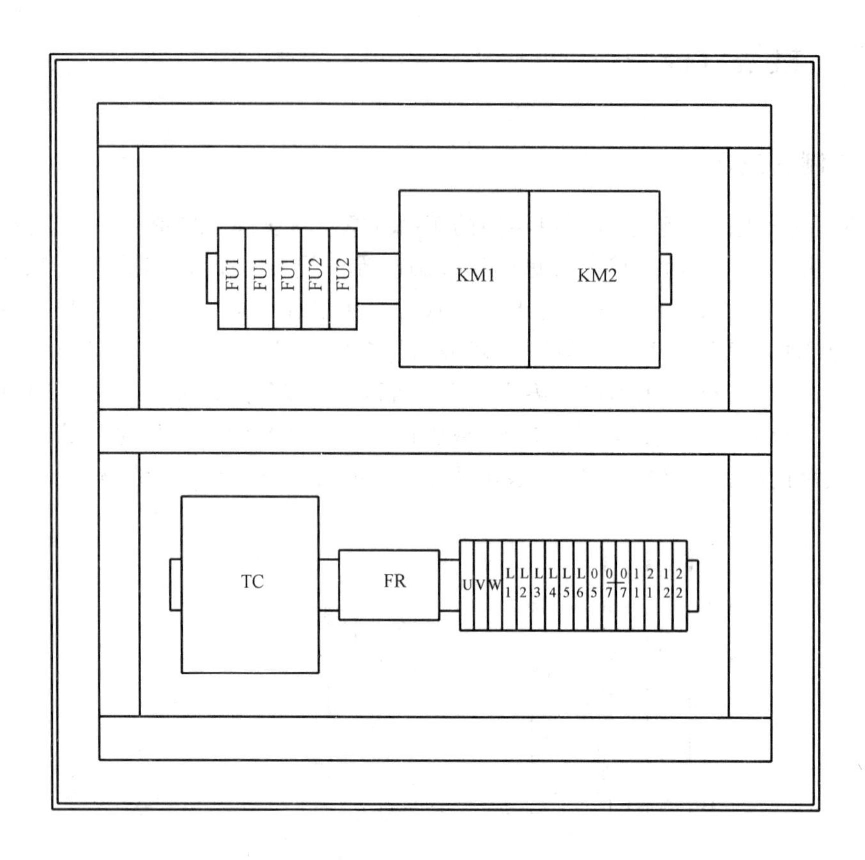

图 10-4 正-反-停控制屏柜图

10.5.3 板内电器接线

1. 电器下层接线端子接线

交流接触器 KM1 和 KM2 上有上、下两层接线端子，线圈的接线端子处于电器下层，须先接线，否则会妨碍上层接线端子接线的操作工艺过程，工艺过程见表 10-2，表中如与上一格中填写的内容相同，一般不重复填写而保持空白。根据接线图共有 58 根连线，每工序安排接线 4～6 根。

表 10-2 接触器下层端子接线工艺过程

<table>
<tr><th rowspan="2">工序号</th><th rowspan="2">工序内容</th><th colspan="3">电线</th><th colspan="4">套管</th><th rowspan="2">工艺装备及仪表</th></tr>
<tr><th>规格</th><th>颜色</th><th>长度</th><th>端头处理</th><th>名称</th><th>规格</th><th>长度</th></tr>
<tr><td rowspan="4">1</td><td>交流接触器线圈接线。对 KM1 线圈出线端至熔断器 FU2 进线端之间的“04 号线”接线</td><td>0.3mm²
(BVR)</td><td>黑</td><td></td><td>拧紧</td><td></td><td></td><td></td><td>断线钳
剥线钳
压线钳</td></tr>
<tr><td>对 KM1 线圈出线端和 KM2 线圈出线端之间的“04 号线”接线</td><td></td><td></td><td></td><td></td><td></td><td></td><td></td><td></td></tr>
<tr><td>对 KM1 线圈进线端至常闭辅助触头 KM2 出线端之间的“13 号线”接线</td><td></td><td></td><td></td><td></td><td></td><td></td><td></td><td></td></tr>
<tr><td>对 KM2 线圈进线端至常闭辅助触头 KM1 出线端之间的“23 号线”接线</td><td></td><td></td><td></td><td></td><td></td><td></td><td></td><td></td></tr>
</table>

2. 向板外电器转接

电源开关 QS、电动机 M、控制回路中的按钮 SB1、SB2、SB3 等均为安装在电盘板外的电器，安装在电盘板上的电器与板外电器间需通过接线端子转接。向板外电器转接的工艺过程见表 10-3。编写工序内容时以正-反-停控制项目接线图为准，电器上方的电线为进线、电器下方的电线称出线。

表 10-3　向板外电器转接的工艺过程

工序号	工序内容	导线			套管				工艺装备及仪表
		规格	颜色	长度	端头处理	名称	规格	长度	
2	向电源开关 QS 转接。对 FU1 进线端至接线端子(FU1)上端之间的“L4 号线”接线	0.75mm²(BVR)	黄		拧紧				断线钳 剥线钳 压线钳
	对 FU1 进线端至接线端子(FU1)上端之间的“L5 号线”接线		绿						
	对 FU1 进线端至接线端子(FU1)上端之间的“L6 号线”接线		红						
	向电动机 M 转接。对 FR 出线端至接线端子(U)上端之间的“U 号线”接线		黄						
	对 FR 出线端至接线端子(V)上端之间的“V 号线”接线		绿						
	对 FR 出线端至接线端子(W)上端之间的“W 号线”接线		红						
3	向按钮 SB1、SB2、SB3 转接。接通两个接线端子(07)	0.3mm²(BVR)	黑						断线钳 剥线钳 压线钳
	对常闭辅助触头 FR 出线端至接线端子(05)上端之间的“05 号线”接线								
	对常开辅助触头 KM1 进线端至接线端子左(07)上端之间的“07 号线”接线								
	对常开辅助触头 KM2 进线端至接线端子右(07)上端之间的“07 号线”接线								
4	对常开辅助触头 KM1 出线端至接线端子(11)上端之间的“11 号线”接线								
	对常开辅助触头 KM2 出线端至接线端子(21)上端之间的“21 号线”接线								
	对常闭辅助触头 KM2 进线端至接线端子(12)上端之间的“12 号线”接线								
	对常闭辅助触头 KM1 出线端至接线端子(22)上端之间的“22 号线”接线								

3. 接线端的并联接线

主回路中主触头 KM1 进线端和主触头 KM2 进线端之间是并联接线（简称“并接”）关系，主触头 KM1 出线端和主触头 KM2 出线端之间是交错并接关系，电气接线工艺过程见表 10-4。

表 10-4 主回路两接触器主触头并接工艺过程

工序号	工序内容	导线			套管				工艺装备及仪表
		规格	颜色	长度	端头处理	名称	规格	长度	
5	两交流接触器主触头进线端的并接。对主回路中主触头 KM1 进线端和主触头 KM2 进线端之间的“U1 号线”接线	$0.75mm^2$ (BVR)	黄		拧紧				断线钳 剥线钳 压线钳
	对主触头 KM1 进线端和主触头 KM2 进线端之间的“V1 号线”接线		绿						
	对主触头 KM1 进线端和主触头 KM2 进线端之间的“W1 号线”接线		红						
	两交流接触器主触头出线端的交错并接。对主触头 KM1 出线端和主触头 KM2 出线端之间的“W1 号线”接线		红						
	对主触头 KM1 出线端和主触头 KM2 出线端之间的“V1 号线”接线		绿						
	对主触头 KM1 出线端和主触头 KM2 出线端之间的“U1 号线”接线		黄						

4. 全线路的补充接线

检查全线路，其剩余的电气接线工艺见表 10-5。

表 10-5 全线路剩余接线的工艺过程

工序号	工序内容	导线			套管				工艺装备及仪表
		规格	颜色	长度	端头处理	名称	规格	长度	
6	主回路中接触器 KM1 主触头和熔断器间的接线。对主回路主触头 KM1 进线端和熔断器 FU1 出线端之间的“U1 号线”接线	$0.75mm^2$ (BVR)	黄		拧紧				断线钳 剥线钳 压线钳
	对主回路主触头 KM1 进线端和熔断器 FU1 出线端之间的“V1 号线”接线		绿						
	对主回路主触头 KM1 进线端和熔断器 FU1 出线端之间的“W1 号线”接线		红						
	变压器 TC 一次侧和熔断器 FU1 间的接线。对变压器 TC 的 380V 进线端和熔断器 FU1 出线端之间的“V1 号线”接线		绿						
	对变压器 TC 的 380V 出线端和熔断器 FU1 出线端之间的“W1 号线”接线		红						

（续）

工序号	工序内容	导线			套管				工艺装备及仪表
		规格	颜色	长度	端头处理	名称	规格	长度	
7	主回路接触器主触头 KM1 和热继电器 FR 间的接线。对主回路主触头 KM1 出线端和热继电器 FR 进线端之间的“U2 号线”接线		黄						
	对主回路主触头 KM1 出线端和热继电器 FR 进线端之间的“V2 号线”接线		绿						
	对主回路主触头 KM1 出线端和热继电器 FR 进线端之间的“W2 号线”接线		红						
	变压器 TC 二次侧和熔断器 FU2 间的接线。对变压器 TC 的 110V 进线端和上熔断器 FU2 进线端之间的“01 号线”接线	0.3mm²（BVR）	黑						
	对变压器 TC 的 110V 出线端和下熔断器 FU2 进线端之间的“02 号线”接线								
	对上熔断器 FU2 出线端和常闭辅助触头 FR 进线端之间的“03 号线”接线								
8	至此板上电器接线完成。检验								万用表

10.5.4　向板外的接线

图 10-5 所示为屏柜图中端子排的转接图。

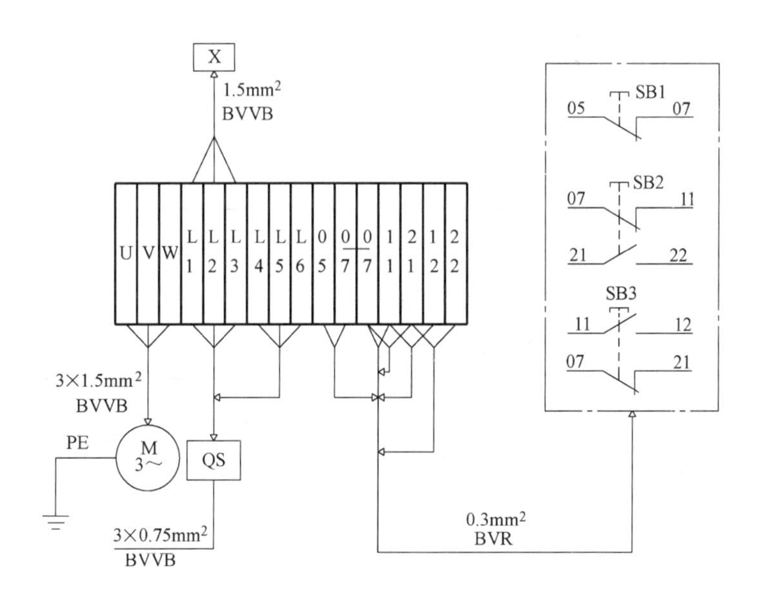

图 10-5　屏柜图中端子排的转接图

1. 向板外电器接线

电盘板向板外电器接线工艺过程见表 10-6。

表 10-6 电盘板向板外电器接线的工艺过程

工序号	工序内容	导线			套管				工艺装备及仪表
		规格	颜色	长度	端头处理	名称	规格	长度	
9	电盘板向电源插头 X 接线。接线端子(L1、L2、L3)的上端引出“L1、L2、L3 号线”,经走线槽接至电源插头 X	$1.5mm^2$ (BVVB)	黄绿红 3 色			聚氯乙烯绝缘套管	ZBN-BVV/4×1.5		断线钳 剥线钳 压线钳
	电盘板向电动机 M 接线。接线端子(U、V、W)的下端引出“U、V、W 号线”,经走线槽接至电动机 M								
	电盘板向电源开关 QS 接线。接线端子(L1、L2、L3)的下端引出“L1、L2、L3 号线”,经走线槽接至电源开关 QS	$0.75mm^2$ (BVVB)	黄绿红 3 色						断线钳 剥线钳 压线钳
	接线端子(L4、L5、L6)的下端引出“L4、L5、L6 号线”,经走线槽接至电源开关 QS								
10	电盘板向按钮 SB1、SB2、SB3 接线。接线端子(05、07 左)的下端引出“05、07 号线”,经走线槽接至按钮 SB1	$0.3mm^2$ (BVR)	黑		拧紧				断线钳 剥线钳 压线钳
	接线端子(07 右、11)的下端引出“07、11 号线”,经走线槽接至按钮 SB2 的常开接线端								
	接线端子(11、12)的下端引出“11、12 号线”,经走线槽接至按钮 SB3 的常闭接线端								
	接线端子(21、22)的下端引出“21、22 号线”,经走线槽接至按钮 SB2 的常闭接线端								
	接线端子(07、21)的下端引出“07、21 号线”,经走线槽接至按钮 SB3 的常开接线端								

2. 向板外接地

电动机 M 及电盘板均需接地,其接地接线工艺过程见表 10-7。

表 10-7 接地接线的工艺过程

工序号	工序内容	导线			套管				工艺装备及仪表
		规格	颜色	长度	端头处理	名称	规格	长度	
11	电盘板上设置明显的接地标志。焊接 PE 接地线	$1.5mm^2$ (BVVB)	黄绿色			聚氯乙烯绝缘套管	ZBN-BVV/4×1.5		断线钳 剥线钳 压线钳
	电动机金属外壳上焊接 PE 接地线								
12	检验								

屏柜所有电气接线完成后必须安排自检工序，其内容与过程见表10-8。

表10-8　屏柜自检内容与过程

序号	检验项目	技术要求	检验手段
1	检查电器型号	铭牌、型号、规格与设计相符	目视
2	检查导线规格	型号、规格使用正确	目视
3	检查主回路接线质量	电器接线端子上螺钉紧固、接线牢靠、线端标记正确	人工
4	检查控制回路接线质量		
5	检查接地线接线质量		
6	检查主回路电压	电压与设计图符合，检查一路断开一路，防止假回路	万用表测量
7	检查控制回路电压		
8	检查热继电器整定位置	应调整在电动机额定电流值上，并按设计要求定值校验	人工
9	检查各项控制功能	上电时，各项目控制功能与设计符合	人工
10	检查屏柜内部	各项杂物清理干净	人工

思考题

10-1　M1与M2电动机可直接起动，要求：①M1起动，经一定时间后M2自行起动；②M2起动后，M1立即停车；③M2能单独停车；④M1与M2均能点动。设计主回路及其控制回路。

10-2　设计一小车运行控制电路，小车由异步电动机拖动，其动作过程为①小车由原位开始前进，到终端后自动停止；②在终端停留2min后自动返回原位停止；③在前进或后退途中任意位置都能停止或起动。

10-3　从全压起停点动控制、全压起停保持控制、全压起停点动与保持可切换、单人多点控制、多人多点控制、星-三角手动换接减压起停控制、星-三角自动换接减压起停控制等项目中任选一项，绘制项目连接与检查线路图，通过电气估算选定电器元件，绘制屏框图，编制电气装配过程卡和工序卡，完成项目连接与检查操作，撰写实训报告。

10-4　从正-停-反控制、正-反-停控制、正-反自循环控制、能耗制动、反接制动、调速控制等项目中任选一项，绘制项目连接与检查线路图，通过电气估算选定电器元件，绘制屏框图，编制电气装配过程卡和工序卡，完成项目连接与检查操作，撰写实训报告。

第11章　机床电气制图

机床电气制图必须遵守国家标准，主要有GB/T 4728—2005～2008《电气简图用图形符号》GB/T 4026—2010《人机界面标志标识的基本和安全规则　设备端子和导体终端的标识》、GB/T 6988.1—2008《电气技术用文件的编制　第1部分：规则》等。

11.1　电器图示

图11-1是CW6132车床的电气实例图。

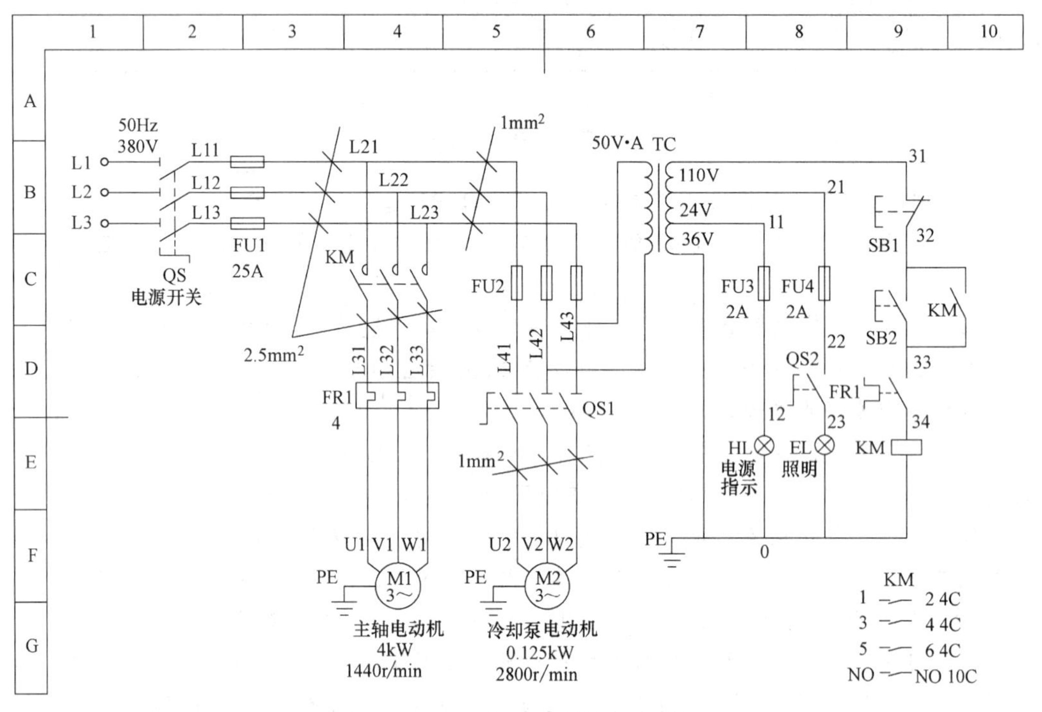

图11-1　CW6132车床的电气实例图

11.1.1　触头图示状态

电气图中电器元件触头的图示状态应按该电器的不通电状态和不受力状态绘制。

对于接触器、电磁继电器触头按电磁线圈不通电时状态绘制。

对于按钮、行程开关按不受外力作用时的状态绘制。

对于低压断路器及组合开关按断开状态绘制，热继电器按未脱扣状态绘制，速度继电器按电动机转速为零时的状态绘制。

事故、备用与报警开关等按设备处于正常工作时的状态绘制，标有“OFF”等多个稳定操作位置的手动开关则按拨在“OFF”位置时的状态绘制。

11.1.2　文字标注

电气图中文字标注遵循就近规则与相同规则。就近规则是指电器元件各导电部件的文字符号应标注在图符的附近位置。相同规则是指同一电器元件的不同导电部件必须采用相同的文字标注符号（如图11-1中，交流接触器线圈、主触头及其辅助触头均采用同一文字标注符号KM）。

文字本身应符合GB/T 14691—1993《技术制图　字体》的规定。汉字采用长仿宋体，字高有20，14，10，7，5，3.5，2.5七种，字体宽度约等于字高的2/3，而数字和字母笔画宽度约为字高的1/10等。

11.2　导线绘制

11.2.1　导线布置

1. 垂直布置

设备及电器元件图符从左至右纵向排列，连接线垂直布置，类似项目横向对齐，一般机床电气原理图均采用此布置方法。

2. 水平布置

设备及电器元件图符从上至下横向排列，连线水平布置，类似项目纵向对齐。电气原理图绘制时采用的连线布置形式应与电气控制柜内实际的连线布置形式相符。

11.2.2　交叉节点通断

十字交叉节点处绘制黑圆点表示两交叉连线在该节点处接通，无黑圆点则无电联系；T字节点则为接通节点，如图11-2所示。

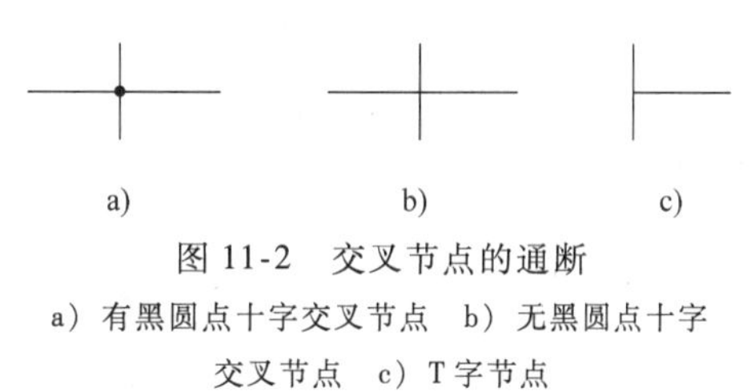

图11-2　交叉节点的通断
a）有黑圆点十字交叉节点　b）无黑圆点十字交叉节点　c）T字节点

11.2.3　线号与规格

线号用“字母+数字”标注。其中，字母常用字有L、M、U、V、W、PE等，数字中，“0”一般标注零线，“6、9”不能同时使用，“7”用倒置L替代，一套图中的每一根连线的线号必须唯一。

连线规格按就近原则采用引出线标注，图11-1中就采用了引出线标注，冷却电动机主电路分区中的引出线端点处标注的2.5mm^2表示连线截面积为2.5mm^2。连线规格标注过多，会导致图面混乱，可在电器元件明细表中集中标注。

11.3　图幅分区

为便于用文字说明图上电器元件的位置及其用途，须对图进行分区。

11.3.1　分区方法

图的上方和下方自左至右用数字进行等分分区，左端和右端自上而下用大写字母进行等分分区。电气图绘制时应遵循“支路与元件居中”原则，即将每条支路及支路上的电器元件放置在一个数字分区的中间区域和一个字母分区的中间区域，以方便电器触头位置索引标注。

11.3.2 触头索引

电气图中的交流接触器与继电器，因线圈、主触头、辅助触头所起作用各不相同，通常绘制在各自发挥作用的支路中。在幅面较大的复杂电气图中，为检索方便，需在电磁线圈图符下方标注电磁线圈的触头索引代号。

图 11-3 所示是交流接触器 KM 线圈控制的触头索引图，3 个主触头进线接线端子在接触器上的标识分别为 1、3、5，出线接线端子的标识分别为 2、4、6，该触头绘制在图中的“4C”位置；常开辅助触头 2 个接线端在接触器上的标识为 NO，该触头绘制在图中的“10C”位置。

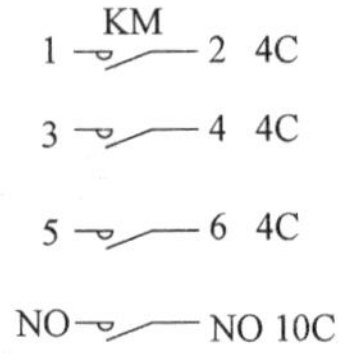

KM
1 —— 2 4C
3 —— 4 4C
5 —— 6 4C
NO —— NO 10C

图 11-3 交流接触器 KM 线圈控制的触头索引图

11.4 屏柜向外转接

图 11-4 是 CW6132 车床的屏柜向外转接图，图中左上方为屏柜位置，通过转接端子排 XT 向板外电器转接。

11.4.1 电盘布局

图中左上方点画线框表示 CW6132 车床的电盘板，板上电器按上、中、下三层布置，上层为主回路熔断器 FU1、FU2，中层为交流接触器 KM、热继电器 FR1、变压器 TC 及控制回路熔断器 FU3、FU4，下层为接线端子排 XT，电器及板上的走线槽图形按实际外形长 × 宽尺寸绘制，文字标注符号与电气图保持一致。

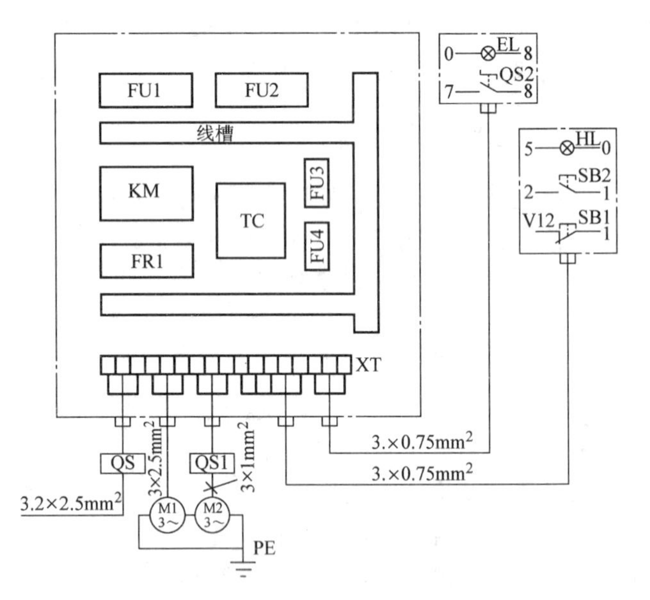

图 11-4 CW6132 车床的屏柜向外转接图

11.4.2 板外电器

装在电盘板外的电器有电源开关 QS、QS1，电动机 M1、M2，照明灯 EL 及开关 QS2，报警灯 HL、按钮 SB2 和 SB1 等。各电器位置按在机床上控制柜、控制板、操作台或操纵箱中的实际位置绘制，图中右上方小方框表示照明灯控制板，上装有照明灯及开关，右下方小方框表示机床运动操纵板，上装有报警灯和 2 个控制按钮。

11.4.3 电盘与板外电器

电盘与板外电器间通过接线端子排 XT 转接，连接导线上注明导线根数、导线截面积等，一般不表示导线实际走线途径，施工时由操作者根据实际情况选择最佳走线方式。

11.5　CW6132车床电气控制

11.5.1　主回路的控制

主回路中合上电源开关QS，电源接入，变压器TC通电。这时4F区的主电动机M1是否通电，取决于交流接触器主触头KM的通断，合上5D区的开关QS1，冷却泵电动机M2通电运转，断开QS1，M2断电停转。

11.5.2　控制回路的控制

1. M1的控制

按下9C区的起动按钮SB2，线圈KM吸合，导致主回路中的主触头KM接通，主电动机M1起动；按下停止按钮SB1，线圈KM断电释放，导致主回路中的主触头KM断开，主电动机M1断电停转。

2. 灯的控制

合上8D区的开关QS2，照明灯EL亮，断开QS2，EL熄灭。

思　考　题

11-1　简述绘制电气图时触头图示状态的规则。

11-2　举例说明电气图中的分区方法。

11-3　以CW6132车床为例，简述安装在电盘之外的板外电器和安装在电盘之内的板内电器的区分标准。

11-4　说明CW6132车床电盘与板外电器的连接方法及其技术原因。

11-5　通过电气估算，确定CW6132车床电器元件型号与规格，并绘制CW6132屏柜图。

第 12 章　C650 车床控制

12.1　主回路控制

C650 车床电气控制原理图共有 2 页，图 12-1 为第 1 页的 C650 车床主回路，三相交流电源 L1、L2、L3 经熔断器 FU 后，由 QS 隔离开关引入。

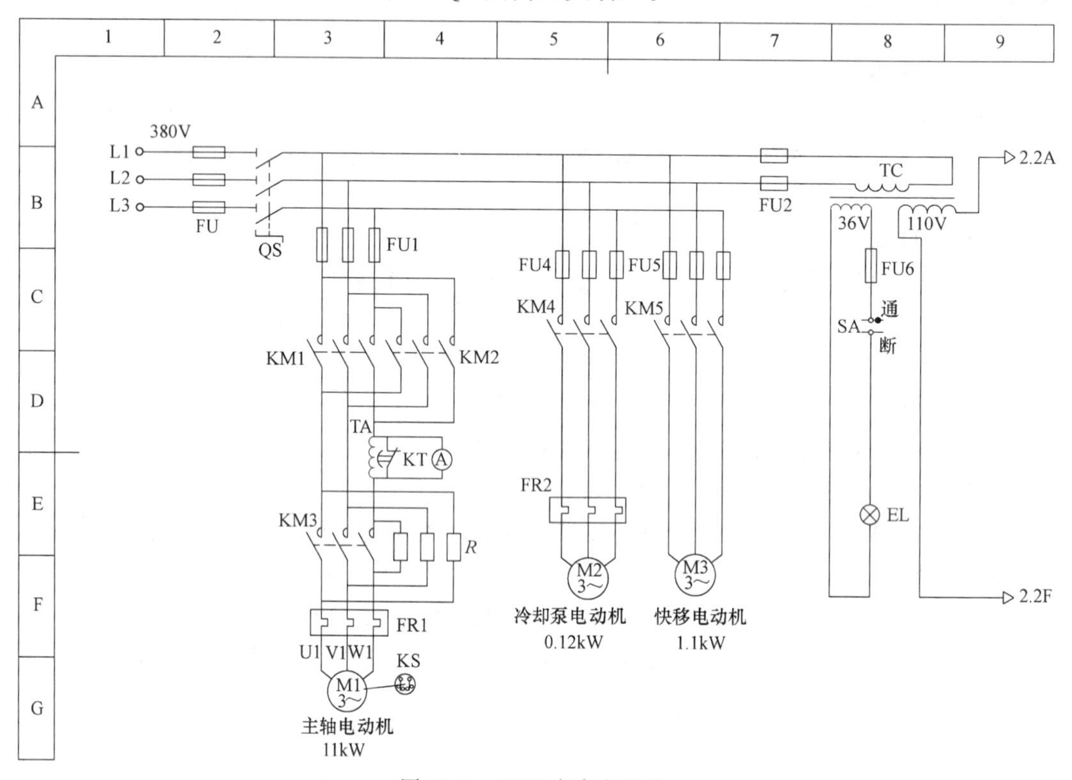

图 12-1　C650 车床主回路

12.1.1　主轴电动机 M1

M1 为主轴电动机，拖动主轴旋转并通过进给机构实现进给运动，主要有正转与反转控制、制动时快速停转、加工调整时点动操作等电气控制要求。M1 回路中，FU1 熔断器为短路保护环节，FR1 是热继电器加热元件，对电动机 M1 起过载保护作用。

M1 回路中交流接触器主触头 KM1 与 KM2 不能同时接通，当 KM1 接通、KM2 断开以及 KM3 断开时，三相交流电经由电阻 *R* 接入主轴电动机绕组，使电动机 M1 正转起动，然后 KM3 再接通则电动机中通入全压电流，电动机进入正转运行状态。

而当 KM2 接通、KM1 断开以及 KM3 断开时，三相交流电经由电阻 *R* 接入主轴电动机绕组，使电动机 M1 反转起动，然后 KM3 再接通则电动机中通入全压电流，电动机进入反转运行状态。

12.1.2　交流互感器回路

主电动机 M1 的 W 相支路上空套接 1 个交流互感器 TA（1.3D，表示第 1 页的 3D 区域），其作用是对主电动机 M1 绕组电流进行监测。主电动机 M1 起动期间，感应电流经 KT 触头支路流回，A 电流表中没有电流通过，避免了起动初期绕组电流过大而损坏电流表。主电动机 M1 接近额定转速时，KT 线圈延时到达而断开，感应电流流入 A 电流表，将绕组中电流值显示在电流表上。

图 12-2 所示为用于监测 M1 绕组电流的 LWZ1-0.5 电流互感器。该电流互感器可在额定电压为 0.5kV 及以下、额定频率为 50Hz 的交流回路中使用。

图 12-2　LWZ1-0.5 电流互感器

12.1.3　冷却泵电动机 M2

冷却泵电动机 M2 对零件加工部位进行供液，其电气控制要求是加工时起动供液，并能长期运转。M2 所在回路中，FU4 熔断器起短路保护作用，FR2 热继电器则起过载保护作用。当主触头 KM4 接通时，M2 绕组中通入电流而起动；当 KM4 断开时，M2 绕组中切断电流而停转。

12.1.4　快移电动机 M3

快移电动机 M3 的作用是拖动刀架快速移动，要求能够随时手动控制起动与停止，M3 所在回路中，FU5 熔断器起短路保护作用。当主触头 KM5 接通时，M3 绕组中通入电流而起动；当 KM5 断开时，M3 绕组中切断电流而停转。

12.2　变压器连接

12.2.1　主控回路间的连接

C650 车床主回路接入三相 380V 交流电，主回路与控制回路之间采用变压器 TC 连接，变压器 TC 的一次侧从主回路的 U、V 两相上接入线电压为 380V 的交流电。

12.2.2　连接照明灯回路

变压器 TC（1.8B 区）的二次侧向照明灯回路供 36V 交流电。照明灯由一个单极两位拨位开关 SA 控制，SA 处于“通”位时，照明灯回路通电，照明灯 EL 亮；SA 处于“断”位时，照明灯回路断电，照明灯 EL 熄。FU6 熔断器起短路保护用。

12.3　控制回路

变压器 TC 的二次侧向控制回路供 110V 交流电。图 12-3 所示的控制回路是 C650 车床电气控制原理图的第 2 页。控制回路中各支路垂直布置，因线圈、触头均按不受力状态或不通电状态绘制，所以各支路均为“断路”状态，即 KM1、KM3、KT、KM2、KA、KM4、KM5 等各线圈处于断电状态，这一现象称为原态支路常断。

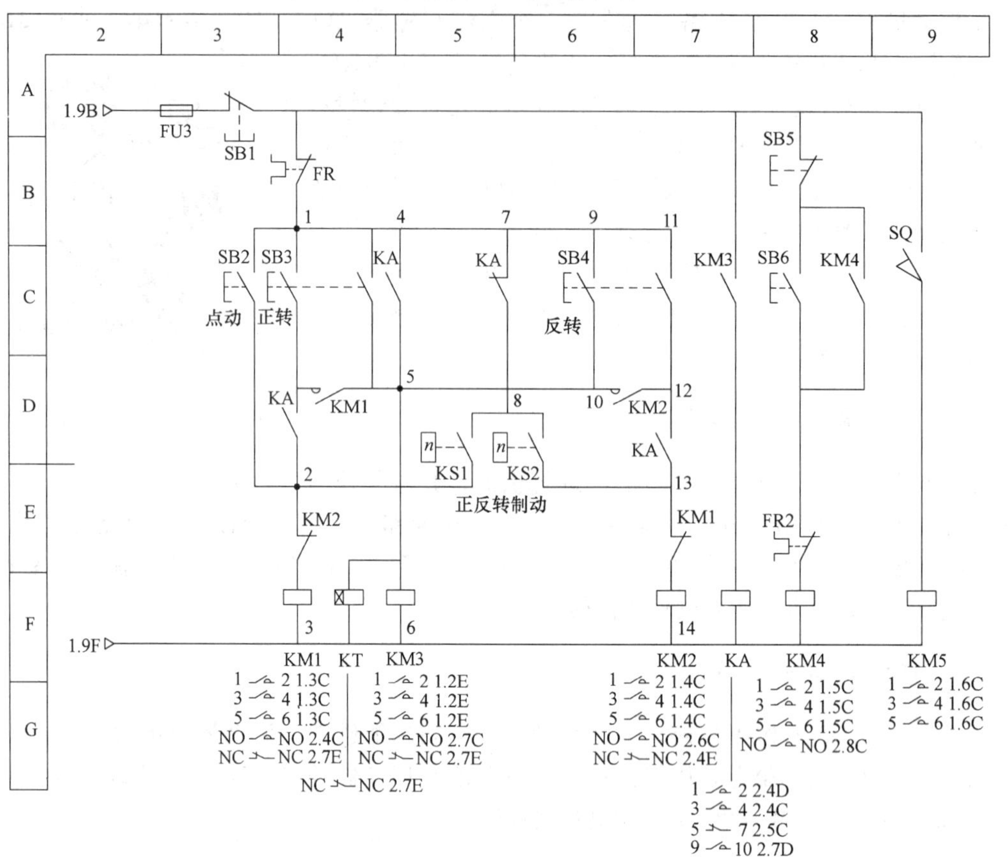

图 12-3　C650 车床控制回路

12.3.1　主电动机点动控制

1. 按下 SB2 后控制回路的状态

按下 SB2，控制回路中 KM1 线圈通电，根据原态支路常断现象，其余所有线圈均处于断电状态。

2. 按下 SB2 后主回路 M1 的状态

主回路中 KM1 主触头闭合，主回路中由 QS 隔离开关引入的三相交流电源将经 KM1 主触头、限流电阻接入 M1 的三相绕组中，M1 串电阻减压起动。

3. 松开 SB2 时主控回路中的状态

松开 SB2，控制回路中 KM1 线圈断电，主回路中电动机 M1 断电停转。SB2 是 M2 的点动控制按钮。

12.3.2　主电动机正反转控制

1. 按下 SB3 后控制回路的状态

按下 SB3，KM3 与 KT 线圈同时通电，通过 2.7C 区的 KM3 闭合而使 KA 线圈通电，KA

线圈通电又导致2.4D区的KA触头闭合，使KM1线圈通电。而2.4D区的KM1常开辅助触点和2.4C区的KA常开辅助触点对SB3形成自锁。

2. 按下SB3后主回路的状态

主回路中KM3主触头与KM1主触头闭合，电动机不经限流电阻 *R* 而全压正转起动。

3. 按下SB4后控制回路的状态

按下SB4，通过9、10、5、6导线使KM3与KT线圈通电，与正转控制类似，2.7F区的KA线圈通电，再通过11、12、13、14导线，使KM2线圈通电。

4. 按下SB4后主回路的状态

主回路中KM2、KM3主触头闭合，电动机全压反转起动。KM1与KM2线圈所在支路间互锁。

12.3.3 主电动机正转制动控制

1. 按下SB1后控制回路的状态

KS2是速度继电器的正转控制触头，M1正转起动至接近额定转速时，KS2闭合并保持。正转制动时按下SB1，控制回路中所有电磁线圈都将断电。

2. 按下SB1后主回路的状态

主回路中KM1、KM2、KM3主触头全部断开，电动机断电降速，但由于正转转动惯性，需较长时间才能降为零速。

3. 松开SB1后控制回路的状态

松开SB1，控制回路中经1、7、8、KS2、13、14，使KM2线圈通电。

4. 松开SB1后主回路的状态

主回路中KM2主触头闭合，三相电源电流经KM2使 U_1、W_1 两相换接，再经限流电阻 *R* 接入三相绕组中，M1的转子上形成反转转矩，与正转的惯性转矩相抵消使M1迅速降速。

5. M1接近零速时回路的状态

电动机M1迅速降速至零速时，控制回路中KS2断开，KM2线圈断电释放。主回路中电机M1转子上的反转转矩撤除，电动机停车。

在电动机M1正转起动至额定转速，再从额定转速制动至停车的过程中，KS1反转控制触头始终不产生闭合动作。

12.3.4 主电动机反转制动控制

1. 按下SB1后主回路的状态

KS1在电动机反转起动至接近额定转速时闭合并保持。与正转制动类似，按下SB1，电动机断电降速。

2. 松开SB1后控制回路的状态

松开SB1，则经1、7、8、KS1、2、3，使线圈KM1通电。

3. 松开SB1后主回路的状态

主回路中M1的转子上形成正转转矩，并与反转的惯性转矩相抵消使M1迅速降速。

4. M1接近零速时回路的状态

主回路中电动机M1迅速降速至接近零速时，KS1断开，电动机转子上的正转转矩撤除，电动机停车。

12.3.5 冷却泵电动机起停控制

1. 按下 SB6 后控制回路的状态

按下 SB6，控制回路中线圈 KM4 通电，并通过 KM4 常开辅助触头对 SB6 自锁。

2. 按下 SB6 后主回路的状态

主回路中主触头 KM4 闭合，冷却泵电动机 M2 转动并保持。

3. 按下 SB5 后回路的状态

按下 SB5，控制回路中 KM4 线圈断电，主回路中冷却泵电动机 M2 停转。

12.3.6 快移电动机点动控制

1. 压下 SQ 后控制回路的状态

行程开关由车床上的刀架手柄控制。转动刀架手柄，行程开关 SQ 将被压下而闭合，KM5 线圈通电。

2. 压下 SQ 后主回路的状态

主回路中主触头 KM5 闭合，驱动刀架快移的电动机 M3 起动。

3. 松开 SQ 后回路的状态

反向转动刀架手柄复位，SQ 行程开关松开，电动机 M3 断电停转。

C650 车床电气控制图中电器符号及名称见表 12-1。

表 12-1 C650 车床电器符号及名称

符号	名称	符号	名称
M1	主电动机	SB1	总停按钮
M2	冷却泵电动机	SB2	主电动机正向点动按钮
M3	快速移动电动机	SB3	主电动机正转按钮
KM1	主电动机正转接触器	SB4	主电动机反转按钮
KM2	主电动机反转接触器	SB5	冷却泵电动机停转按钮
KM3	短接限流电阻接触器	SB6	冷却泵电动机起动按钮
KM4	冷却泵电动机起动接触器	TC	控制变压器
KM5	快移电动机起动接触器	FU(1~6)	熔断器
KA	中间继电器	FR1	主电动机过载保护热继电器
KT	通电延时时间继电器	FR2	冷却泵电动机保护热继电器
SQ	快移电动机点动行程开关	R	限流电阻
SA	开关	EL	照明灯
KS	速度继电器	TA	电流互感器
A	电流表	QS	隔离开关

思考题

12-1 绘制用于 C650 电气连接操作的接线图（要求：每根导线有线号、每个接线端有标识名称）。

12-2 简述 C650 电气图中按下反向起动按钮 SB4 后的工作结果。

12-3 假设 C650 中主电动机处于反向运转状态中，说明其制动原理。

12-4 通过电气估算，确定 C650 电器元件型号与规格，并绘制 C650 屏柜图。

第 13 章　XA6132 铣床控制

图 13-1 是 XA6132 铣床电气控制图第 1 页，其中 M1 为主轴电动机，M2 为工作台进给电动机，M3 为冷却泵电动机。

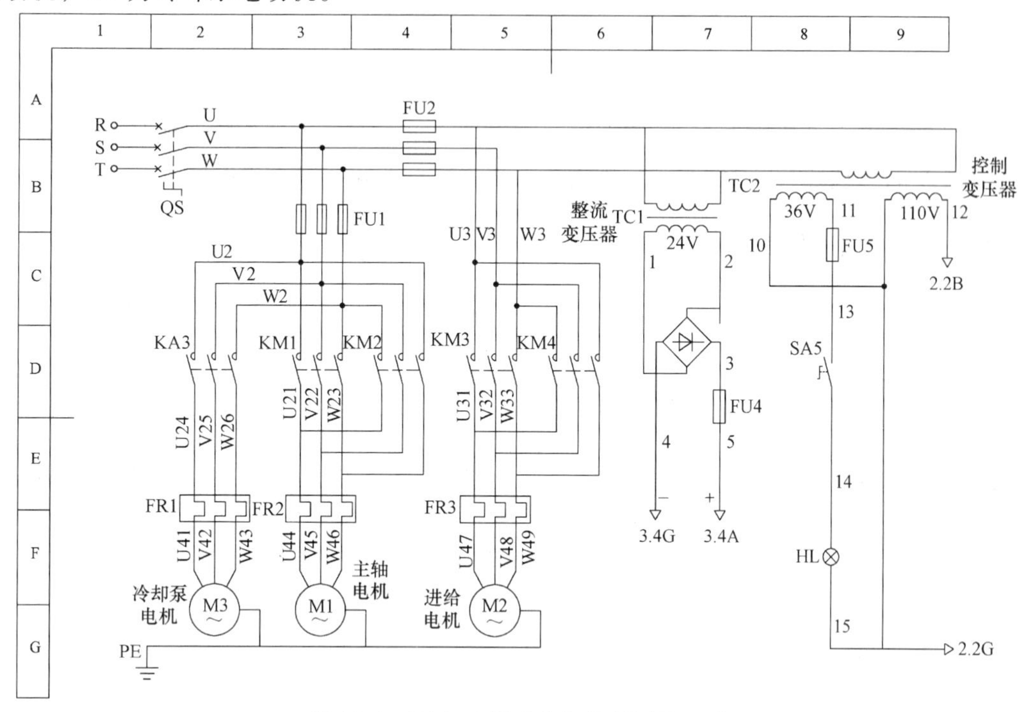

图 13-1　XA6132 铣床电气控制图第 1 页

13.1　主回路控制

13.1.1　主轴电动机 M1

主轴电动机 M1 由接触器 KM1、KM2 控制。当 KM1 接通、KM2 断开，电动机 M1 正向运行起动；当 KM2 接通、KM1 断开，电动机 M1 反向运行起动。KM1、KM2 由互锁环节确保不同时接通。热继电器 FR2 实现长期过载保护。

13.1.2　进给电动机 M2

进给电动机 M2 由接触器 KM3、KM4 控制实现正反向运行起动，热继电器 FR3 实现长期过载保护。

13.1.3　冷却泵电动机 M3

冷却泵电动机 M3 由继电器 KA3 实现直接起动，热继电器 FR1 实现长期过载保护。

13.2 变压器连接

13.2.1 连接制动与进给回路

变压器 TC1 的一次侧接入 380V 交流电，二次侧通过整流电流接出 24V 直流电供给制动与进给控制回路。

13.2.2 连接照明灯回路

变压器 TC2 的一次侧接入 380V 交流电，二次侧接出 36V 交流电供给照明回路。照明回路中由 FU5 进行短路保护，SA5 接通，照明灯 HL 亮；SA5 断开，照明灯熄。

13.2.3 主控回路间的连接

变压器 TC2 的一次侧接入 380V 交流电，二次侧接出 110V 交流电，供给控制回路。

13.3 控制回路

图 13-2 是 XA6132 铣床电气控制图第 2 页，包括调试、主轴正转、主轴反转、冷却泵、工作台快移、正向进给及反向进给等控制回路。

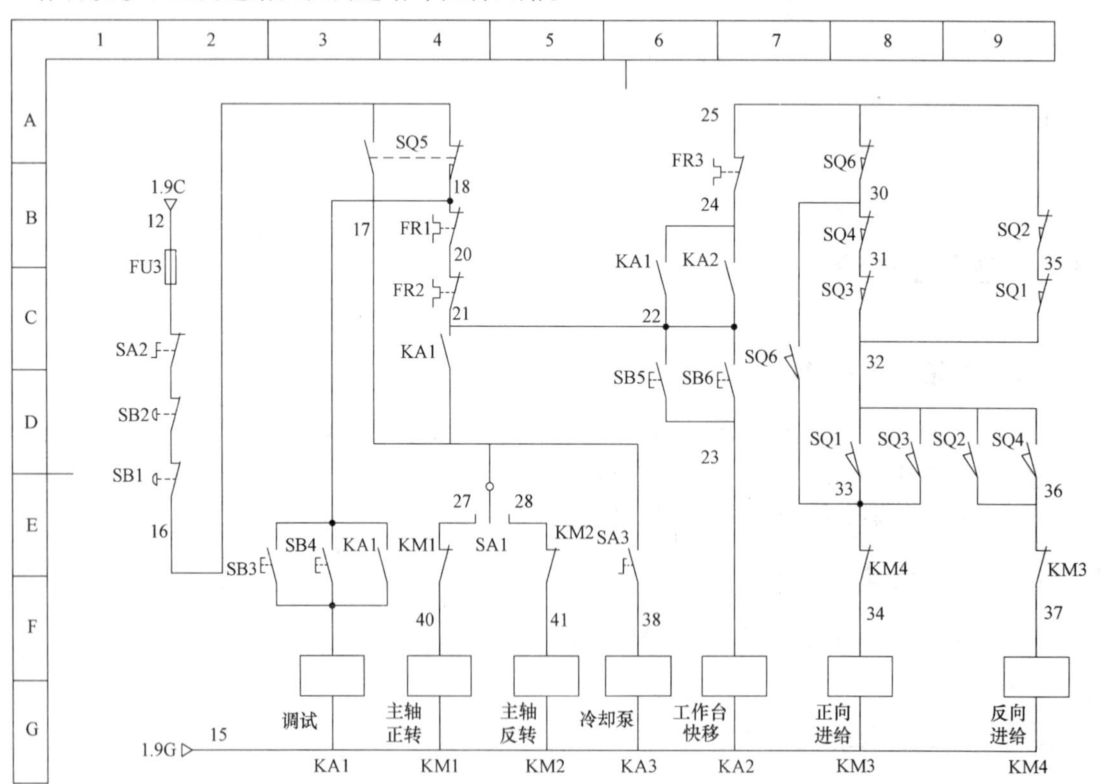

图 13-2 XA6132 铣床电气控制图第 2 页

13.3.1　主轴电动机控制过程

1. 主轴电动机M1起动控制

主回路中电源开关QF（1.2A区）闭合，控制回路中换向开关SA1（2.5E区）扳到主轴所需旋转方向，然后按下起动按钮2.2E区的SB3或2.3E区的SB4使继电器KA1吸合并自锁。此时因2.4C区的常开触头KA1闭合，接触器KM1或KM2通电吸合。

主回路中的KM1或KM2主触头闭合，电动机M1正转或反转直接起动，且通过控制回路中2.4E区的常闭触头KM1和2.5E区的常闭触头KM2实现互锁。

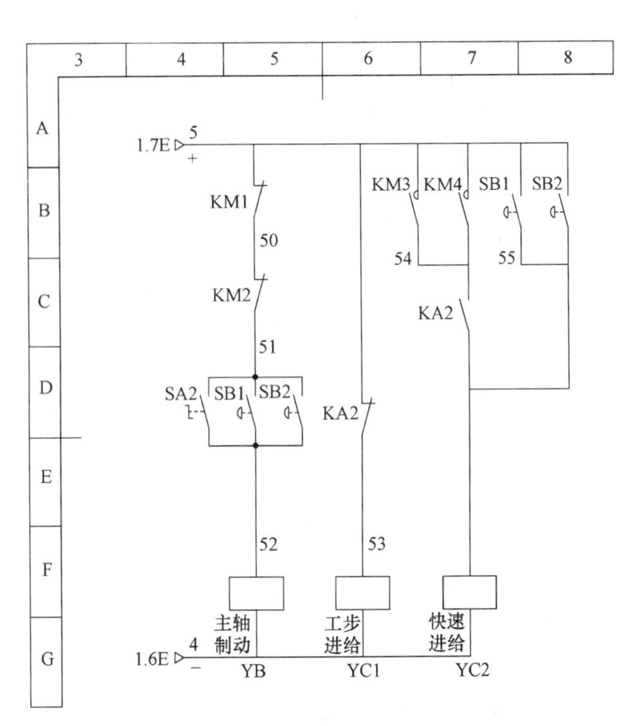

图13-3　XA6132铣床电气控制图第3页

2. 电动机M1起动时制动回路状态

图13-3是XA6132铣床电气控制图第3页，由主轴制动、工步进给、快速进给等控制回路组成。在控制回路中接触器KM1或KM2通电吸合，主回路中电动机M1起动时，3.5B区的常闭触头KM1或3.5C区的常开触头KM2断开，主轴制动电磁摩擦离合器控制线圈YB失电断开，制动电磁摩擦离合器的摩擦片处于松开状态。

2.6B区的常开触头KA1闭合，为2.8F区的KM3或2.9F区的KM4的通电吸合作好了准备。

3. 电动机M1停止与制动

按下2.2E区的SB1或2.2D区的SB2，使控制回路2.4G区的KM1或2.5G区的KM2失电释放，主回路中的电动机M1断开三相电源。

由于3.5B区的常闭触头KM1与3.5C区的常闭触头KM2处于闭合状态，SB1或SB2闭合，使YB通电吸合，主轴制动电磁摩擦离合器的摩擦片处于压紧制动状态，使主轴电动机迅速制动而停转。

当松开SB1或SB2时，YB线圈失电，离合器的摩擦片松开，制动结束。

4. 主轴换刀时的制动

将2.2C区的SA2扳到“换刀”位而处于断开状态，主回路中M1断电，因此时3.4D区的SA2处于闭合状态，所以M1处于制动状态而迅速停转。换刀结束后，将2.2C区的SA2扳到“加工”位，此时SA2处于闭合状态，解除了主轴的制动状态。

5. 主轴变速冲动控制

通过拉出机床上的变速手柄再推回原来位置这一过程实现主轴的变速冲动。

若M1处在运转状态中，拉出变速手柄时，通过控制凸轮瞬时压下冲动行程开关SQ5，首先使2.4A区的常闭触头SQ5断开，线圈KM1或KM2就会因失电而释放，同时3.5F区的

YB 处于吸合状态，主回路中 M1 迅速停转。

然后处于 2.3A 区的 SQ5 常开触头瞬时闭合，再使 KM1 或 KM2 接通，M1 作瞬时点动，此时机械上的联动机构操纵齿轮间进行啮合更换。当 SQ5 不再受压时，2.3A 区的常开触头 SQ5 恢复断开，2.4A 区的常闭触头 SQ5 恢复接通，主轴以新的转速旋转。

若 M1 处于停转状态，则拉出变速手柄时，M1 产生瞬时点动，待齿轮间啮合更换结束后，SQ5 恢复原来到状态，再次起动 M1，主轴将在新的转速下旋转。

13.3.2 进给电动机控制过程

工作台上下垂直、左右纵向、前后横向 6 个运动由行程开关 SQ1、SQ2、SQ3 及 SQ4 通过正反转接触器 KM1、KM2 控制电动机 M2 实现。

1. 水平工作台向左与向右进给

以工作台右进为例，将纵向进给操作手柄扳到“右”位，通过机械上的联动机构连接纵向进给离合器，此时 2.8D 区的行程开关 SQ1 闭合，使 KM3 吸合，主回路中主触头 KM3 吸合，电动机 M2 正向起动运转，拖动工作台向右进给。

向右进给结束后，将手柄由右扳到“中”位置，行程开关 SQ1 不再受压而复位断开，KM3 失电释放，M2 停转，工作台向右进给停止。

纵向操作手柄由“中”扳到“左”位时，在机械挂挡的同时，通过行程 SQ2，实现 M2 反转，拖动工作台向左进给运动。

2. 水平工作台向前与向下进给

通过垂直与横向进给十字操作手柄实现。当十字操作手柄扳到“前”位，在机械挂挡的同时压下行程开关 SQ3，使 KM3 线圈吸合，主回路中电动机 M2 正向起动运转，拖动工作台向前进给。向前进给结束，将手柄扳回“中”位，SQ3 不再受压而复位，KM3 失电释放，M2 停转，工作台向前进给停止。向下进给时将手柄扳到“下”位，其余与向前进给完全相同。

3. 水平工作台向后与向上进给

当十字操作手柄扳到“后”位，在机械挂挡的同时压下行程开关 SQ4，使 KM4 线圈吸合，主回路中电动机 M2 反向起动运转，拖动工作台向后进给。向后结束后，将手柄扳回“中”位，SQ4 不再受压而复位，KM4 失电释放，M2 停转，工作台向后进给停止。向上进给时将手柄扳到“上”位，其余与向后进给完全相同。

4. 工作台变速冲动控制

进给变速冲动在主轴起动后，将纵向进给操作手柄、垂直与横向进给操作手柄均置于“中”位时才可进行。首先将进给变换的蘑菇形操作手柄拉出并转动手柄，将主刻度盘的进给指标对准指针，再把蘑菇形手柄向前拉到极限位置，然后反向推回原位。推回过程中通过变速孔盘将推动 2.8B 区的行程开关的常闭触头 SQ6 断开，2.7C 区的行程开关常开触头 SQ6 闭合，此时 25→SQ2→SQ1→32→SQ3→SQ4→30→SQ6→33→KM4→34 支路接通，使 KM3 瞬时接通吸合。同时机械联动机构实现齿轮啮合变换，然后 SQ6 不再受压而恢复到原来的状态，再次进行进给运动时，工作台将按新的进给速度运动。

5. 进给方向快速移动控制

主轴处于运转状态时，将进给操作手柄扳到所需位置，则工作台开始按手柄所选方向以选定的进给速度运动。此时按下移动按钮SB5（2.6C区）或SB6（2.7C区），则线圈KA吸合，3.6G区的电磁离合器YC1线圈断电释放，工作台的工步进给运动停止。但由于2.7B区的常开触头KA2闭合，导致3.7G区的YC2吸合，工作台改为快速进给。松开SB5或SB6，则快速进给运动立即停止，工作台仍以原进给速度运动。

13.3.3　冷却泵电动机控制过程

SA3转换开关置于“开”位时，KA3线圈通电，冷却泵主回路中KA3主触头闭合，冷却泵电动机M3起动供液。而SA3置于“关”位时，M3停止供液。

XA6132铣床电气控制图中各电器元件符号及功能说明见表13-1。

表13-1　XA6132铣床电器元件符号及其功能

电器元件符号	名称及用途	电器元件符号	名称及用途
M1	主轴电动机	SQ2	工作台向左进给行程开关
M2	进给电动机	SQ3	工作台向前、向上进给行程开关
M3	冷却泵电动机	SQ4	工作台向后、向下进给行程开关
KM1、KM2	主轴电动机正反转控制接触器	SA1	主轴正-停-反转换开关
KM3、KM4	进给电动机正反转控制接触器	SA2	主轴换刀控制开关
KA1	主电动机起停控制接触器	SA3	冷却泵控制开关
KA2	工步进给与快速进给转换控制继电器	QF	低压断路器
KA3	冷却泵电动机控制接触器	FR1	冷却泵热继电器
YB	主轴制动控制电磁铁线圈	FR2	主轴电动机热继电器
YC1	工步进给控制电磁铁线圈	FR3	进给电动机热继电器
SB1、SB2	设在两处的主轴停止按钮	TC1、TC2	变压器
SB3、SB4	分设在两处的主轴起动按钮	FU1～FU5	熔断器
SB5、SB6	工作台快速进给按钮	HL	照明灯
SQ1	工作台向右进给行程开关		

思　考　题

13-1　简述XA6132铣床电气控制系统中YB、YC1、YC2的作用。

13-2　电气模型由一项电气控制内容相关联的电气控制线路构成，请分别绘制XA6132铣床的主轴电动机M1起动控制、电动机M1停止与制动、主轴换刀时的制动、主轴变速冲动控制、冷却泵电动机控制、照明灯控制等的电气模型（要求：在主回路和控制回路中，将与特定控制内容无关联的电路及其内容省略，并将省略简化后的内容归并在一起，最终绘制仅与特定控制内容相关联的局部省略的电气图）。

13-3　分别绘制XA6132铣床的水平工作台向左与向右进给、水平工作台向前与向下进给、水平工作台向后与向上进给、工作台变速冲动控制、进给方向快速移动控制等的电气模型。

13-4　已知XA6132铣床主轴电动机：7.5kW、380V、1450r/min，进给电动机：1.5kW、380V、1400r/min，冷却泵电动机：0.125kW、380V、2790r/min。根据以上参数，并依据企业电器样本或附录所列电器元件技术参数表进行电气估算，为XA6132铣床所用电器元件确定合适型号和规格。

第 14 章　ACE2010 基础

AutoCAD Electrical（简称 ACE）软件是 AutoCAD 软件的电气专业版，是专为电气控制设计和制图开发的工具软件。在 ACE 的环境中，AutoCAD 的命令按原来情况使用，ACE 所做的工作用 AutoCAD 都能完成，ACE 的文件格式是 .dwg，可以用 AutoCAD 软件编辑。本章介绍使用 ACE2010 工具软件绘制排水泵控制图的方法。

14.1　新建项目

14.1.1　启动 ACE2010

在工作盘中建立一个项目文件夹，例如在 E 盘中建立 Pump 文件夹，在 Pump 文件夹中建立 Lib 符号库文件夹，如图 14-1 所示。

完成后双击桌面上的 AutoCAD Electrical 2010 图标，启动 ACE2010，到达工作界面。

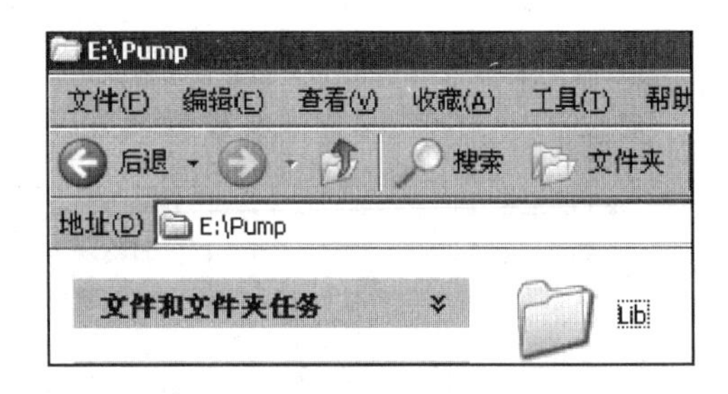

图 14-1　在 E 盘建立的工作文件夹

14.1.2　界面定制

1. 调出常用栏目

图 14-2 是 ACE 界面定制的操作过程，操作完成后界面上方调出了菜单栏，包括文件

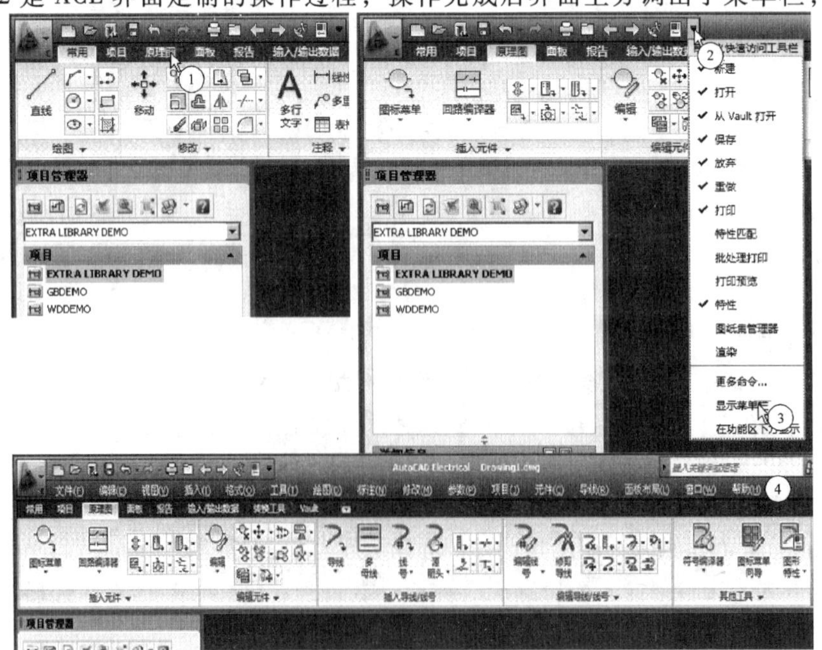

图 14-2　调出菜单栏的过程

(F)、编辑（E)、视图（V)、插入（I)、格式（O)、工具（T)、绘图（D)、标注（N)、修改(M)、参数（P)、项目（J)、元件（C)、导线（R)、面板布局（L)、窗口（W)、帮助（H）等。

2. 设置白色界面

图 14-3 是将 ACE 工作界面设置为白色的操作过程，操作完成效果如图 14-4 所示。不表示每一位软件使用者均需将工作界面设成白色。实际工作界面设成黑色，更利于长时间操作软件时保护视力。

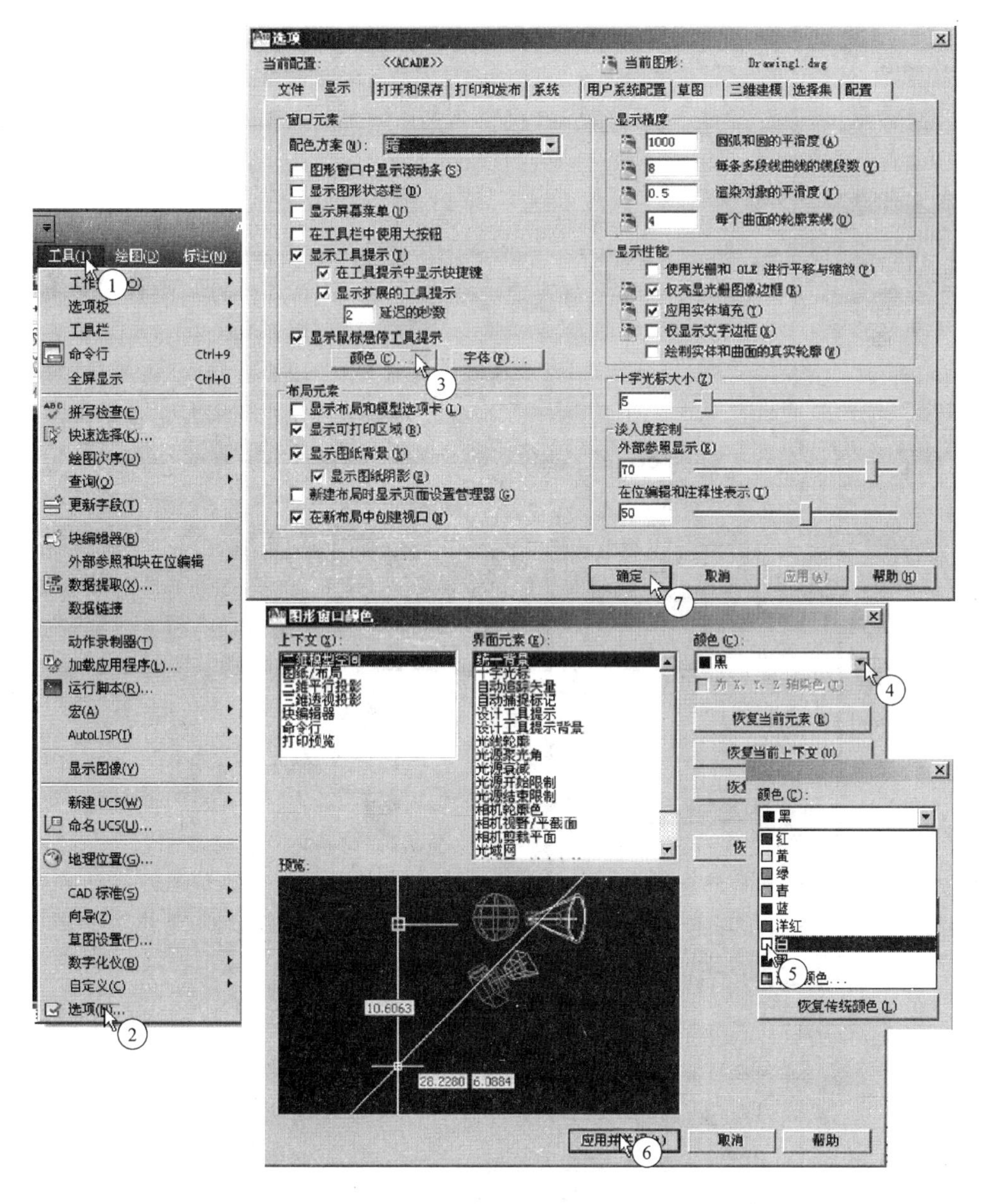

图 14-3　设置白色工作界面过程

14.1.3　建立 Pump 项目

图 14-5 是建立 Pump 项目过程。操作完成后打开 E：\ Pump 文件夹，发现其中新增了

一个 Pump 文件夹，并且在该文件夹中新增了一个 Pump. wdp 文件。界面左侧的项目管理器对话框中，Pump 项目成了当前项目，项目名称 Pump 呈加粗字体。

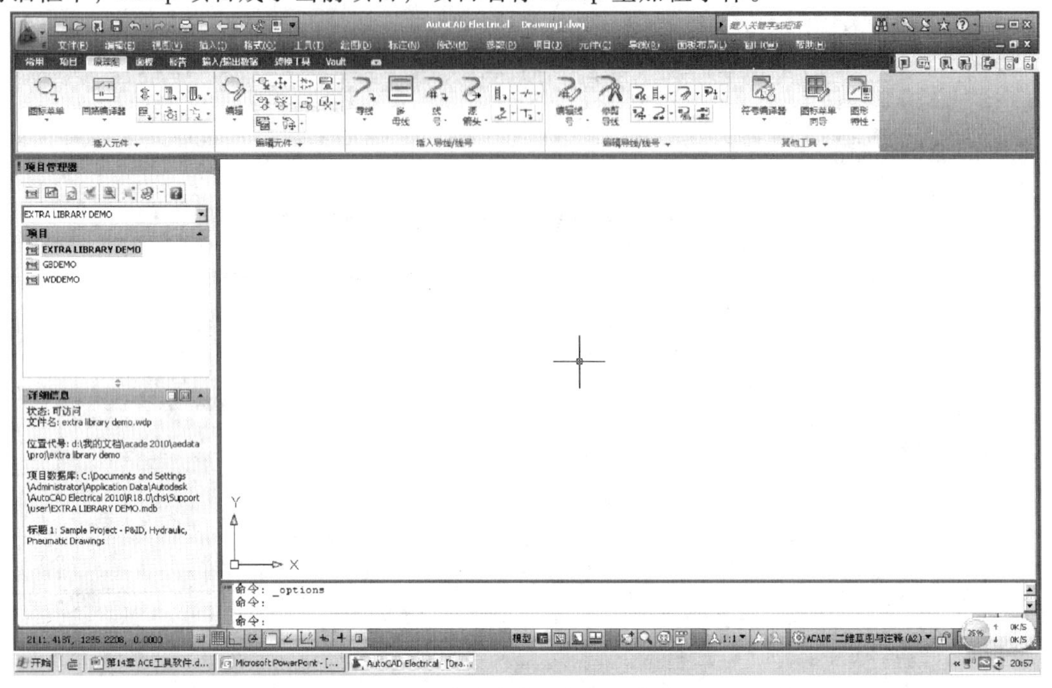

图 14-4 完成白色工作界面的设置

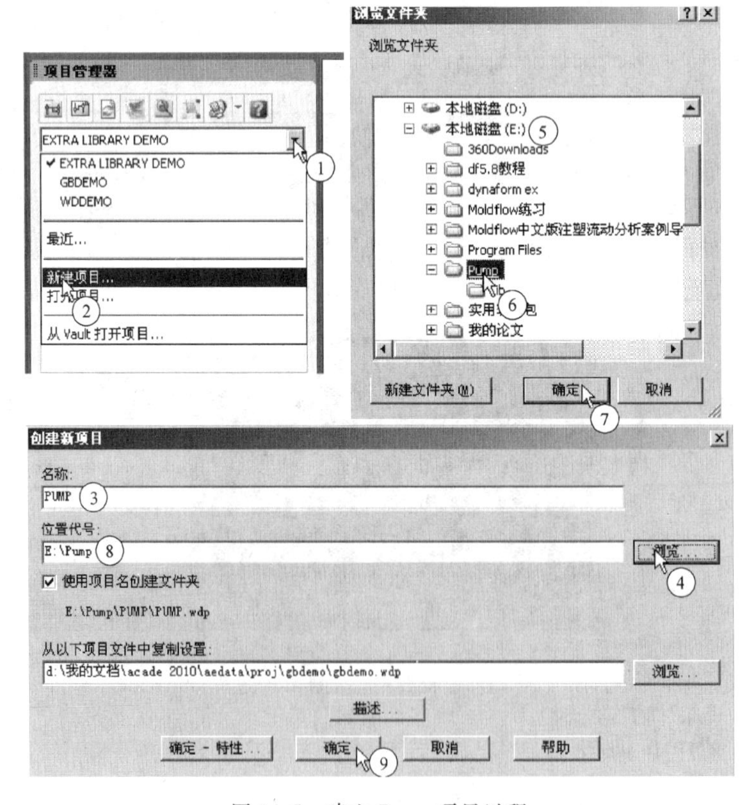

图 14-5 建立 Pump 项目过程

14.2　定制 HA4 图框

14.2.1　绘制 HA4

电气控制图统一采用横式 A4 图纸，便于装订、携带与翻阅，但 ACE2010 图纸模板库中没有横式 A4 图框，所以需定制。先在 ACE 绘制一张名为 HA4. dwg 的横式 A4 图框，如图 14-6 所示。该图框左下角点为原点，坐标为（0，0）点，水平 X 向用数字 1～10 分区，分区的等距数值为 26. 7，垂直 Y 向用字母 A 至 H 分区，分区的等距数值为 25。

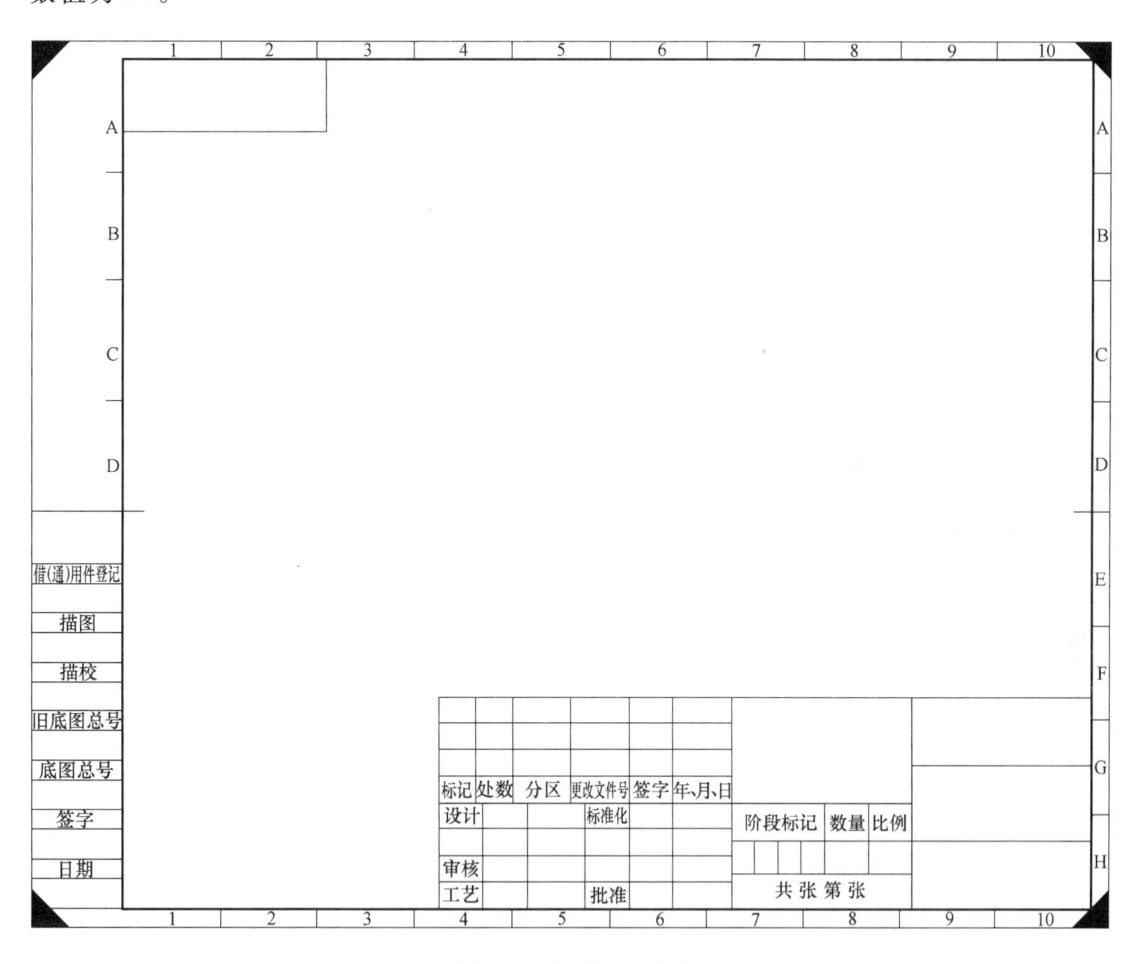

图 14-6　横式 A4 图框

14.2.2　定制 HA4

图 14-7 是定制 HA4 模板操作过程，至第 6 步完成将图框模板取名为 HA4. dwt，存入 ACE2010 图框模板库的过程。第 7～10 步是打开模板库，查找已存入模板库的 HA4. dwt 文件。

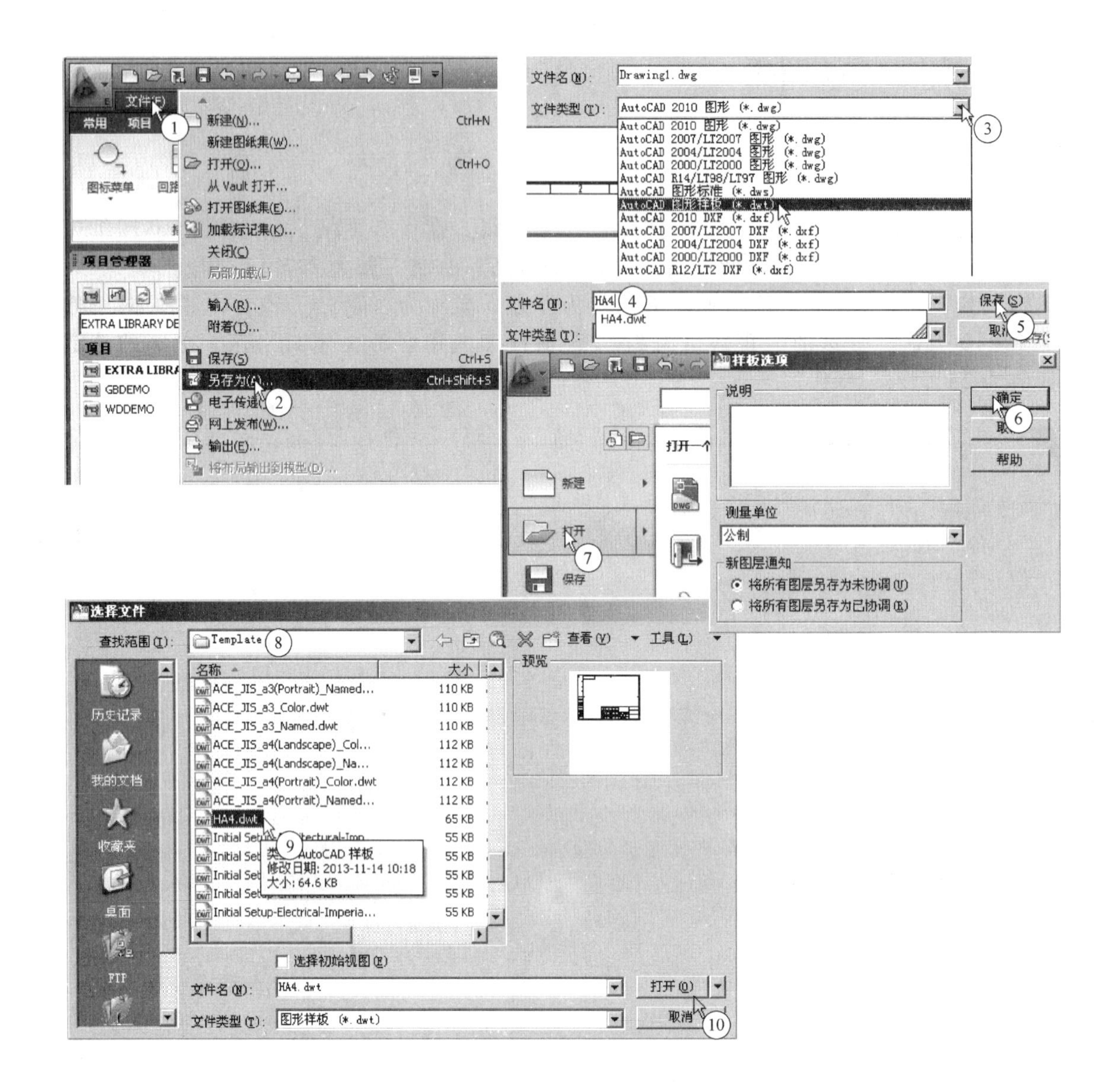

图 14-7 定制 HA4 图框模板过程

14.3 组建常用图库

14.3.1 调用按钮图符

图 14-8 是从 ACE2010 中自带电器图库中调用一个按钮的操作过程，调用的第 8 步弹出“插入/编辑元件”对话框，其中元件标记为“S1”，如不修改，最后调用的按钮图符的文字标记为“-S1”，与通常规定的“SB1”不符合，修改的方法是将第 8 步中的元件标记修改为“SB1”。还有一个每次调用时不需要修改元件标记的方法是组建一个元件标记与国标符合的常用电器图库。

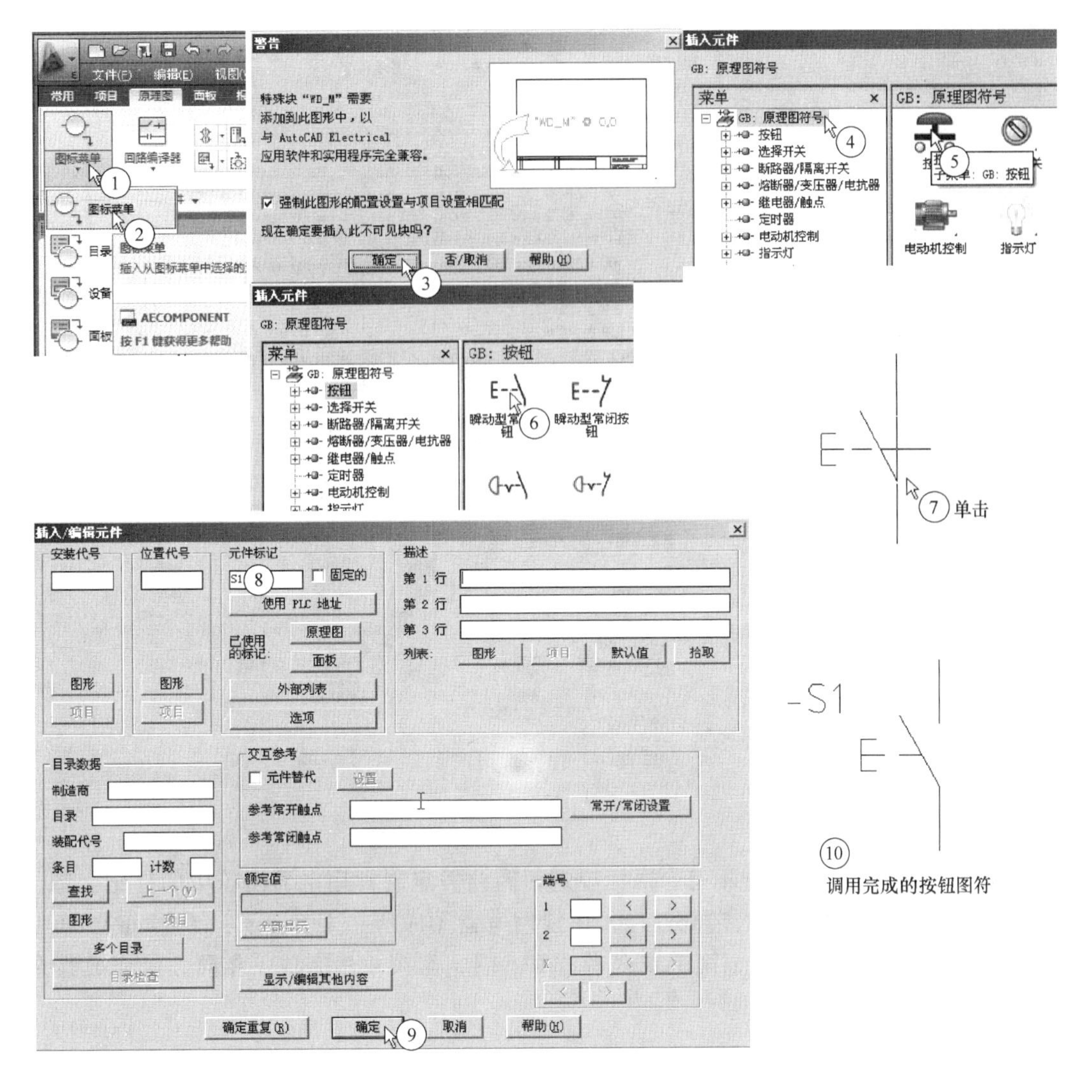

图 14-8　调用按钮图符过程

14.3.2　建立常用图库

图 14-9 是查阅 ACE2010 中国标电气图库位置的操作过程，第 1 步在项目管理器中的项目名称"Pump"上右击，至第 4 步可查阅到国标电气图库位置，例如软件安装在 D 盘时，为 D：\ Documents and Settings \ All Users \ Documents \ autodesk \ Acade 2010 \ Libs \ gb2，找到国标电气图库位置后，按第 5 步所示，将表 14-1 中所列的 10 个常用电器图符复制到项目所在文件夹 E：\ Pump \ Lib 中，完成常用电器库组建。

表 14-1　常用电器图符

序号	电器名称	电器图符名称	自带电器标记存放地名称	规定的图符标记符号	序号	电器名称	电器图符名称	自带电器标记存放地名称	规定的图符标记符号
1	电源开关	HCB1. dwg	TAG1	QF	6	热继电器	VOL1. dwg	TAG1	FR
2	组合开关	VSS113. dwg	TAG1	SA	7	常开按钮	VPB11. dwg	TAG1	SB
3	继电器线圈	VCR1. dwg	TAG1	KA	8	指示灯	VLT1R. dwg	TAG1	HL
4	时间继电器	VTD1F. dwg	TAG1	KT	9	电动机	VMO13. dwg	TAG1	M
5	接触器线圈	VMS1. dwg	TAG1	KM	10	警铃	VAN1B. dwg	TAG1	HA

图 14-9 建立常用图库

14.3.3 定制图符标记

由于自带电器的文字标记不符合国标规定，因此需定制常用电器图符中的标记。图 14-10 是继电器线圈图符中标记的定制过程，在常用电器图库所在文件夹 E：\ Pump \ Lib 中，找到“VCR1. dwg”双击打开，第 1 步双击“TAG1”，至第 4 步完成。相同方法完成其余 9 个常用电器图符中的标记设置。

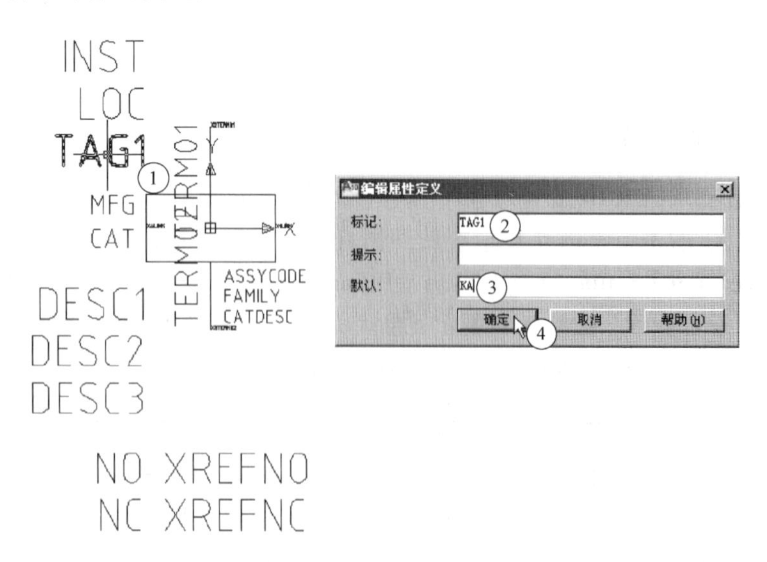

图 14-10 设置符合国标的继电器线圈标记

14.4　项目图纸

14.4.1　调用 HA4

图 14-11 是调用模板 HA4 的过程。第 3 ~8 步是从 ACE2010 模板库中找出前面定制的横式 HA4 图框模板，第 9 ~15 步是将调用的 HA4. dwt 改名为 001. dwg 后存放到项目所在文件夹 E：\ Pump 内。

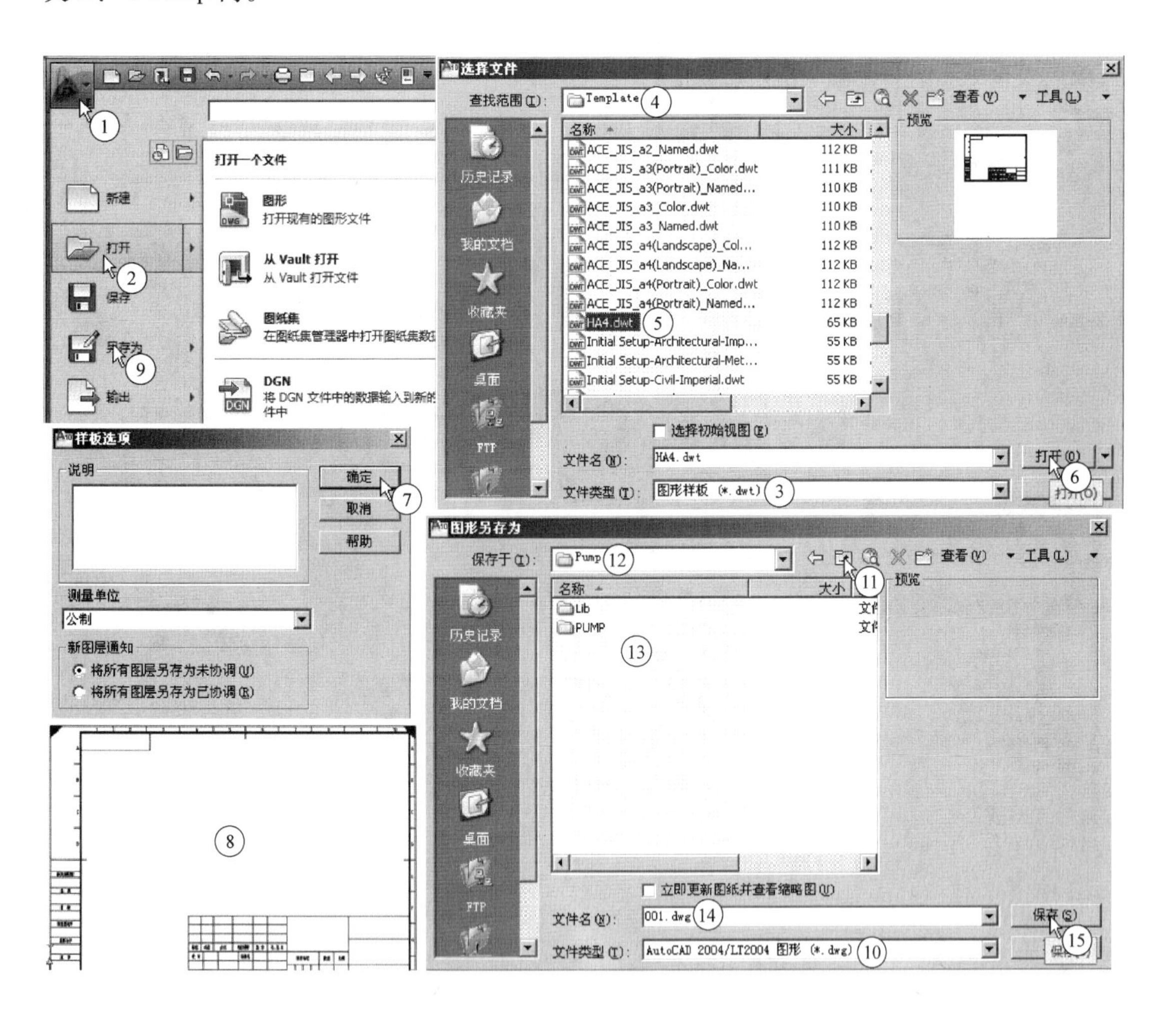

图 14-11　调用模板 HA4 过程

Pump 项目有 3 张图纸，分别为 001. dwg、002. dwg 和 003. dwg，添加 002. dwg 和 003. dwg 图纸的方法相同。

14.4.2　添加图纸

图 14-12 是向项目 Pump 中添加 3 张图纸的过程。先在“项目管理器”对话框中右击项

目名称 Pump，至第 15 步完成添加过程。完成后双击 Pump，展开后出现完成添加的 3 张图纸的名称，其中加粗的为当前图纸。按第 16、17 步打开项目所在文件夹 E：\ Pump，其中出现的每 1 张图纸均有 2 个文件与之对应。

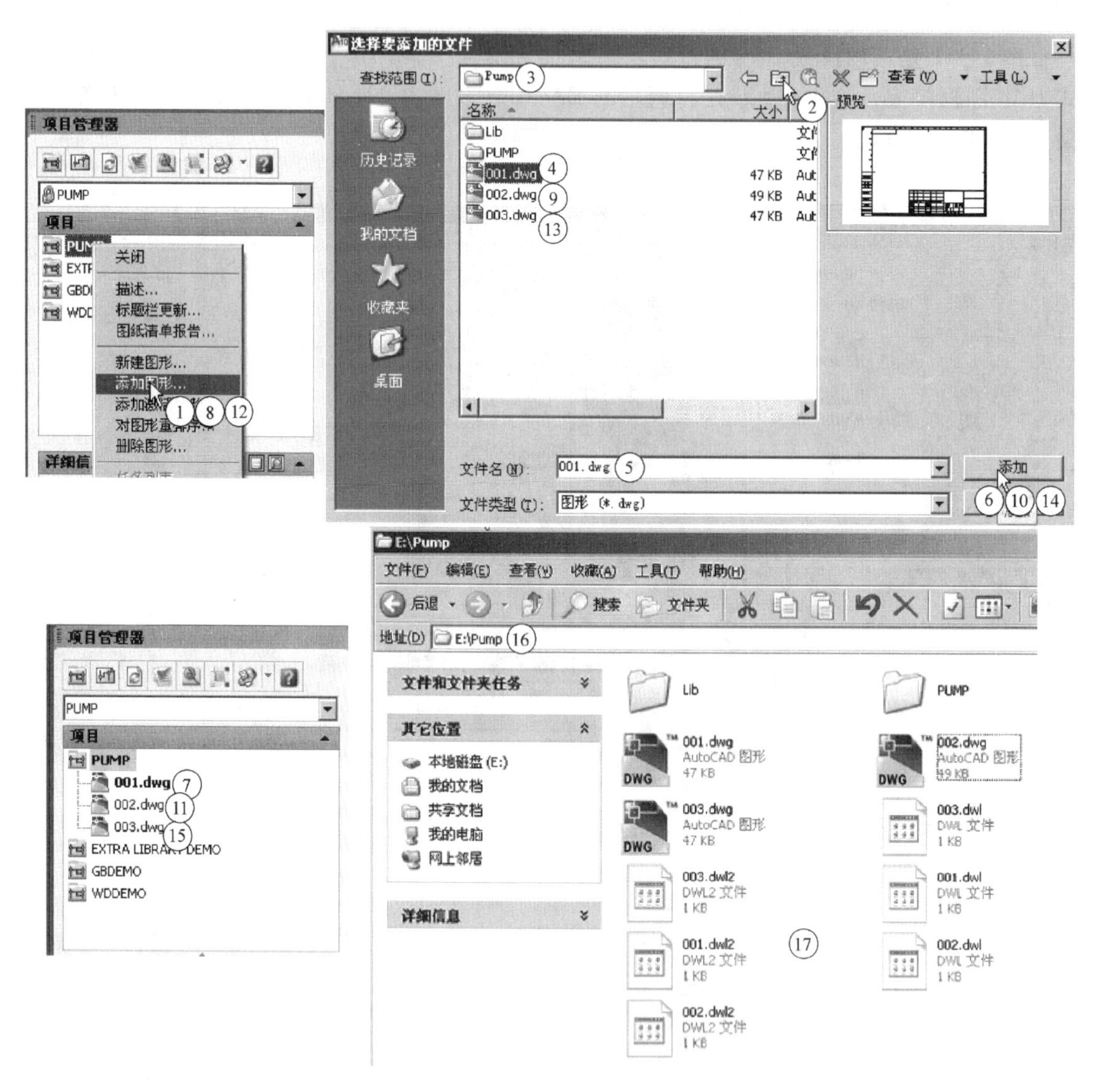

图 14-12　向项目 Pump 中添加图纸过程

14.5　绘图格式

14.5.1　线型与缩放比例

图 14-13 是设置线型全局比例因子和当前对象缩放比例的过程。第 3 步中将全局比例因子设置为 3 是为了将虚线显示出来。

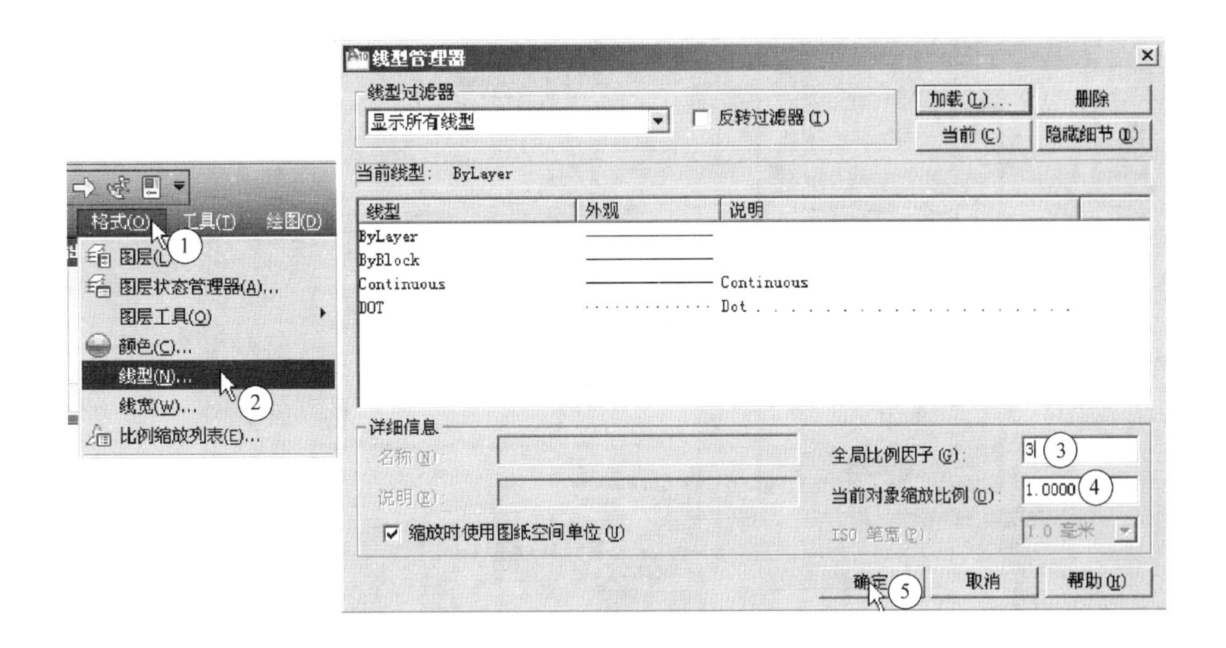

图 14-13　设置线型与缩放比例过程

14.5.2　项目特性

1. 项目设置

图 14-14 中，在项目管理器对话框中右击“Pump”，通过图中操作过程将定制的常用电器图库排列在第 8 步中的位置，在后续插入电器图符操作中，ACE 将优先调用 E：\ Pump \ Lib 中的电器图符。

2. 电器元件

图 14-15 是电器元件设置项目。第 2 步将标记格式设置为“%F%N”，其中，%F 表示元件种类代号字符串，例如“PB”、“SS”、“CR”、“FLT”、“MTR”等，%N 表示应用到元件的序号或基于参考的编号。第 3 步将连续设置为“1”。第 4 步为勾选禁止对标记的第一个字符选用短横线，如果不勾选，则调用电器元件图符时，文字标记会带一个短横线，例如“-SB”，勾选后文字标记为“SB”，其余默认。

3. 线号

图 14-16 是线号设置项目。其中第 2 步将格式设置为“%N”，第 3 步将连续设置为“1”，增量也设置为“1”，表示线号可以自动标注，例如第 1 个线号软件自动标注为 11，则第 2 个线号自动标注为 12 等。

4. 交互参考

图 14-17 是交互参考设置项目。其中第 2 步将同一图形设置为“%S%N”，第 3 步将图形之间设置为“%S.%N”，将 4 步将元件交互参考显示设置为“图形格式”。

5. 样式

图 14-18 是样式设置项目，其中第 3 步将导线交叉设置为“实心”，第 4 步将导线 T 形

相交设置为“点”，其含义分别见右侧的样式图。

图 14-14　设置常用电器图库为优先过程

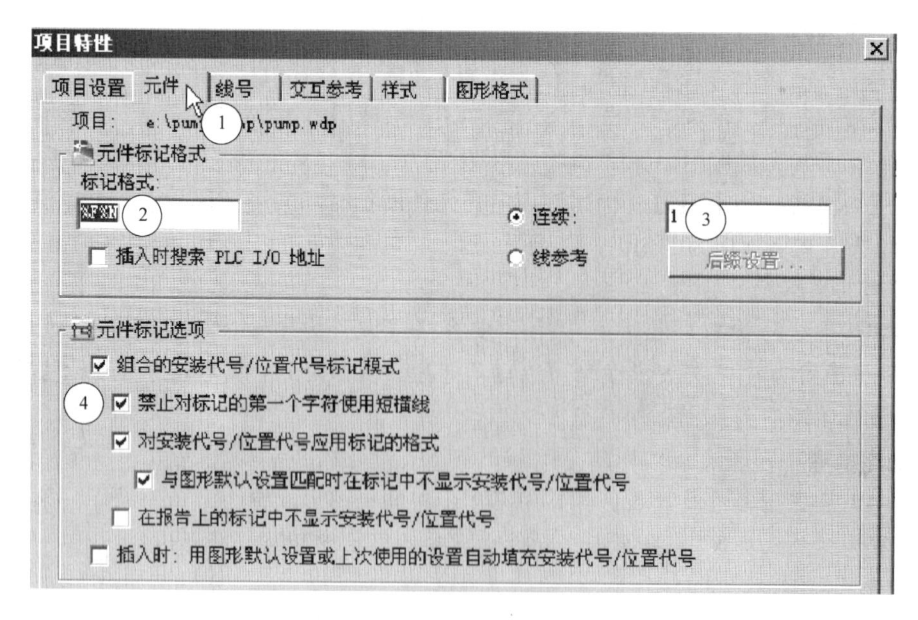

图 14-15　电器元件设置项目

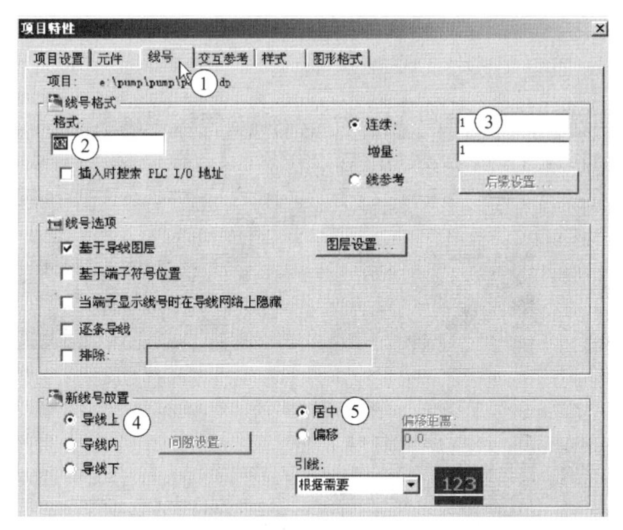

图 14-16　线号设置项目

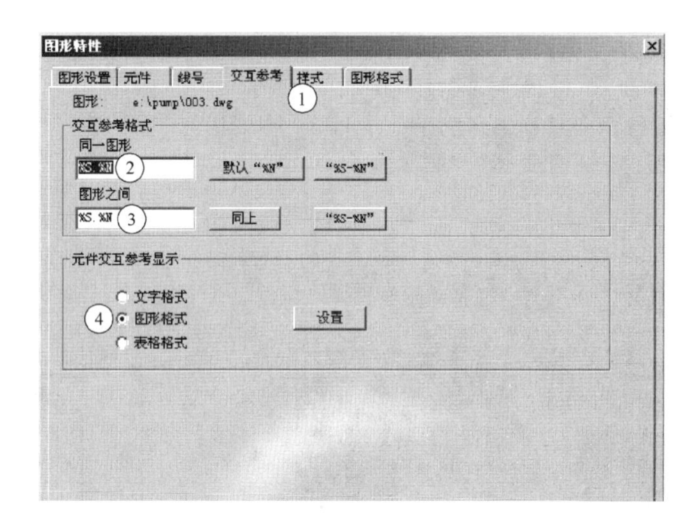

图 14-17　交互参考设置项目

6. 图形格式

图 14-19 是图形格式设置项目。其中第 2～6 步分别将阶梯默认设置为水平、间距 =20、宽度 =100、多导线间距 =6 以及外形缩放位数 =0.6，以上设置与横式 HA4 图纸刚好匹配。第 8～18 步是对调用的横式 HA4 图纸进行设置，第 9 步中用 ACE 的测量功能测得原点坐标为（25，205），第 10～17 步将横式图纸上的相关参数正确填入，第 15 步将分隔符设置为空。

14.5.3　图纸特性

图 14-20 是设置图纸特性过程。展开项目 Pump 后选中图纸 001. dwg，右击进入设置过程，其中第 6 步将图纸页码设置为“1”。在第 7～11 步查阅的元件、线号、交互参考、样式和图形格式中的设置项目，发现“样式”和“图形格式”的设置项目与项目特性设置的内容不同，所在第 10 步按照图 14-18、第 11 步按照图 14-19 的设置内容重新设置。设置完

成后第12步必须单击“确定”按钮。用相同方法设置好第2张图纸002. dwg和第三张图纸003. dwg。

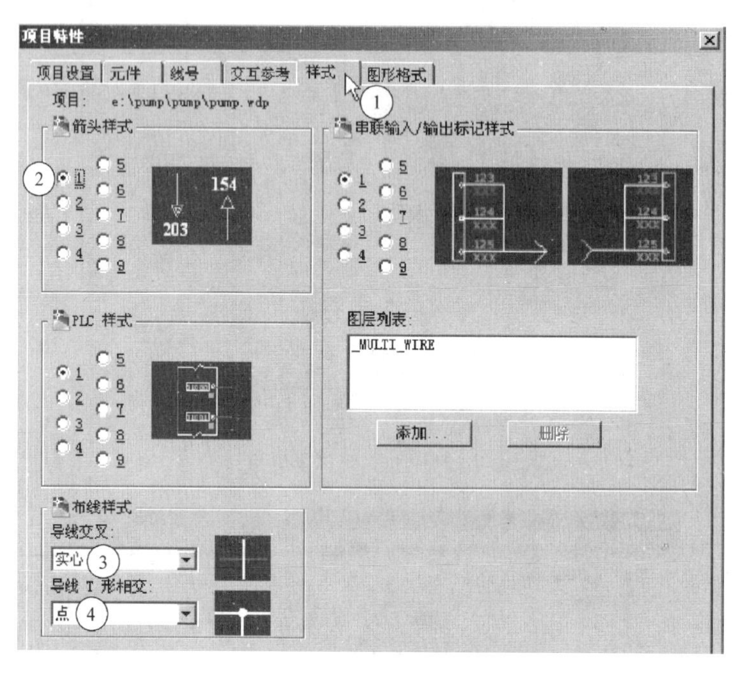

图 14-18　样式设置项目

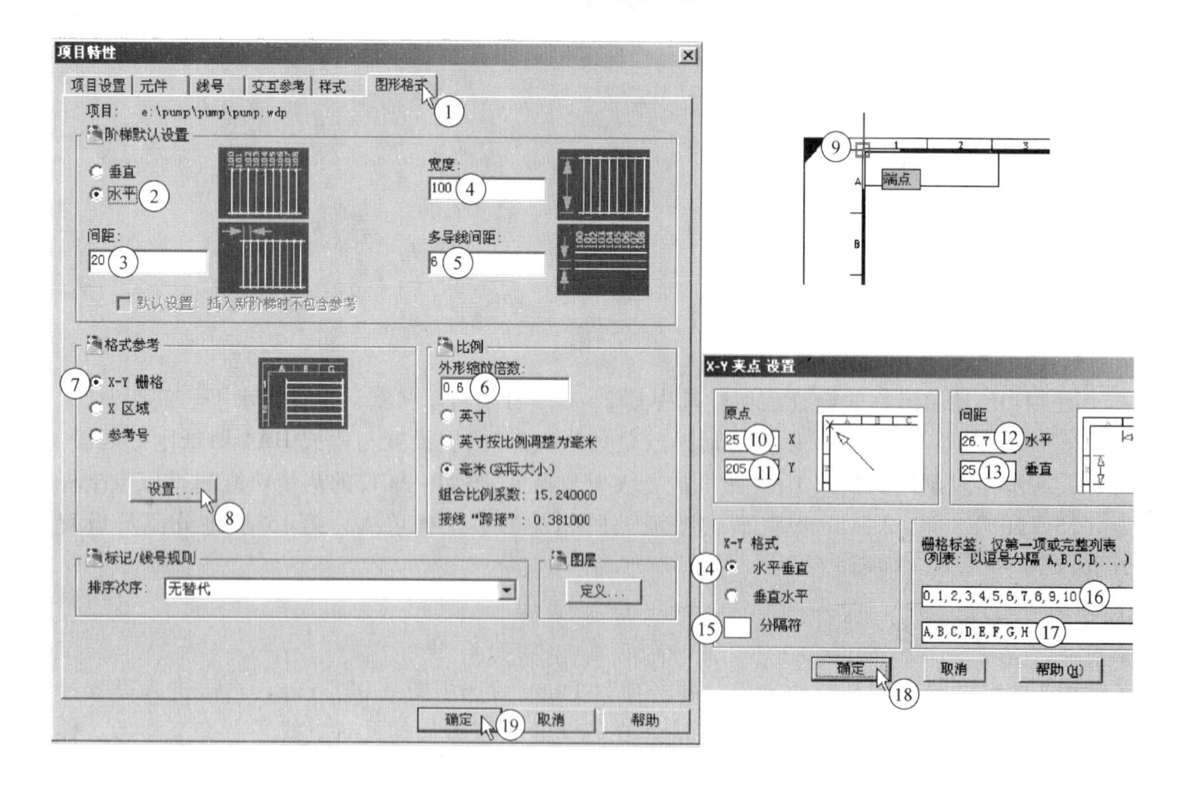

图 14-19　图形格式设置项目

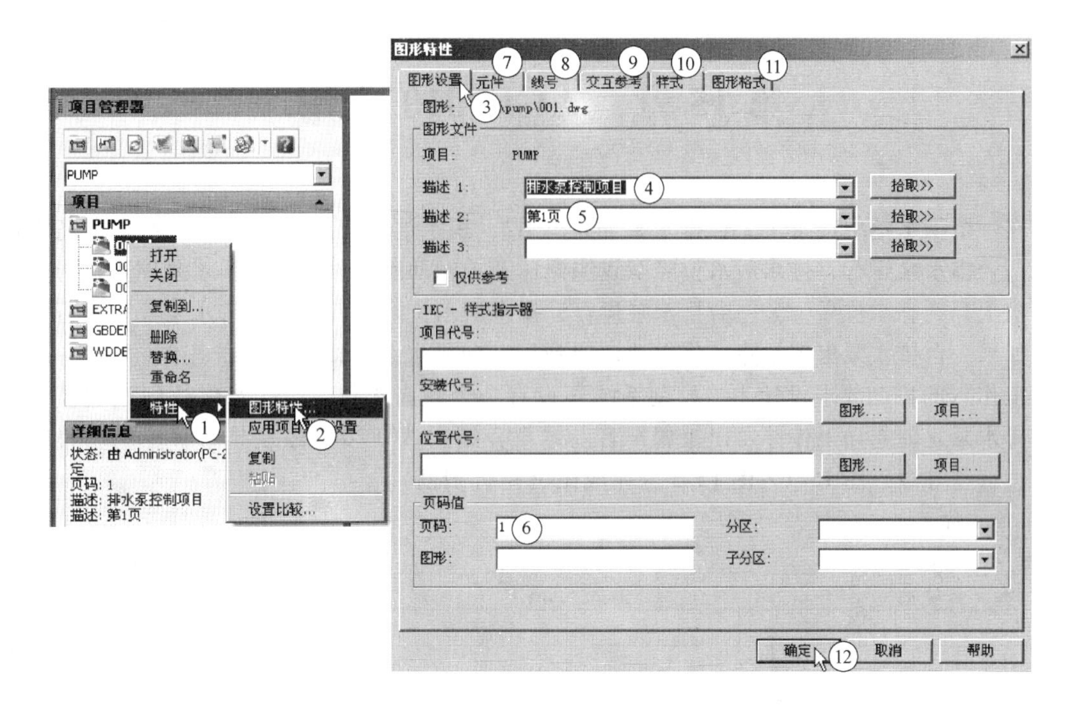

图 14-20　设置图纸特性过程

思　考　题

14-1　在 F 盘中创建名称为 C650 的项目，查看并说明 C650 项目文件夹内的文件组成情况。

14-2　定制名为 HA3 的横式 3 号电气图框。

14-3　为 C650 电气图绘制准备大小和数量合适的图纸，完成图纸特性的设置。

14-4　为 C650 电气图设置项目、电器元件、线号、交互参考、样式和图纸格式。

14-5　为 C650 项目定制变压器 TC、速度继电器 KS、交流互感器 TA、拨位开关 SA 及电流表 A 等软件自带元件内缺少的电器元件及组成部件的图符。

第 15 章　ACE2010 应用

在一个积水池中放置了 2 台排水泵 M1 和 M2，积水池汇集水的水位上升到设定高水位后，一台排水泵运行，排水后水位降至线缆浮球开关触动断开并保持，排水泵停止运行。水位再次上升到高水位后，另一台排水泵运行，排水后水位降至低水位后排水泵停止运行。

如果一台排水泵出现故障，将自动切换到另一台排水泵，即控制系统按照“一用一备、轮换工作”的控制要求设计。该控制系统还设有一个超高水位浮球，水位达到该超高水位时，排水泵立即起动工作并发出报警声音。本章介绍用 ACE2010 绘制排水泵控制项目电气图的过程与方法，图 15-1 ~ 图 15-3 为完成图（略去图框）。

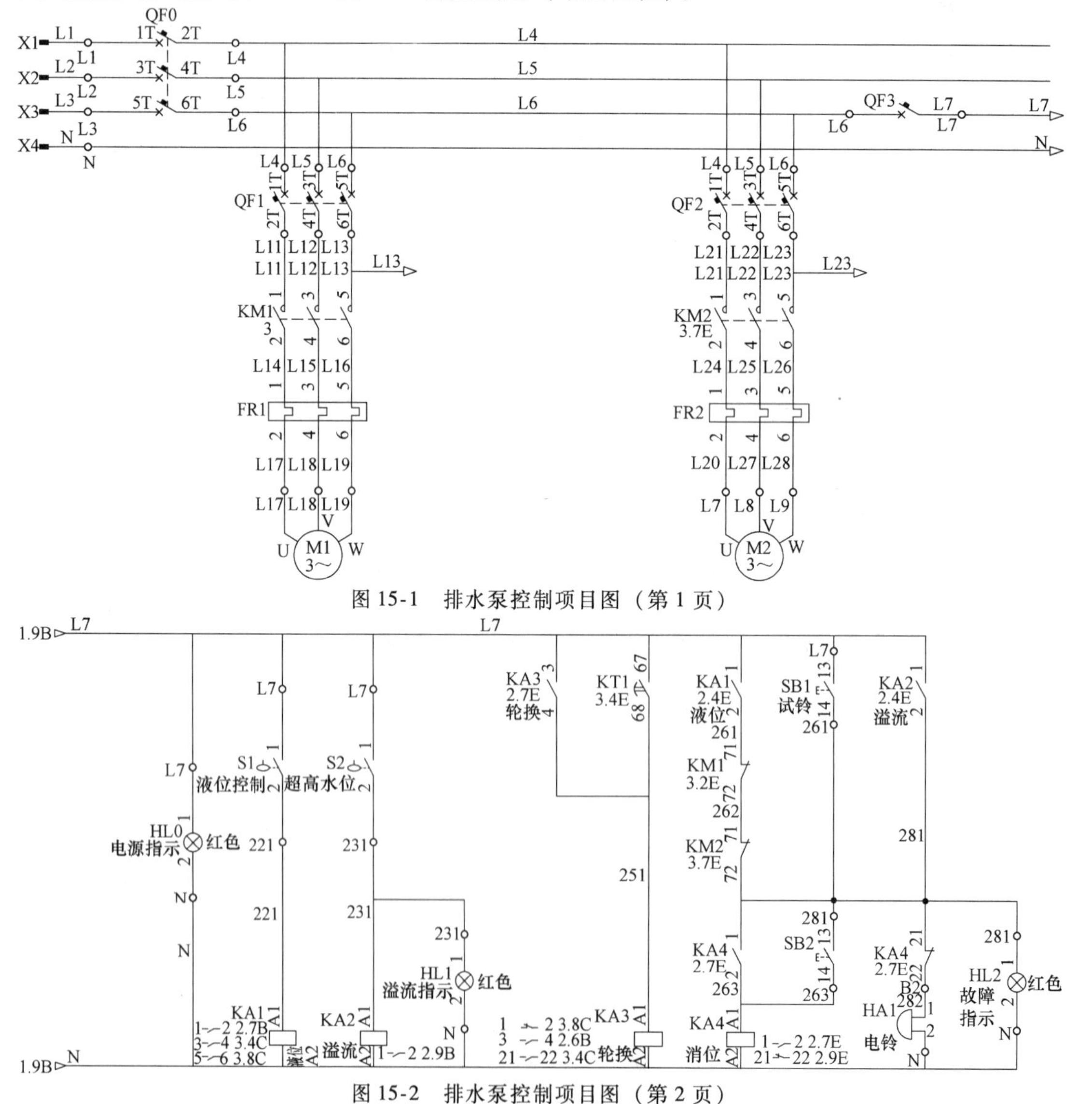

图 15-1　排水泵控制项目图（第 1 页）

图 15-2　排水泵控制项目图（第 2 页）

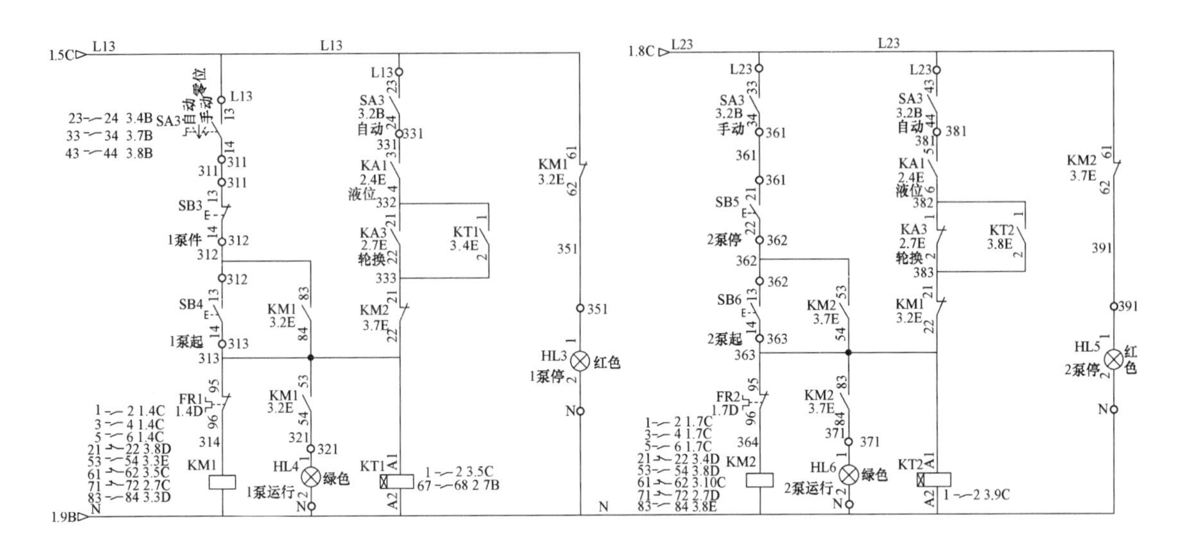

图 15-3　排水泵控制项目图（第 3 页）

15.1　绘制多导线

15.1.1　绘制水平四线

图 15-4 是绘制电源接入的水平三相四线导线的过程图，至第 8 步完成绘制。

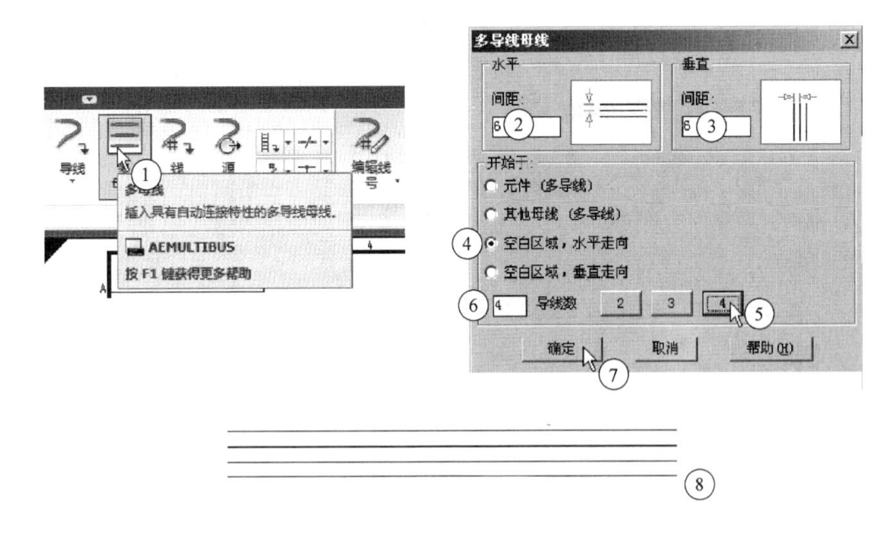

图 15-4　绘制水平四线过程

15.1.2　绘制垂直三线

图 15-5 是绘制从三相四线导线接入两排水泵电动机的垂直三线过程图，至第 8 步完成绘制。

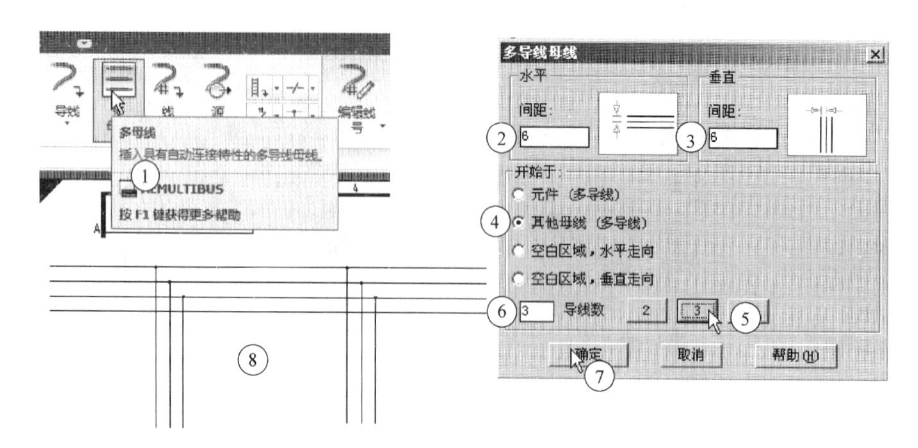

图 15-5 绘制垂直三线过程

15.1.3 绘制控制阶梯

图 15-6 是绘制图 15-2 中控制阶梯过程图，至第 5 步绘制完成 11 根竖线的阶梯，第 6 步调用修剪导线工具，第 7 步剪除左侧第 1 根导线，得到完成图。相同方法绘制图 15-3 中控制阶梯图。

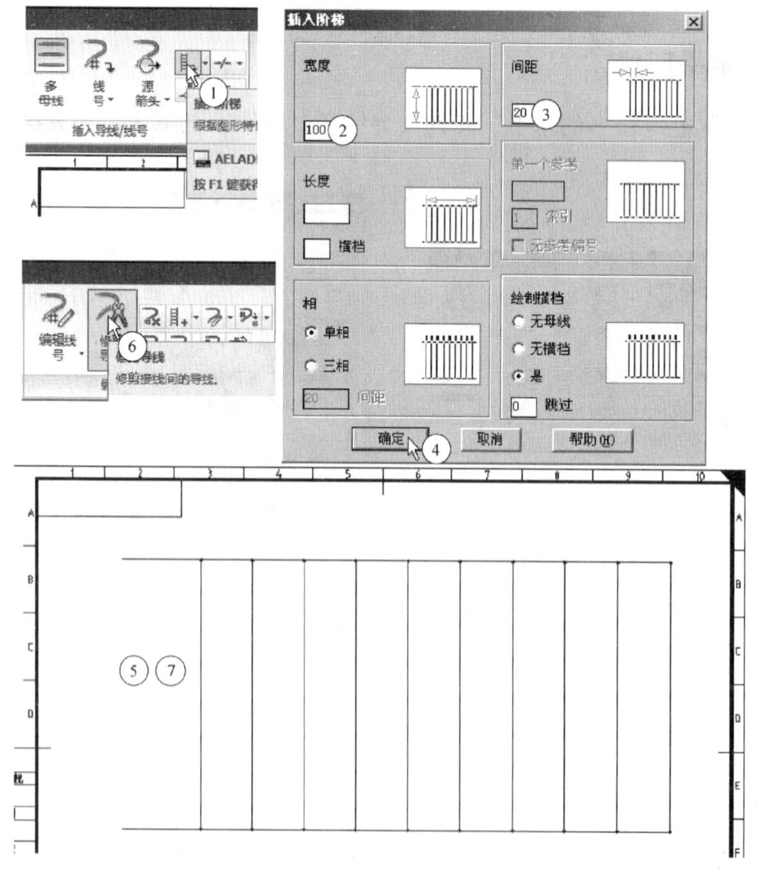

图 15-6 绘制控制阶梯过程

15.2　调用断路器

图 15-7 是调用断路器 QF0 的过程图。其中，第 7 步将元件标记设置为“QF0”，第 8 步将端号 1 设置为“1T”，第 9 步将端号 2 设置为“2T”，完成后第 11 步的断路器 QF0 开关方向朝下，4 个端号没有标记，还需修改。

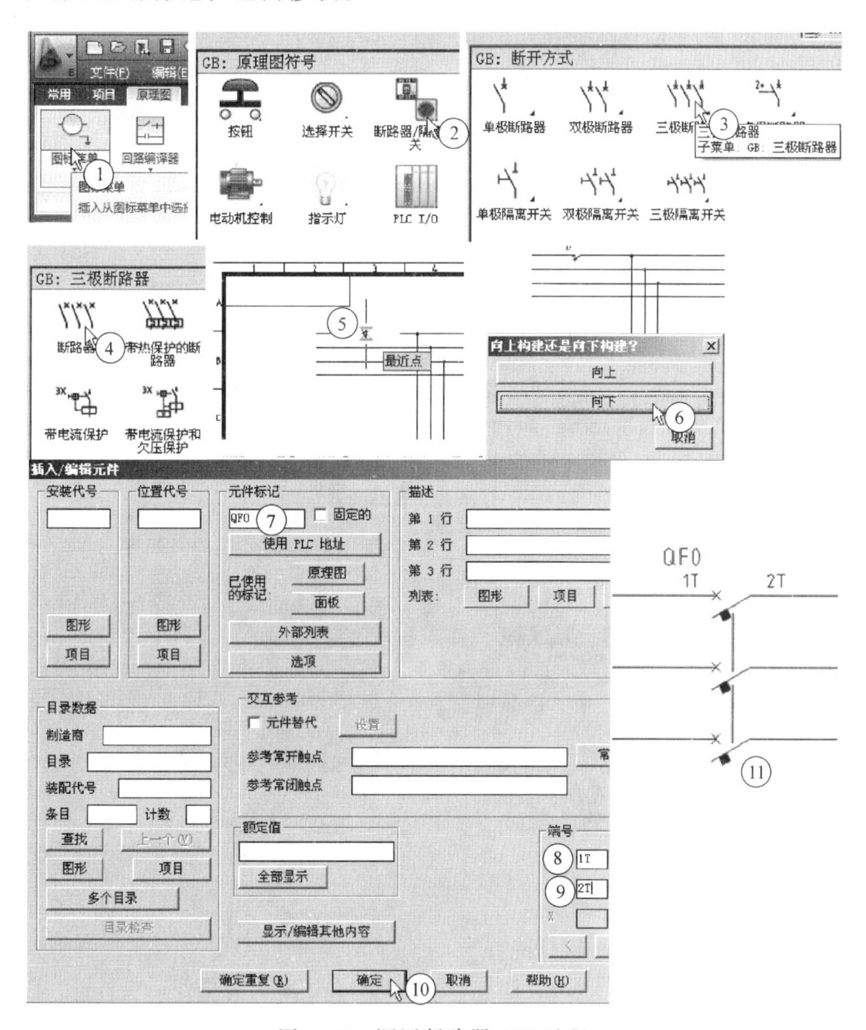

图 15-7　调用断路器 QF0 过程

15.2.1　翻转图符

图 15-8 是翻转断路器图符操作过程图。在需翻转的图符上右击后进入操作过程，至第 5 步完成断路器 1 极的图符翻转操作。按照相同方法，完成其余两极的图符翻转操作，见第 6 步和第 7 步。

15.2.2　补齐端号

图 15-9 是补齐断路器端号过程图。在无标记端号的图符上右击后进入操作过程，至第

6 步完成断路器端号“3T”和“4T”的补齐过程，用相同方法再补齐端号“5T”和“6T”。

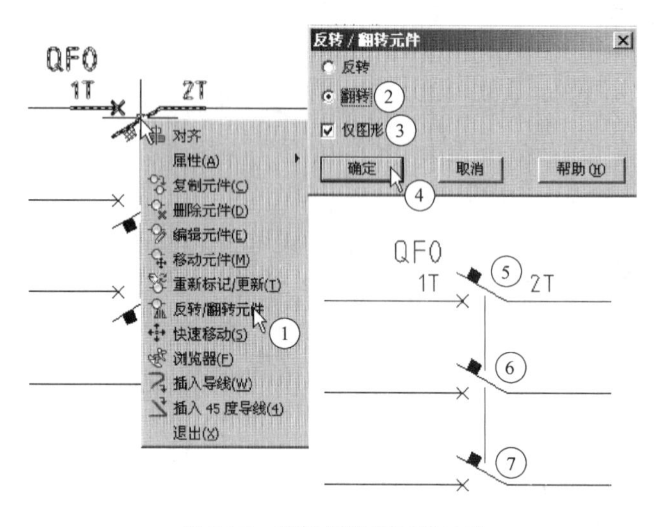

图 15-8　翻转断路器图符过程

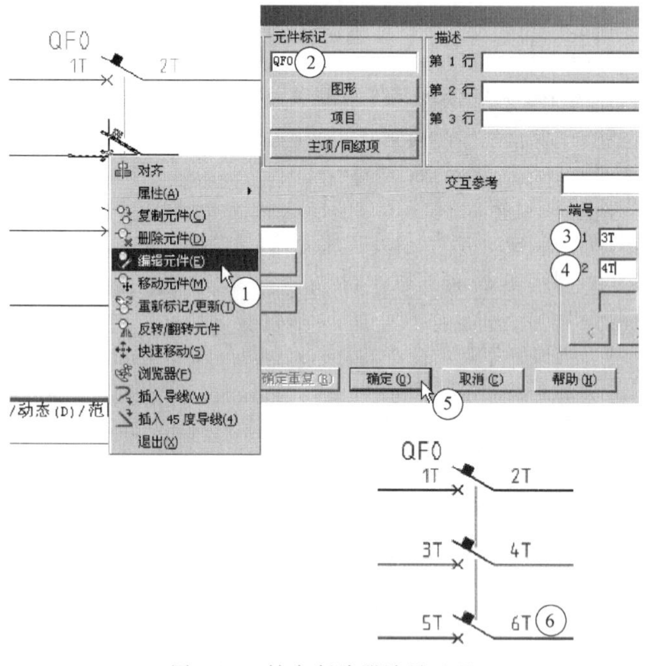

图 15-9　补齐断路器端号过程

15.2.3　修改标记颜色

图 15-10 是修改断路器标记颜色过程图。双击 QF0 后进入修改过程，至第 6 步完成将 QF0 设置为黑色的操作。用相同方法将图中端号标记字 1T、2T、3T、4T、5T、6T 也设置为黑色。

15.2.4　修改三极连线颜色

图 15-11 是修改三极连线颜色过程图。第 1 步单击三极连线，至第 4 步设置完成后，按键盘上的“Esc”键，完成将一段连线设成黑色。第 6 步所示为按相同方法将另一段连线也设成黑色。

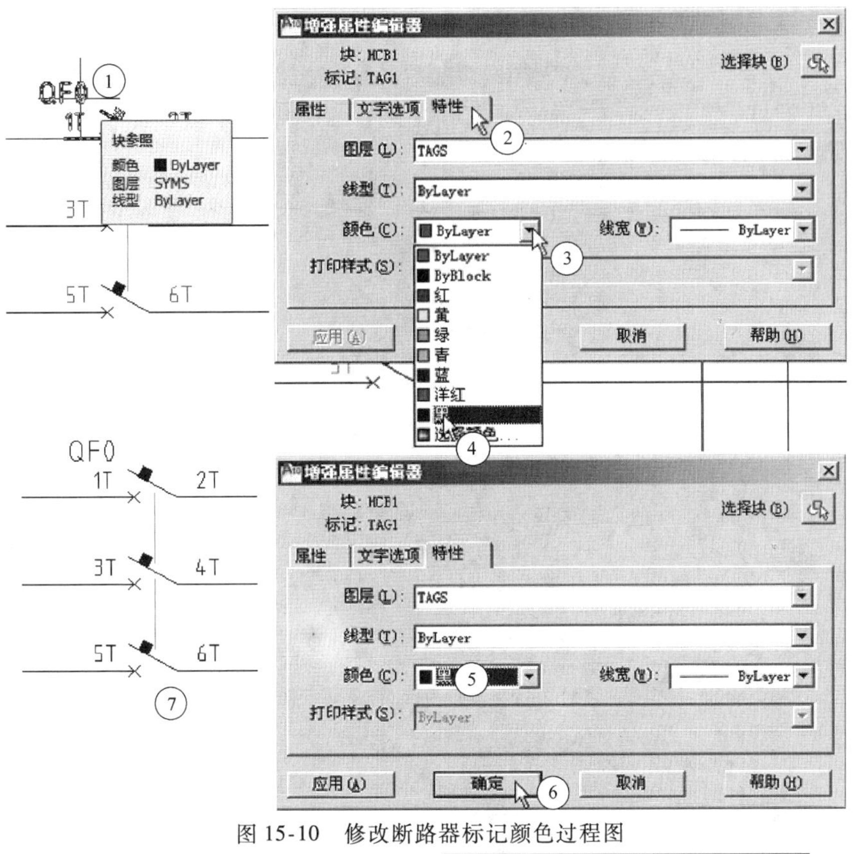

图 15-10　修改断路器标记颜色过程图

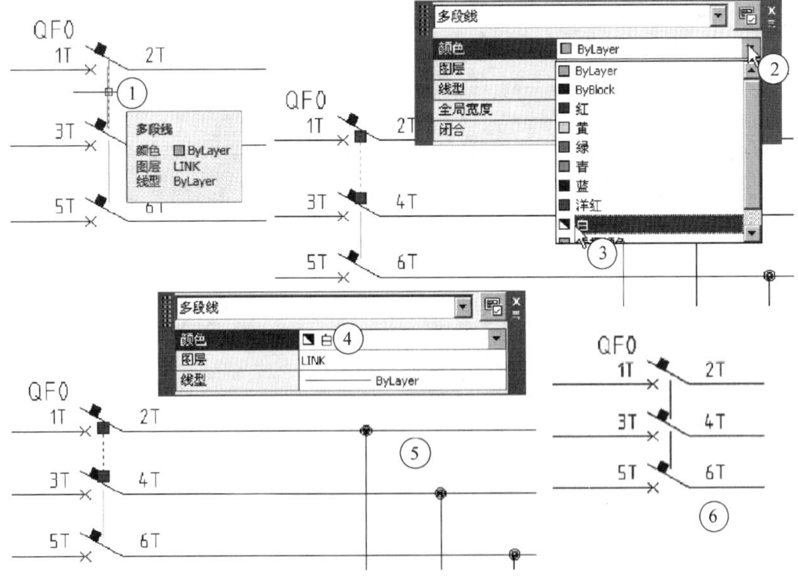

图 15-11　修改三极连线颜色过程图

15.2.5　消除标记前短横线

图 15-12 是消除标记前短横线过程图。如果断路器标记前出现短横线“-QF0”，则第 2 步右击项目名称 Pump，进入操作过程。最为关键的第 5 步中是勾选“禁对标记的第一个字

符使用短横线”，第 10 步为完成图。

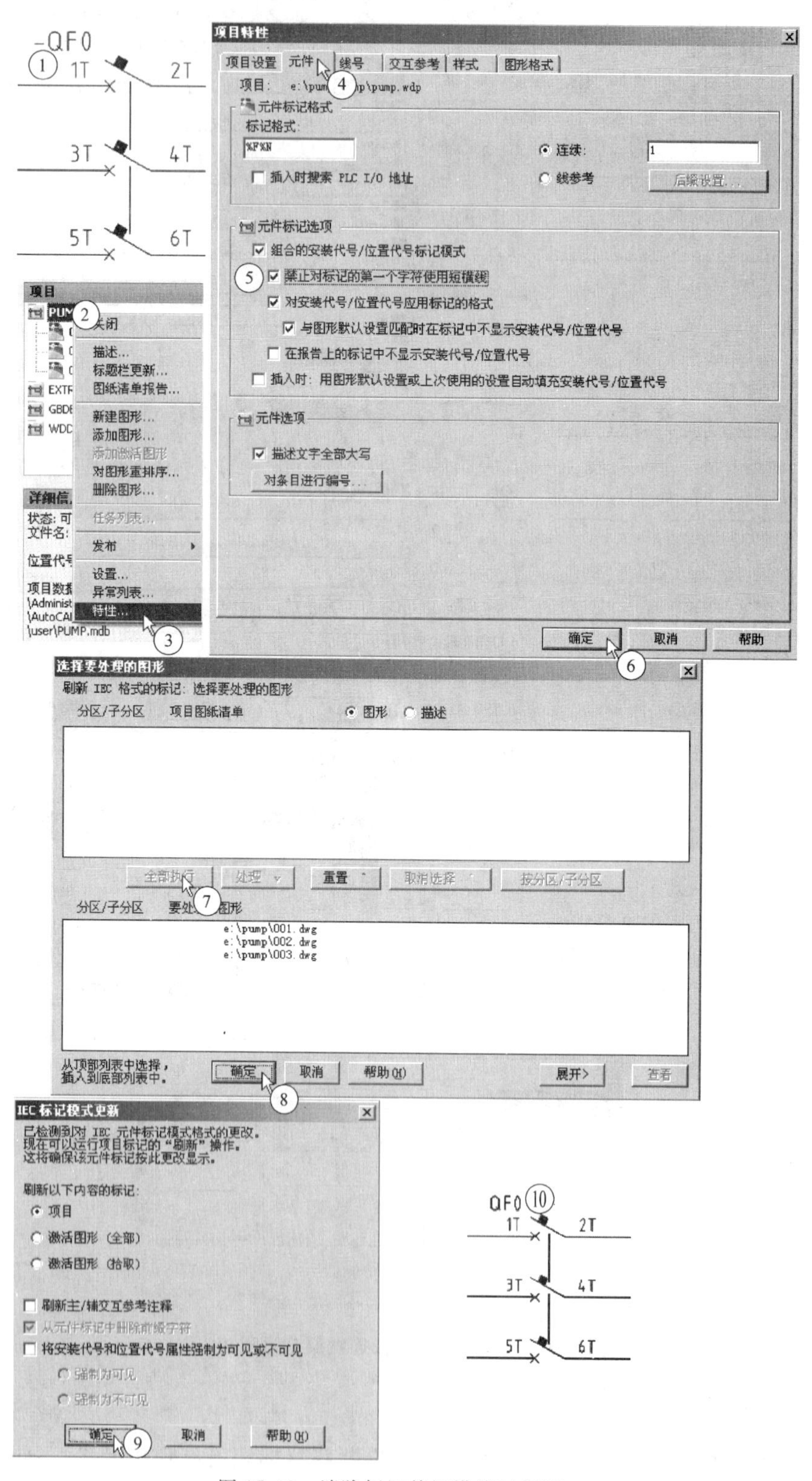

图 15-12 消除标记前短横线过程图

15.3　调用电动机

图 15-13 是调用电动机 M1 的过程图，第 5 步是捕捉垂直三线末端，单击放置图符。第 11 步是完成图。图中标记 M 和端号标记 U、V、W 还需修改。

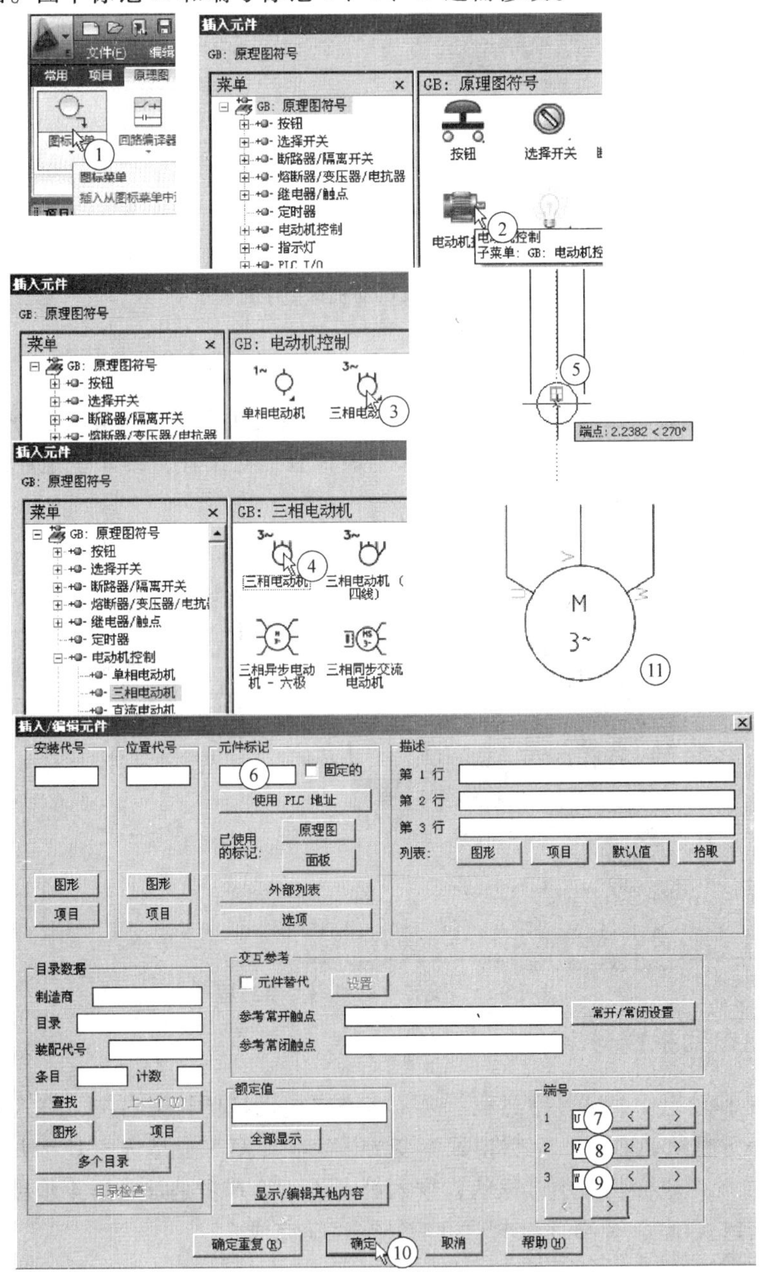

图 15-13　调用电动机 M1 的过程图

15.3.1　修改电动机标记字

图 15-14 是修改电动机标记字过程。第 1 步在电动机图符上右击，进入修改过程，第 4

步是在需修改的标记字 M 上单击，至第 6 步完成修改。

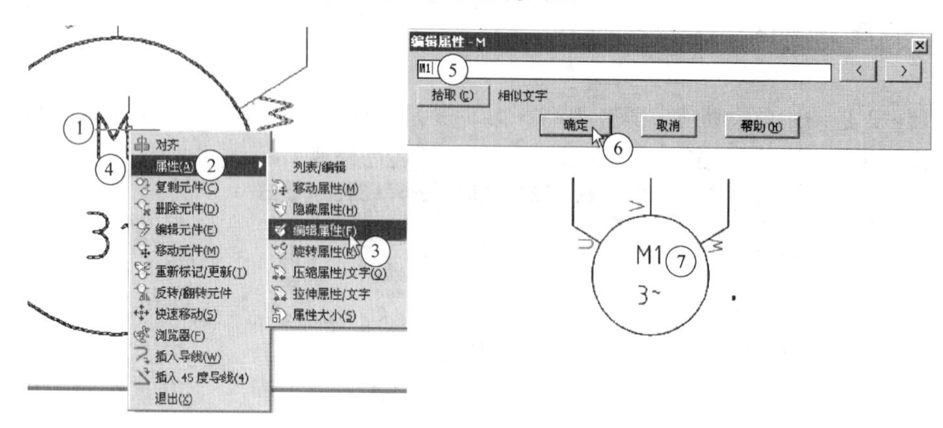

图 15-14 修改电动机标记字过程

15.3.2 旋转电动机端号字

图 15-15 是旋转电动机端号字过程。第 1 步右击电动机图符进入旋转过程，第 4 步单击 U 字，每单击 1 次可逆时针方向旋转 90°，直至旋转至正立位置，第 5 步是连续单击 V 字旋转至正立位置，至第 6 步完成 W 字的旋转。

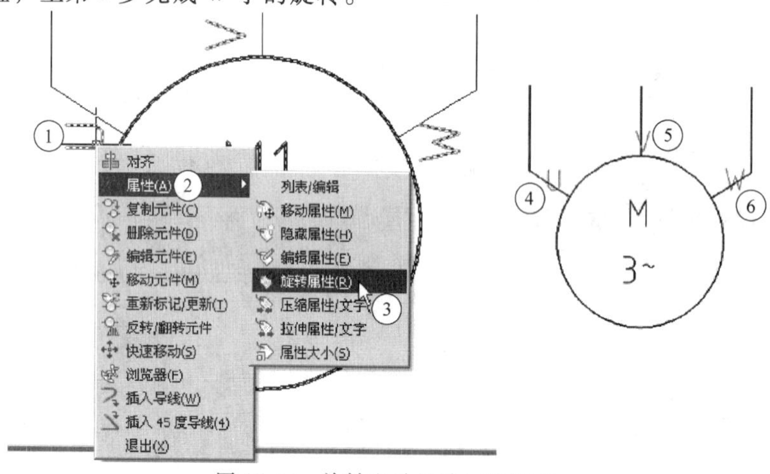

图 15-15 旋转电动机端号字过程

15.3.3 移动电动机端号字

图 15-16 是移动电动机端号字过程。第 1 步右击电动机图符上右击，进入移动过程，第 4 步时鼠标呈小方框状，右击 U 字后使鼠标变为十字状，第 5 步是选中 U 字并移动到合适位置后单击释放，此时鼠标仍呈小方框状，进入第 6 步，第 6 步是重复第 4 步和第 5 步的方法将 V 字移动到合适位置，至第 7 步电动机端号字移动完成。

15.3.4 修改端号字颜色

图 15-17 是修改端号字颜色过程。第 1 步双击需修改的 U 字进入移动过程，至第 5 步完成 U 字颜色修改。第 6 步是按照第 1 步至第 5 步的方法修改 V 字颜色，至第 7 步完成端号字颜色修改。

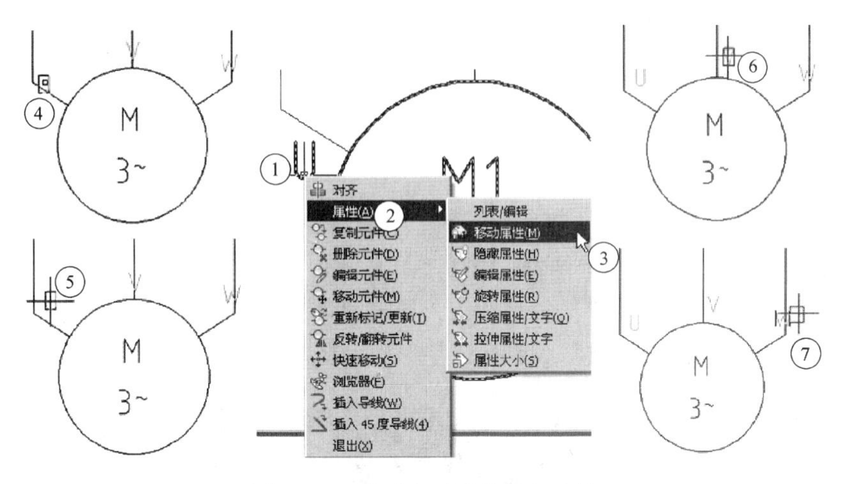

图 15-16　移动电动机端号字过程

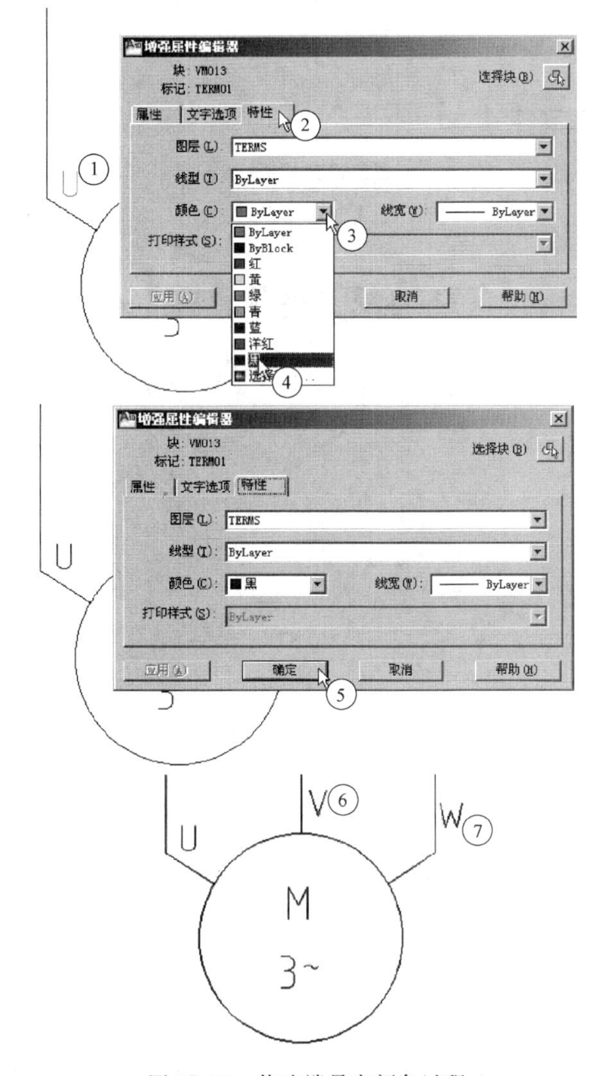

图 15-17　修改端号字颜色过程

15.4 调用接触器

15.4.1 调用主触头

图 15-18 是调用接触器主触头过程图，第 1 步展开 PUMP 项目，双击 001. dwg，第 6 步在图中 M1 三垂直线最左侧线上放置图符，第 7 步单击“右”按钮，至第 10 步完成调用过程。

插入接触器的主触头元件标记符号为 K，而不是 KM1，因为此时的 K 为临时标记，要等接触器线圈调用后才能设置成与线圈标记字 M1 一致。

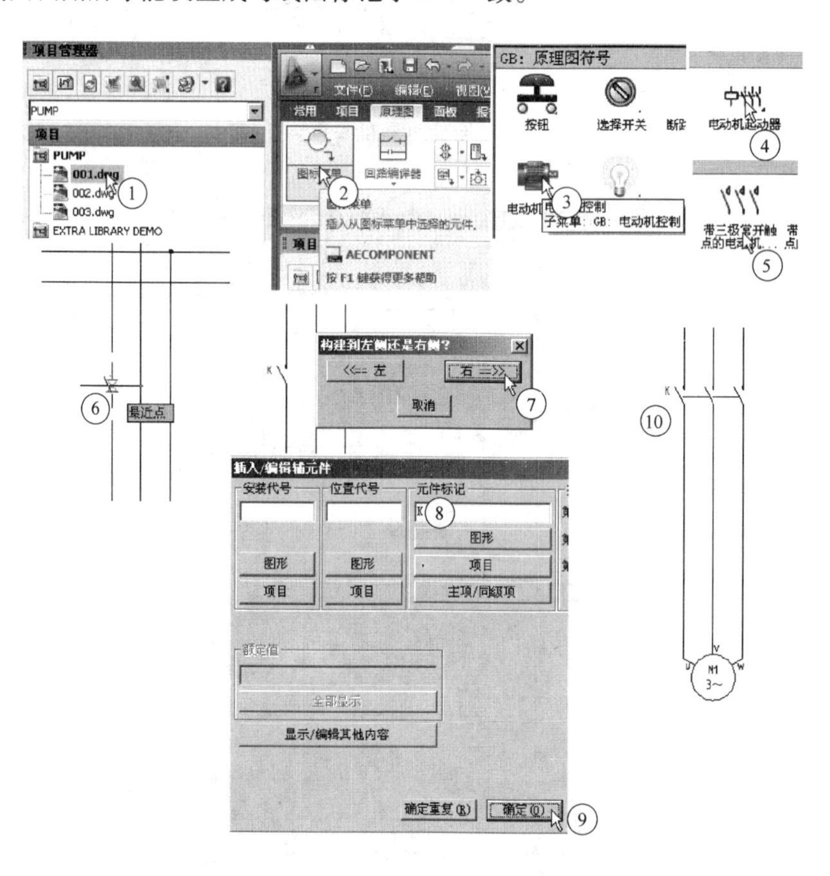

图 15-18 调用接触器主触头过程图

15.4.2 显示主触头标记

有时接触器主触头调用后不显示临时标记 K，可按图 15-19 的操作过程将主触头临时标记显示在图上。第 1 步双击左侧垂直线上的主触头图符，至第 5 步完成主触头标记的显示。

15.4.3 调用线圈

图 15-20 是调用接触器线圈过程图。第 1 步展开 PUMP 项目，双击 003. dwg，第 6 步在控制阶梯左侧第 1 条竖线上放置线圈图符，至第 9 步完成调用线圈操作。

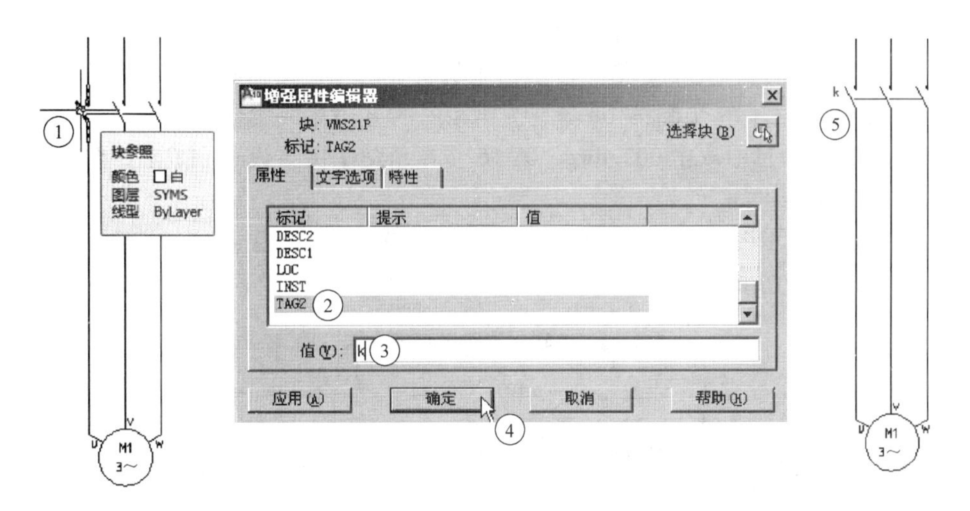

图 15-19　显示主触头标记过程

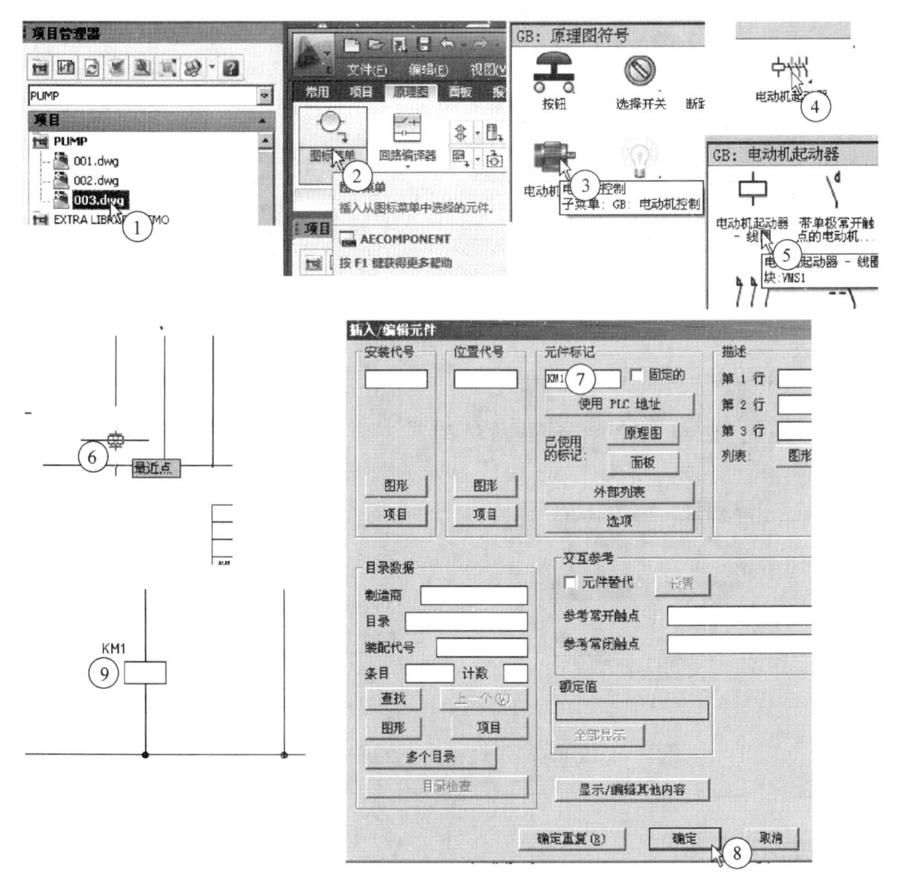

图 15-20　调用接触器线圈过程图

15.4.4　设置父子关系

在接触器图符中，线圈属于父图符，主触头属于子图符，调用完成后线圈标记为 KM1，主触头标记为临时标记 K，使子图符主触头的标记与父图符线圈的标记一致，可通过图15-21设置父子关系的操作过程完成。第 1 步右击主触头临时标记 K，进入操作过程，至第 12 步完成父子关系设置。第 13 步和第 14 步是按照相同的方法完成主触头端号字设置。第 15 步是在展开的 PUMP 项目中双击 003. dwg。第 16 步显示父子关系设置完成后，父图符线圈上出现相应的索引标记。

第 12 ~ 14 步和第 16 步中，使图符上显示的标记完全符合图符在图样中的位置，关键是图纸项目特性中的样式和图形格式设置必须正确，可查阅 14. 5. 2 节设置方法和内容。

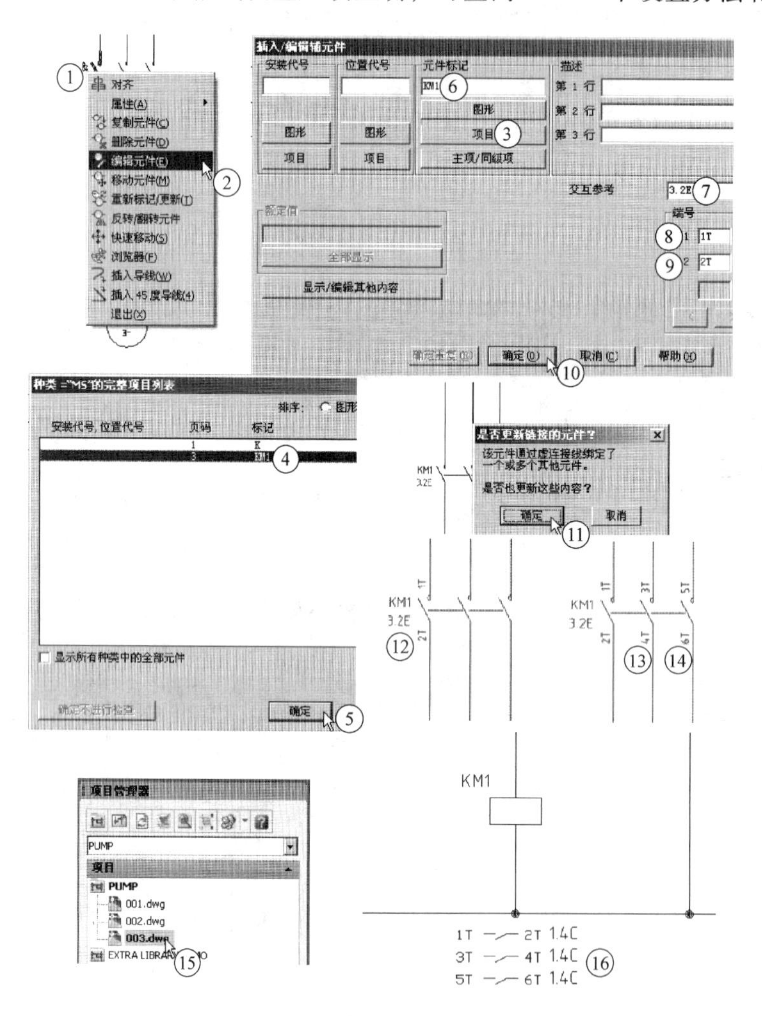

图 15-21 设置父子关系过程

15.5 线号与交互

15.5.1 插入线号

图 15-22 是插入线号过程图。第 1 步单击插入线号按钮，进入操作过程。第 2 步设置拾取的第 1 根线的线号为 L4，第 4 ~ 6 步在 001. dwg 上连续拾取 3 根水平导线，右击后到达第

7 步，完成操作。

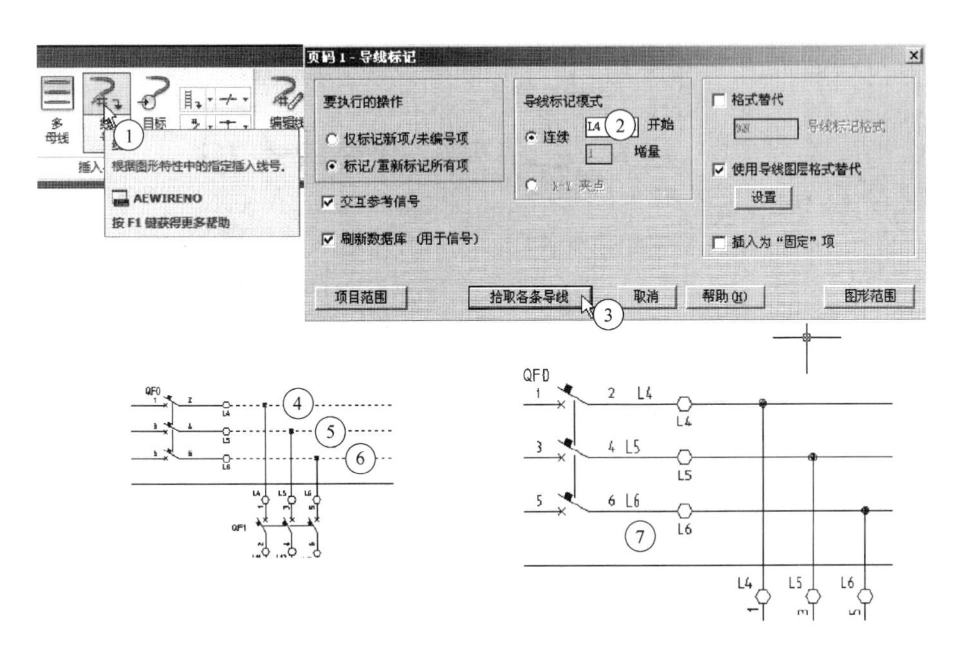

图 15-22　插入线号过程图

15.5.2　移动线号

图 15-23 是移动线号过程图。第 1 步右击线号 L4 进入操作过程，第 3 步将鼠标小方框保持在线上移动，至合适位置时单击放置。第 4 步是按照相同的方法移动线号 L5，至第 5 步完成操作。

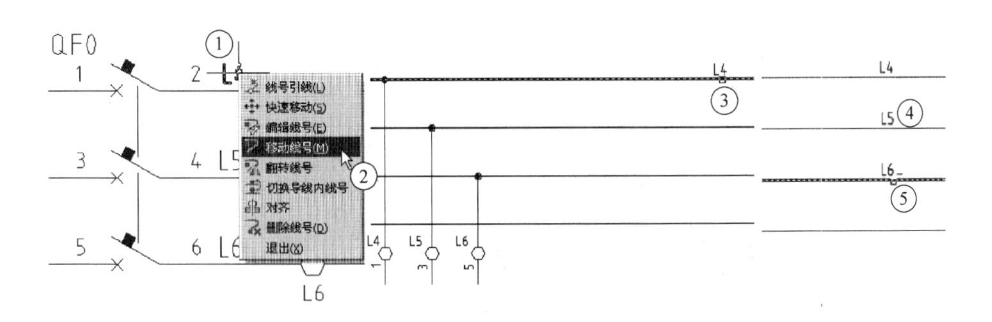

图 15-23　移动线号过程图

15.5.3　线号交互

1. 插入源箭头

图 15-24 是在 001. dwg 上插入源箭头过程图。第 2 步选择 L7 线号导线，至第 6 步完成操作过程。

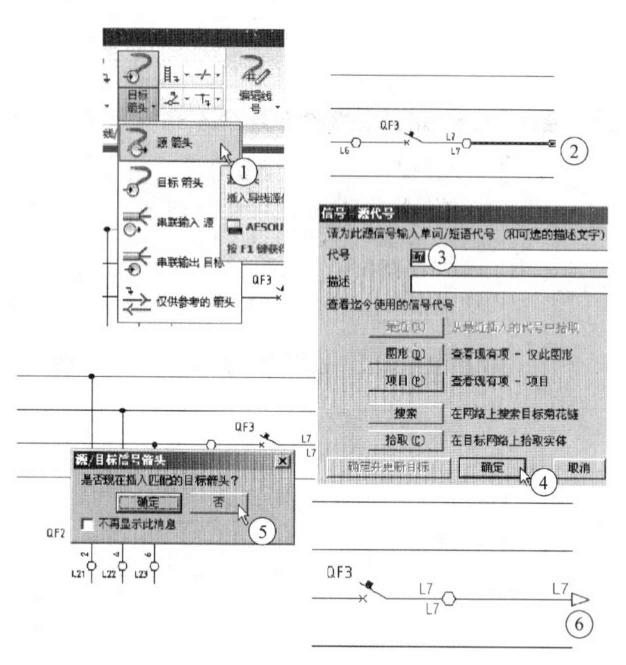

图 15-24 插入源箭头过程

2. 插入目标箭头

图 15-25 是在 002. dwg 上插入目标箭头过程图。第 2 步选择 002. dwg 控制阶梯上的上水平线，至第 8 步完成操作过程。

ACE2010 中包括了 AutoCAD 的大部分工具，可结合本章介绍的 ACE 电气图绘制的专门工具，完成排水泵控制项目所有电气图。

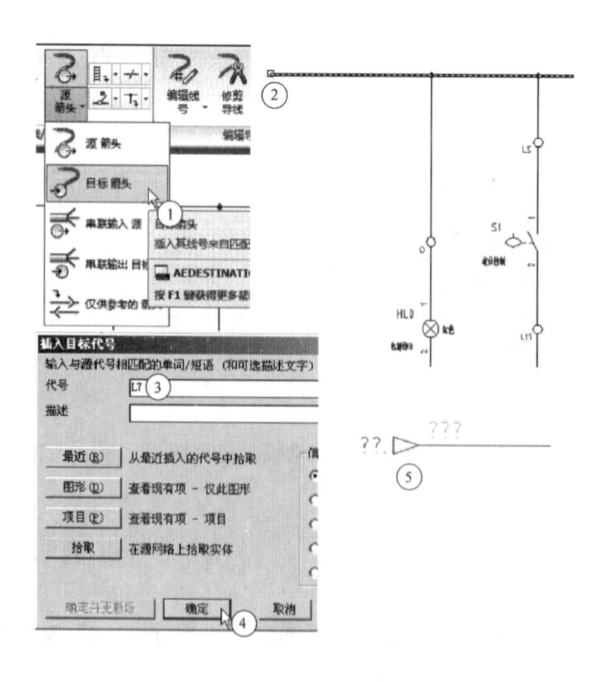

图 15-25 插入目标箭头过程图

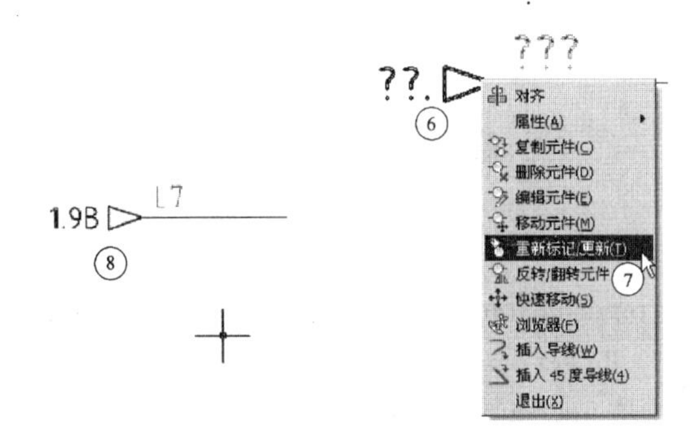

图15-25　插入目标箭头过程图（续）

思　考　题

15-1　假设在ACE2010中将排水泵控制项目电气图绘制在HA3（横式A3图框）中，请通过试验给出水平四线和垂直三线合适间距、调用电器元件图符合适大小的参数。

15-2　简述ACE2010中调用并插入电器图符时，图符名称前出现短横线的原因，说明消除短横线的方法。

15-3　简述ACE2010中调用并插入交流接触器的主触头、线圈、辅助触头等图符中的父子关系。如果进行父子关系设置操作后，不能正确显示交流接触器线圈下方的触头索引，分析其原因。

15-4　使用ACE2010绘制C560、XA6132等机床的电气图和屏柜图。

第 16 章　PLC 基础

可编程序控制器（Programmable Controller）原本应简称 PC，为了与个人计算机专称 PC 相区别，简称定为 PLC（Programmable Logic Controller），并非说 PLC 只能控制逻辑信号。PLC 是专门针对工业环境应用设计的，自带直观、简单并易于掌握的编程语言环境的工业现场控制装置。

16.1　PLC 内部构成

PLC 内部由中央处理器（CPU）、存储器、输入/输出接口（缩写为 I/O，包括输入接口、输出接口、外部设备接口和扩展接口等）、外部设备编程器及电源模块等单元构成，如图 16-1 所示。

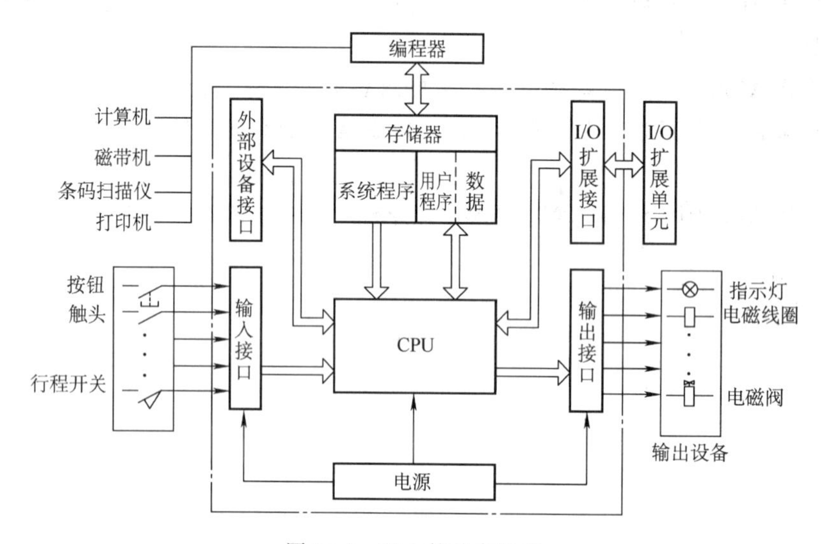

图 16-1　PLC 的基本组成

16.1.1　中央处理器

中央处理器（CPU）由控制器、运算器和寄存器组成并集成在一个芯片内。CPU 通过数据总线、地址总线、控制总线和电源总线与存储器、输入/输出接口、编程器和电源相连接。CPU 按照 PLC 内系统程序赋予的功能指挥 PLC 控制系统完成各项工作任务。

16.1.2　存储器

PLC 内的存储器主要用于存放系统程序、用户程序和数据等。

1. 系统程序存储器

PLC 系统程序决定了 PLC 的基本功能，该部分程序由 PLC 制造厂家编写并固化在系统程序存储器中，主要有系统管理程序、用户指令解释程序和功能程序与系统程序调用等部分。

2. 用户程序存储器

用户程序存储器用于存放用户载入的PLC应用程序。载入初期的用户程序存放在可以随机读写操作的随机存取存储器RAM内，以方便用户修改与调试。通过修改与调试后的程序可固化到EPROM内长期使用。

3. 数据存储器

PLC运行过程中需生成或调用中间结果数据（如输入/输出元件的状态数据、定时器、计数器的预置值和当前值等）和组态数据（如输入/输出组态、设置输入滤波、脉冲捕捉、输出表配置、定义存储区保持范围、模拟电位器设置、高速计数器配置、高速脉冲输出配置和通信组态等），这类数据存放在工作数据存储器中，由于工作数据与组态数据不断变化，且不需要长期保存，所以采用随机存取存储器RAM。

16.1.3　接口

接口是PLC与工业现场控制或检测元件和执行元件连接的接口电路。现场控制或检测元件输入给PLC各种控制信号，如限位开关、操作按钮、选择开关以及其他一些传感器输出的开关量或模拟量等，通过输入接口电路将这些信号转换成CPU能够接收和处理的信号。输出接口电路将CPU送出的弱电控制信号转换成现场需要的强电信号输出，以驱动电磁阀、接触器等被控设备的执行元件。

1. 输入接口

输入接口用于接收和采集两种类型的输入信号，一类是由按钮、转换开关、行程开关和继电器触头等提供的开关量输入信号，另一类是由电位器、测速发电机和各种变换器提供的连续变化的模拟量输入信号。

2. 输出接口

输出接口电路向被控对象的各种执行元件输出控制信号。常用执行元件有接触器、电磁阀、调节阀（模拟量）、调速装置（模拟量）、指示灯、数字显示装置和报警装置等。

3. 其他接口

若主机单元的I/O数量不够用，可通过I/O扩展接口电缆与I/O扩展单元（不带CPU）相接进行扩充。PLC还常配置连接各种外围设备的接口，可通过电缆实现串行通信、EPROM写入等功能。

16.1.4　编程器

编程器的作用是将用户编写的程序下载至PLC的用户程序存储器，并利用编程器检查、修改和调试用户程序，监视用户程序的执行过程，显示PLC状态、内部器件及系统的参数等。

16.1.5　电源

PLC的电源将外部供给的交流电转换成供CPU、存储器等所需的直流电，是整个PLC的能源供给中心。

16.2 PLC 外部连接

图 16-2 是电动机全压起动的低压电器控制图。合上 QS，按下起动按钮 SB1，线圈 KM 通电并自锁，接通指示灯 HL1 所在支路常开触头 KM 及主回路中的主触头，HL1 亮、电动机 M 起动；按下停止按钮 SB2，则线圈 KM 断电，指示灯 HL1 灭，M 停转。

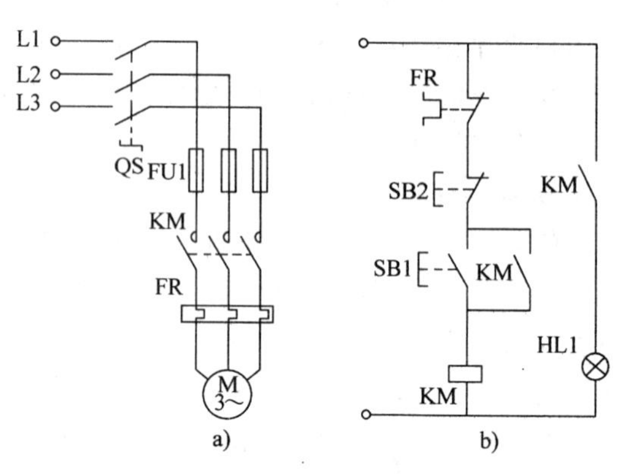

图 16-2 电动机全压起动的低压电器控制图
a) 主回路 b) 控制回路

16.2.1 外部连接案例

图 16-3 是采用 SIEMENS 一款 S7 系列 PLC 实现电动机全压起动控制的外部连接图。主回路保持不变，PLC 装置上，热继电

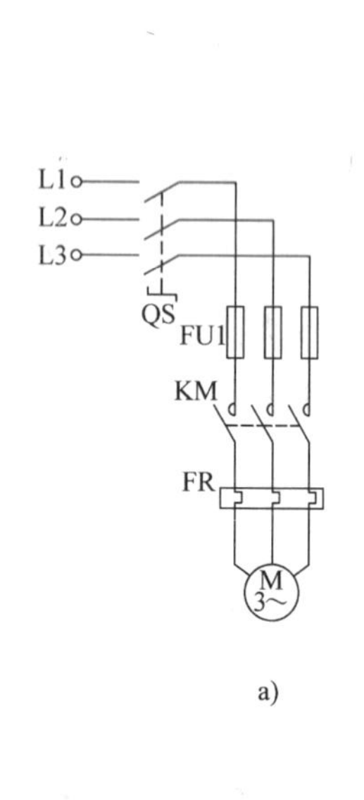

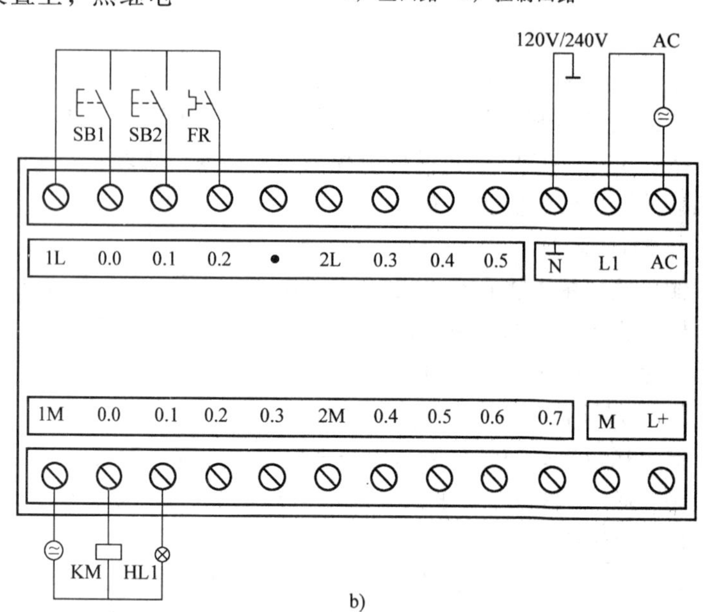

图 16-3 电机全压起动 PLC 控制图
a) 主回路 b) I/O 实际接线图

器常闭触头 FR、停止按钮 SB2、起动按钮 SB1 等作为 PLC 的输入设备接在 PLC 的输入接口上，而交流接触器 KM 线圈、指示灯 HL1 等作为 PLC 的输出设备接在 PLC 的输出接口上。制逻辑通过执行按照电动机全压控制要求编写并存入程序存储器。

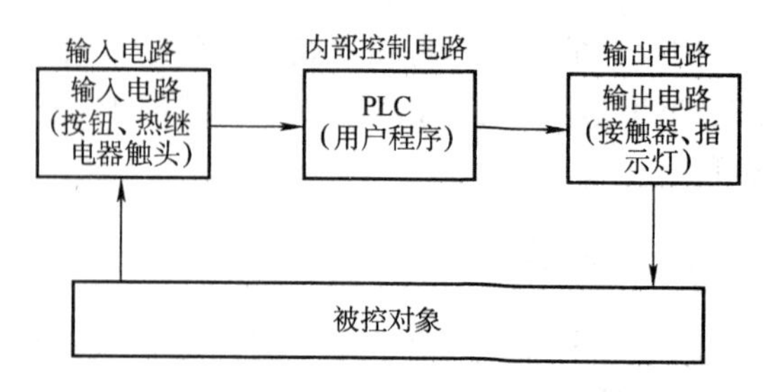

图 16-4 PLC 外部各连接部分关系

16.2.2 连接部分作用

图 16-4 是电动机全压起动的 PLC 外部

各连接部分关系图，由输入电路、内部控制电路、输出电路和被控对象四个部分连接而成。

1. 输入电路

输入电路的作用是将输入控制信号送入 PLC，输入设备为按钮 SB1、SB2 及 FR 的常开触头。

2. 内部控制电路

外部输入的控制信号经 PLC 输入到对应的一组输入继电器，输入继电器可提供任意多个常开触头和常闭触头，供 PLC 内部控制电路编程使用。

按照电动机实际控制要求编写的 PLC 用户程序的作用是对输入、输出信号的状态按照用户程序规定的逻辑关系进行计算、处理和判断，然后得到相应的输出控制信号，输出到与控制对象对应的一组输出继电器中。

3. 输出电路

输出电路的作用是将 PLC 的输出控制信号转换为能够驱动 KM 线圈和 HL1 指示灯的信号。PLC 内部控制电路中有许多输出继电器，每个输出继电器除了 PLC 内部控制电路提供编程用的常开触头和常闭触头外，每个输出继电器还为输出电路提供一个常开触头与输出端口相连，该触头称为内部硬触头，是一个内部物理常开触点。

4. 被控对象

被控对象为 HL1 指示灯和电动机 M。其中，指示灯因负载电压小，直接连接在 Q0.1 输出端上，PLC 的输出端口中还有输出电源用的 COM 公共端；KM 线圈连接在 Q0.0 输出端，控制主回路中 KM 主触头的通断，通过 KM 主触头的通与断控制电动机 M 的起动与停止，电动机 M 由外部电源提供驱动能。

16.3 PLC 工作循环

16.3.1 上电后工作循环

PLC 外部连接完成后上电，PLC 控制系统按图 16-5 所示的 PLC 顺序循环过程。

1. 上电初始化

PLC 上电后，首先对系统进行初始化，包括硬件初始化，I/O 模块配置检查、停电保持范围设定及清除内部继电器、复位定时器等。

2. CPU 自诊断

在每个扫描周期须进行自诊断，通过自诊断对电源、PLC 内部电路、用户程序的语法等进行检查，一旦发现异常，CPU 使异常继电器接通，PLC 面板上的异常指示灯 LED 亮，内部特殊寄存器中存入出错代码并给出故障显示标志。如果不是致命错误，则进入 PLC 的停止（STOP）状态；如果是现致命错误，则 CPU 被强制停止，待错误排除后才能转入 STOP 状态。

3. 与外部设备通信

与外部设备通信阶段，PLC 与其他智能装置、编程器、终端设备、彩色图形显示器、其他 PLC 等进行信息交换，然后进行 PLC 工作状态的判断。

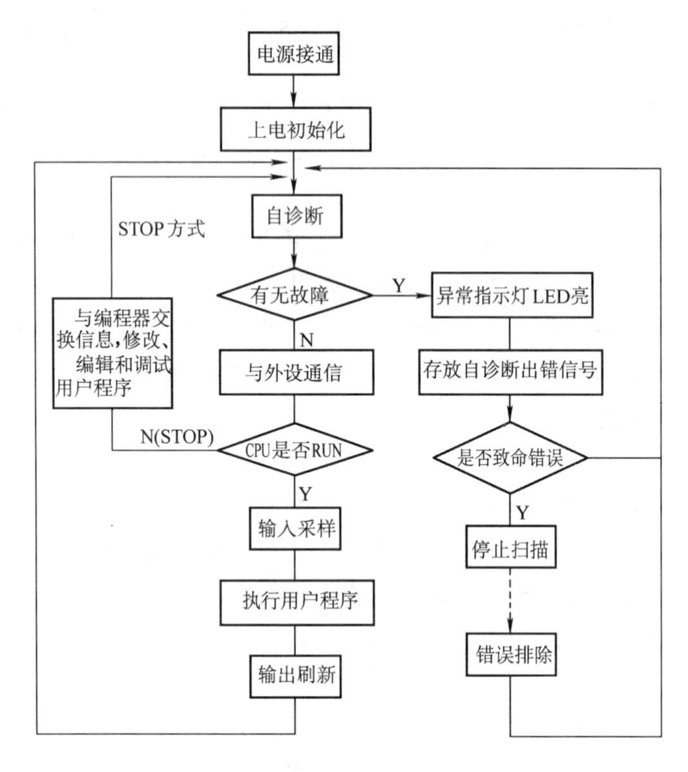

图 16-5 PLC 顺序循环过程

PLC 有 STOP 和 RUN 两种工作状态。如果 PLC 处于 STOP 状态，则不执行用户程序，将通过与编程器等设备交换信息，完成用户程序的编辑、修改及调试任务；如果 PLC 处于 RUN 状态，则将进入扫描过程，执行用户程序。

4. 扫描过程

以扫描方式把外部输入信号的状态存入输入映像区，再执行用户程序，并将执行结果输出存入输出映像区，直到传送到外部设备。

PLC 上电后周而复始地执行上述工作过程，直至断电停机。

16.3.2 用户程序循环扫描

PLC 对用户程序进行循环扫描分为输入采样、程序执行和输出刷新三个阶段，如图16-6所示。

1. 输入采样阶段

CPU 将全部现场输入信号，如按钮、限位开关、速度继电器的通断状态经 PLC 的输入接口读入输入映像寄存器，这一过程称为输入采样。输入采样结束后进入程序执行阶段，期间即使输入信号发生变化，输入映像寄存器内数据不再随之变化，直至一个扫描循环结束，下一次输入采样时才会更新。这种输入工作方式称为集中输入方式。

2. 程序执行阶段

PLC 在程序执行阶段，若不出现中断或跳转指令，就根据梯形图程序从首地址开始按自上而下、从左往右的顺序进行逐条扫描执行，扫描过程中分别从输入映像寄存器、输出映像

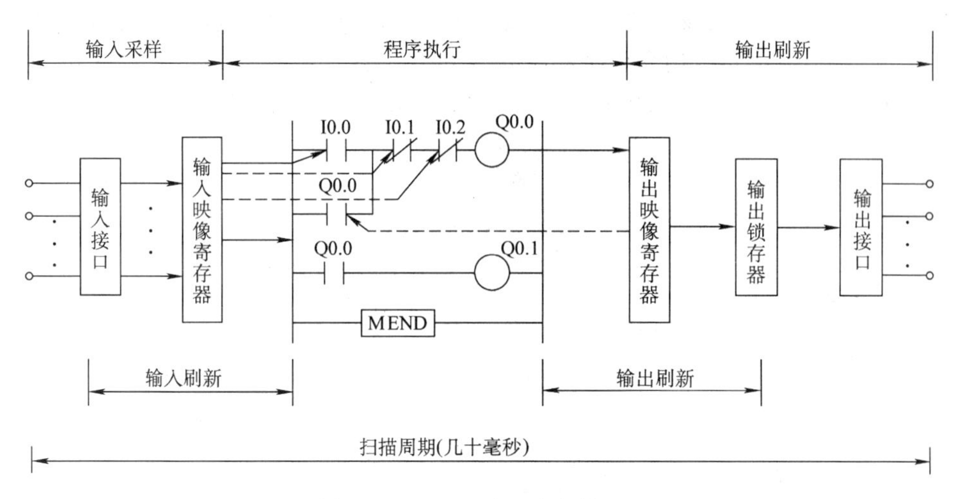

图 16-6 PLC 用户程序扫描过程

寄存器以及辅助继电器中将有关编程元件的状态数据“0”或“1”读出，并根据梯形图规定的逻辑关系执行相应的运算，运算结果写入对应的元件映像寄存器中保存。需向外输出的信号存入输出映像寄存器，并由输出锁存器保存。

3. 输出刷新阶段

CPU 将输出映像寄存器的状态经输出锁存器和 PLC 的输出接口传送到外部去驱动接触器和指示灯等负载。这时输出锁存器保存的内容要等到下一个扫描周期的输出阶段才会被再次刷新。这种输出工作方式称为集中输出方式。

16.3.3 扫描周期与响应时间

1. 扫描周期

PLC 在 RUN 工作模式时，执行一个扫描循环操作所需的时间称为扫描周期，需 1 ~ 100ms。扫描周期与用户程序的长度、指令种类和 CPU 执行指令的速度有关。

2. 响应时间

从 PLC 外部输入信号发生变化的时刻到受 PLC 控制的相应外部输出信号发生变化的时刻之间的时间间隔称为 PLC 控制系统的响应时间。它由输入电路滤波时间、输出电路的滞后时间和因用户程序扫描所产生的滞后时间组成。

输入模块的 RC 滤波时间约为 10ms，输出模块滞后时间与输出模块类型有关，继电器型输出电路滞后时间约为 10ms，双向晶闸管型输出电路滞后时间约为 1ms，晶体管型输出电路滞后时间在 1ms 以下，而扫描滞后时间最长可达两个多扫描周期，所以 PLC 总的响应时间一般只有数十毫秒，对于一般的控制系统已足够。

16.4 PLC 内部电路

16.4.1 内部等效电路

图 16-7 是电动机全压起动 S7 系列 PLC 的内部等效电路。其中，起动按钮 SB1 接入接口

I0.0 与输入映像区的一个触发器 I0.0 相连接，当 SB1 接通时，触发器 I0.0 就被触发为“1”状态，而这个“1”状态可被用户程序直接引用为 10.0 触头的状态，此时 I0.0 触头与 SB1 的通断状态相同，即 SB1 接通，10.0 触头状态为“1”；反之，SB1 断开，I0.0 触头状态为“0”。

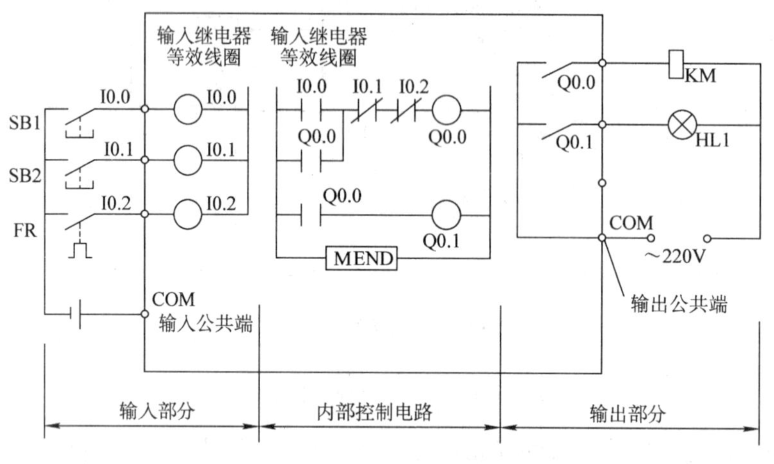

图 16-7 PLC 内部等效电路

由于 I0.0 触发器功能与继电器线圈相同且不用硬连接线，所以 I0.0 触发器等效为 PLC 内部的一个 I0.0 软继电器线圈，直接引用 I0.0 线圈状态的 I0.0 触头就等效为一个受 I0.0 线圈控制的常开触头。

同理，停止按钮 SB2 与 PLC 内部的一个软继电器线圈 I0.1 相连接，SB2 闭合，I0.1 线圈的状态为“1”，反之为“0”，继电器线圈 I0.1 的状态被用户程序取反后引用，所以 I0.1 等效为一个受 I0.1 线圈控制的常闭触头。

输出触头 Q0.0、Q0.1 是 PLC 内部继电器的物理常开触头，一旦闭合，外部相应的 KM 线圈、指示灯 HL1 就会接通。COM 是 PLC 输出端电源的公共接口。

16.4.2 PLC 梯形图

1. 常用控制元件图形符号

梯形图是一种将 PLC 内部等效成由许多内部继电器的线圈、常开触头、常闭触头或功能程序块等组成的等效控制线路。图 16-8 是 S7 系列 PLC 规定的 3 个梯形图常用的元件图形符号。

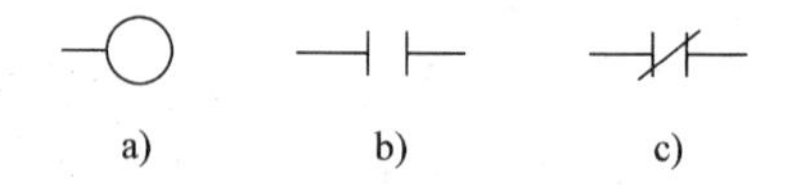

图 16-8 梯形图常用的元件图形符号
a）线圈 b）常开触头 c）常闭触头

2. 电动机全压起动梯形图

图 16-9 是电动机全压起动 PLC 控制梯形图，由 FR、SB1、SB2、KM、HL1 等元件对应的等效控制元件符号（I0.2、I0.0、I0.1、Q0.0、Q0.1）连接而成。梯形图每一行画法规则为从左母线开始，经过触头和线圈（或功能方框），终止于右母线。一般并联单元画在每行的左侧、输出线圈必须与右母线直接相连，其余元件画在中间。

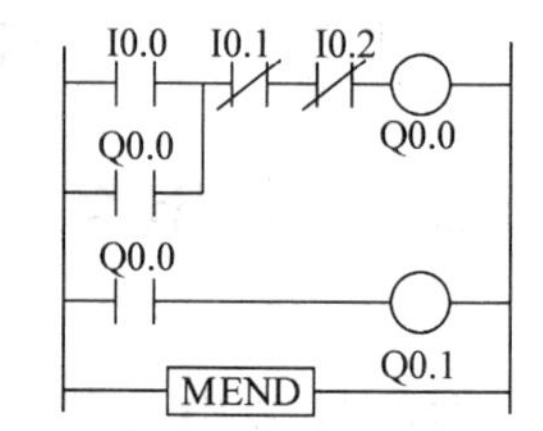

图 16-9 电动机全压起动 PLC 控制梯形图

3. 控制元件与电器元件的差异

（1）控制元件的物理结构不同于电器元件 PLC

梯形图中的线圈、触头只是功能上与电器元件的线圈、触头等效，在物理意义上只是输入、输出存储器中的一个存储位，与电器元件的物理结构不同。

（2）控制元件的通断状态不同于电器元件　通断状态与相应存储位上保存的数据相关，如果该存储位数据为“1”，则该元件处于“通”状态；如果该位数据为“0”，则表示处于“断”状态。与电器元件实际的物理通断状态不同。

（3）控制元件的状态切换过程不同于电器元件　状态切换只是PLC对存储位的状态数据进行操作，如果PLC对常开触头等效的存储位数据赋值为“1”，就完成从断到通的状态切换。同样，如对常闭触头等效的存储位数据赋值为“0”，就完成从通到断状态切换，切换过程用仅为几个微秒（ms）。而电器元件线圈、触点进行通断切换时，必定有时间延时，且一般要经过先断开后闭合的操作过程。

（4）控制元件所属触头数量与电器元件不同　如果PLC从输入继电器I0.0相应的存储位中取出了位数据“0”，将之存入另一个存储器中的一个存储位，被存入的存储位就成了受I0.0继电器控制的一个常开触头，被存入的数据为“0”；如在取出位数据“0”之后先进行取反操作，再存入一个存储器的一个存储位，则该位存入的数据为“1”，该存储位就成了受继电器I0.0控制的一个常闭触头。

只要PLC内部存储器足够多，这种位数据转移操作就可无限次进行，而每进行一次操作，就可产生一个梯形图中的继电器受控触头。由此可见，梯形图中继电器触头原则上可以无限次反复使用。但是PLC内部的线圈通常只能引用一次，如需重复使用同一地址编号的线圈应慎之又慎。与PLC不同的是电器元件中的触头数量是有限的。

4. PLC控制与电器控制的差异

PLC程序的工作原理可简述为由上至下、由左至右、循环往复、顺序执行。与继电器控制线路的并行控制方式存在差别，如图16-10所示。

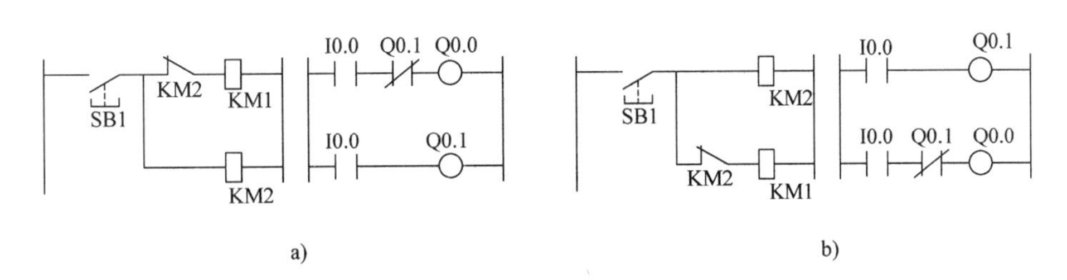

图16-10　电器控制与PLC控制触头通断状态分析

a）触头通断无差异　b）触头通断有差异

图16-10a中，由于是并行控制方式，电器控制回路首先是线圈KM1与线圈KM2均通电，然后因为常闭触头KM2的断开，导致线圈KM1断电。而在PLC控制回路中，当I0.0接通后，线圈Q0.0通电，然后是Q0.1通电，完成第1次扫描；进入第2次扫描后，线圈Q0.0因常闭触头Q0.1断开而断电，而Q0.1通电。

图16-10b中，电器控制回路线圈KM1与线圈KM2首先均通电，然后KM1断电。而在PLC控制回路中，触头I0.0接通，线圈Q0.1通电，然后进行第2行扫描，结果因为常闭触头Q0.1断开，线圈Q0.0始终不能通电。

思 考 题

16-1　简述 PLC 组成部分及各组成部分作用。

16-2　简述 PLC 实现用户程序的工作过程。

16-3　图示并说明梯形图每一行的绘制规则。

16-4　简述 PLC 内部控制元件与低压电器元件间的差异。

16-5　举例说明相同控制内容，采用 PLC 梯形图和低压电器线路实现的控制结果的异同。

第 17 章　S7-300 机架组态

SIEMENS SIMATIC S7-300 系列 PLC 属于中小型 PLC，适用于中等性能的控制要求。

17.1　S7-300 系统组成

S7-300 系统采用模板式结构，用搭积木的方式组成如图 17-1 所示的系统。各模板安装在标准 DIN 机架上，每个机架上按电源模板 PS、CPU 模板、接口模板 IM、信号模板 SM 和功能模板 FM（1 个机架上最多安装 8 个）的组合次序安装系统内各个模板，所有的模板都通过背板总线连接器级联。

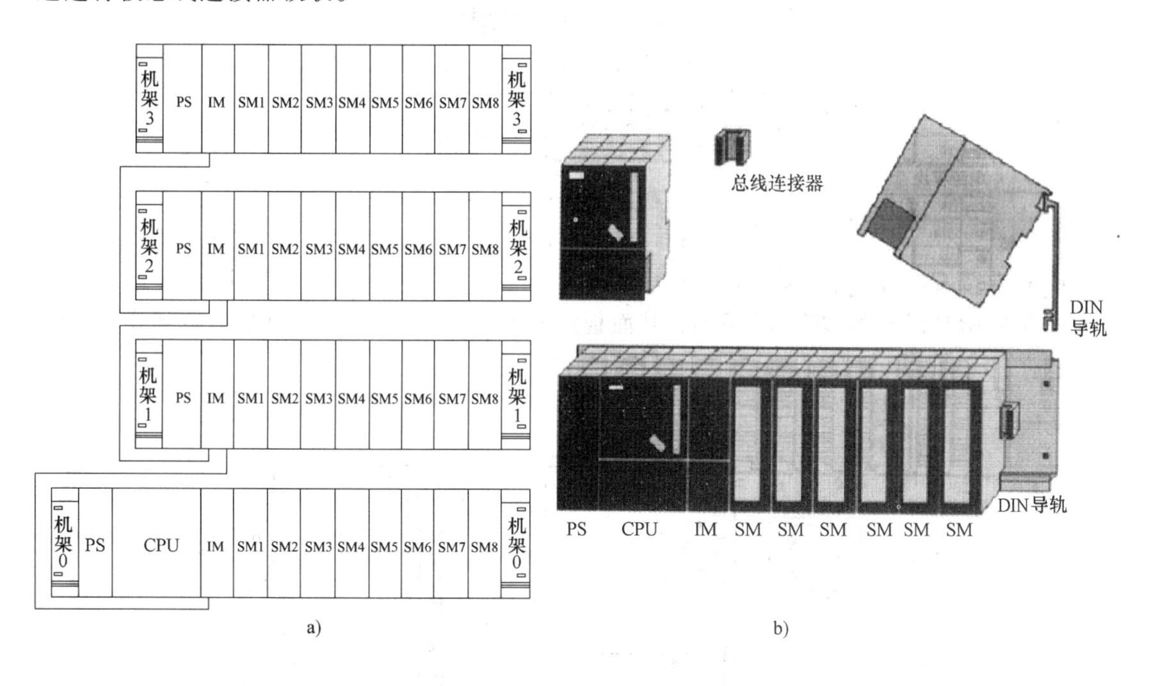

图 17-1　S7-300 模板安装与扩展机架

a）机架 0 至机架 3 上模板规定安装位置图　b）机架 0 上模板安装实例

当需要的信号模板 SM 超过 8 个，可通过接口模板 IM 连接安装扩展机架，一个 S7-300 系统最多可安装 3 个扩展机架，32 个信号模板。

17.1.1　电源模板 PS

电源模板 PS 型号是 PS307，用于将 120V/230V 交流电压转换为 24V 直流电压，根据输出电流值有 2A、5A 及 10A 3 种规格可供选择。电源模板安装位置在机架最左端的插槽上，PS307 电源模板面板如图 17-2 所示。

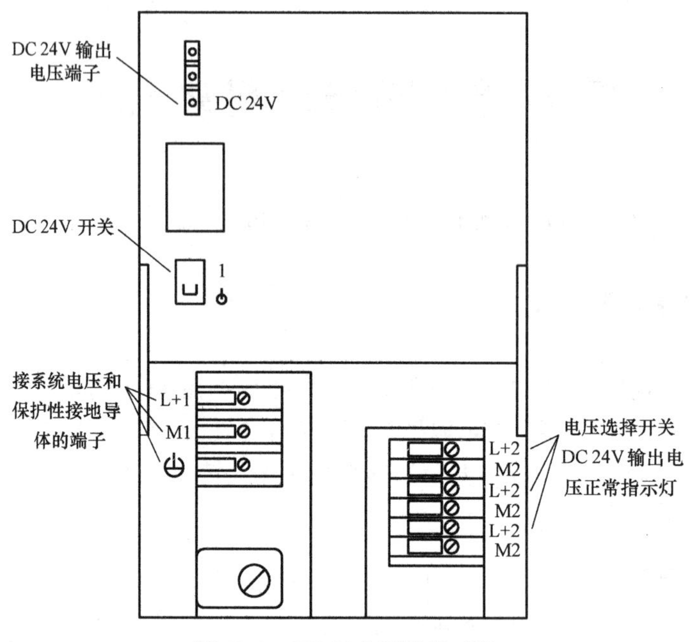

图 17-2　PS307 电源模板面板

17.1.2　CPU 模板

1. 标准型 CPU 系列

标准型 CPU 模板为 CPU31x 系列，其面板如图 17-3 所示。面板上有各类控制开关、状态指示灯、插槽及电源端口等。

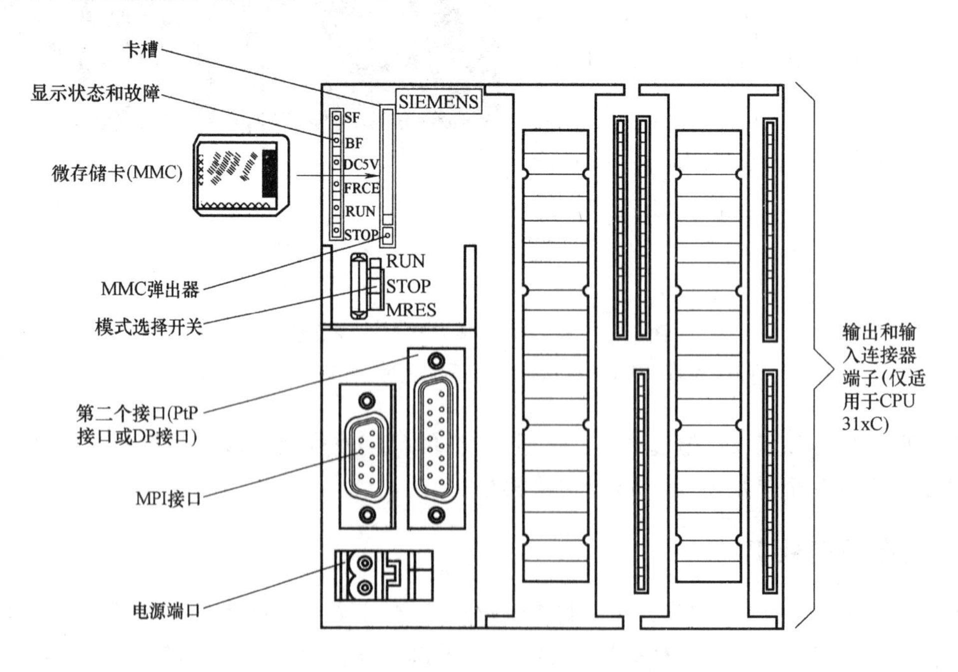

图 17-3　S7-300 的 CPU 面板

(1) 状态指示灯

不同颜色的 LED 指示灯表示了 CPU 的各种运行状态。

1) SF——红色，系统故障指示。

2) BF（或 BATF)——红色，后备电池故障指示，没有电池或电池电压不足时亮。

3) DC5V——绿色，表示内部 5V 工作电压正常。

4) FRCE——黄色，强制（FORCE)，表示至少有一个输入或输出被强制。

5) RUN——绿色，在 CPU 起动（START UP）时闪烁，在运行时长亮。

6) STOP——橙色，在停止模式下长亮，慢速闪烁（0.5Hz）表示请求复位，快速闪烁（2Hz）表示正在复位。

(2) 模式选择开关

1) RUN——运行模式，开关在此位置时，编程器可以监控 CPU 的运行，也可以读程序，但不可以命令 CPU RUN 或 STOP，不可以改写程序，在此位置可以拔出钥匙。

2) STOP——停止模式，CPU 不扫描用户程序，开关在此位置时，编程器可以读写程序，可以拔出钥匙。

3) MRES——存储器复位模式（MEMORY RESET)，开关不可以自然停留在此位置上，一旦松手，开关自动弹回 STOP 位置。

(3) 微存储器卡槽　旧型号的 CPU 面板上有 EPROM 插槽，新型号 CPU 面板取消了电池和 EPROM 插槽，代之以微存储器（MMC）卡。由于 MMC 存储容量大（64KB ~ 8MB)，不仅可以存储程序，甚至可以存储整个项目（Project)。

(4) 接口与端口

1) MPI——Multi-Point Interface，也称编程口，可以接入编程器或其他设备。

2) DP（PtP)——PROFIBUS DP 网络的接口或点对点连接（Point to Point）接口，该接口是否存在，或是哪种接口，取决于 CPU 的型号。

3) 电池盒——可以装入锂电池，在停电时保存程序和部分数据。

2. CPU 型号

S7-300 的 CPU 型号很多且不断更新，这里只列出 CPU3x 系列部分型号的技术参数，见表 17-1。其中，CPU3x-2DP 表示该 CPU 模板上集成有现场总线（PROFIBUS-DP）通信接口。

表 17-1　标准型 CPU 模板主要技术特性

型号		CPU313	CPU314	CPU315	CPU315-2DP	CPU316	CPU318-2DP
装载存储器/KB	RAM	20	40	80	96	192	64
	E^2PROM	最大 256	最大 512	最大 512	最大 512	最大 512	最大 4096
工作存储器(KB)RAM		12	24	48	64	128	512
指令执行时间/μs	位操作	0.6	0.3	0.3	0.3	0.3	0.1
	字操作	2	1	1	1	1	0.1
	定点加	3	2	2	2	2	0.1
	浮点加	60	50	50	50	50	0.6
最大数字 I/O 点数		128	512	1024	1024	1024	8192

（续）

型号	CPU313	CPU314	CPU315	CPU315-2DP	CPU316	CPU318-2DP
最大模拟 I/O 通道数	32	64	128	128	128	128
最大配置	1 个机架 8 块模板	4 个机架 32 块模板	4 个机架 32 块模板	4 个机架 32 块模板	4 个机架 32 块模板	4 个机架 32 块模板
定时器	128	128	128	128	128	512
计数器	64	64	64	64	64	512
位存储器	2048	2048	2048	2048	2048	8192

3. 集成型 CPU 系列

集成型 CPU 模板为 CPU31xIFM 系列，在标准型 CPU 模板上集成了部分 I/O 接口、高速计数器和部分控制功能。目前有 CPU312IFM 和 CPU314IFM 两种型号。

4. 紧凑型 CPU 系列

紧凑型 CPU 模板为 CPU31xC 系列，是在 CPU31xIFM 系列基础上推出的功能更强、结构更紧凑的 CPU 模板。该 CPU 模板配置有微存储卡（Micro Memory Cart，MMC）和 9 针多点通信接口（Multi Point Interface，MPI），有的还配置了 9 针分散外围设备（Decentral Peripherals，DP）接口或 15 针点对点（Point to Point，PtP）接口。

5. 故障安全型 CPU 系列

故障安全型 CPU 模板为 CPU31xF 系列，是具有更高可靠性的 CPU 模板，主要有 CPU315F 和 CPU317F-2DP 两种型号。

17.1.3 接口模板 IM

接口模板 IM 用于 S7-300 系列 PLC 的中央机架到扩展机架的连接。

1. 接口模板 IM365

IM365 用于连接中央机架与 1 个扩展机架，由两块模板组成，中央机架上插入一块，通过 1m 的连接电缆和另一块插入扩展机架的 IM365 相连接。

2. 接口模板 IM360/361

当扩展机架超过 1 个时，将接口模板 IM360 插入中央机架，扩展机架上均插入接口模板 IM361，相互之间通过连接电缆相连。机架扩展时，相邻机架间隔距离一般为 4～6cm。

17.1.4 信号模板 SM

S7-300 的信号模板 SM 有数字量输入输出模板、模拟量输入输出模板、位置输入模板以及用于连接爆炸等危险场合的输入输出模板。

1. 数字量输入输出模板

（1）输入模板 SM321　数字量输入模板（DI）将现场的数字信号电平转换成 PLC 内部信号电平，经过光电隔离和滤波后，送到输入缓冲区等待 CPU 采样，采样后的信号状态经过背板总线进入输入映像区。SM321 共有 14 种数字量输入模板，常用的 4 种见表 17-2。

表 17-2　常用的 SM321 数字量输入模板技术特性

技术特性	直流 16 点输入模板	直流 32 点输入模板	交流 8 点输入模板	交流 32 点输入模板
输入端子数	16	32	8	32
额定负载电压/V	DC24	DC24		
负载电压范围/V	20.4 ~ 28.8	20.4 ~ 28.8		
额定输入电压/V	DC24	DC24	AC120	AC120
输入电压为 1 的范围	13 ~ 30	13 ~ 30	79 ~ 132	79 ~ 132
输入电压为 0 的范围	-3 ~ 5	-3 ~ 5	0 ~ 20	0 ~ 20
输入电压频率/Hz			47 ~ 63	47 ~ 63
隔离(与背板总线)方式	光耦合器	光耦合器	光耦合器	光耦合器
输入电流为 1 的信号/mA	7	7.5	6	21
最大允许静态电流/mA	1.5	1.5	1	4
典型输入延迟/ms	1.2 ~ 4.8	1.2 ~ 4.8	25	25
背板总线最大消耗电流/mA	25	25	16	29
功率损耗/W	3.5	4	4.1	4.0

图 17-4 是数字量输入模板 SM321（直流 16 点）的外观图。模板的每个输入点有 1 个绿色发光二极管显示输入状态，输入开关闭合时有输入电压，二极管亮。

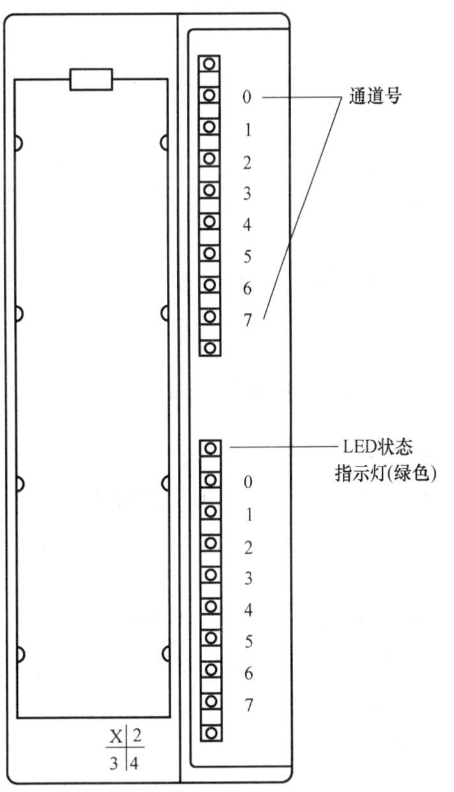

图 17-4　直流 16 点数字量输入模板 SM321 外观图

（2）输出模板 SM322　数字量输出模板（DO）将 S7-300 内部信号电平转换成现场外部信号电平，可直接驱动电磁阀线圈、接触器线圈、微型电动机和指示灯等负载。根据负载回路使用电源的要求，数字量输出模板可分为直流输出模板（晶体管输出方式）、交流输出模板（晶闸管输出方式）和交直流两用输出模板（继电器输出方式）等。

SM322 有 7 种输出模板，其技术特性见表 17-3。

（3）输入输出模板 SM323　数字量输入输出模板（DI/DO）在一块模板上同时具有数字量输入点和输出点。SM323 有两种模板，一种带有 8 个共地输入端和 8 个共地输出端；另一种带有 16 个共地输入端和 16 个共地输出端，两种模板的输入输出特性相同：I/O 额定负载电压 DC24V、输入电压“1”时信号电平为 11 ~ 30V、“0”时信号电平为 -3 ~ 5V、额定输入电压下输入延迟为 1.2 ~ 4.8ms、与背板总线通过光耦合器隔离。

表 17-3 SM322 数字量输出模板技术特性

技术特性	8点 晶体管	16点 晶体管	32点 晶体管	16点 晶闸管	32点 晶闸管	8点 继电器	16点 继电器
输出点数	8	16	32	16	32	8	16
额定电压/V	DC24	DC24	DC24	AC120	AC120	AC120	AC230
与背板总线隔离方式	光耦合器	光耦合器	光耦合器	光耦合器	光耦合器	光耦合器	光耦合器
输出组数	4	8	8	8	8	2	8
最大输出电流/A	0.5	0.5	0.5	0.5	1	2	2
短路保护	电子保护	电子保护	电子保护	电子保护	熔断保护	熔断保护	熔断保护
最大消耗电流/mA	60	120	200	184	275	40	100
功率损耗/W	6.8	4.9	5	9	25	2.2	4.5

2. 模拟量输入输出模板

（1）输入模板 SM331　模拟量输入模板（AI）可将控制过程中的模拟信号转换为 PLC 内部处理用的数字信号。SM331 目前有 8 种规格，常用模板规格有 DI8 × 16 位（8 通道 16 位）、AI8 × 12 位、AI8 × RTD 位、AI8 × TC 位及 AI2 × 12 位等。

（2）输出模板 SM332　SM332 模板（AO）用于将 S7-300 的数字信号转换成所需的模拟量信号，控制模拟量调节器或执行机构。目前有 AO8 × 12 位、AO4 × 12 位、AO2 × 12 位和 AO4 × 16 位 4 种规格。

（3）输入输出模板 SM334　模拟量输入输出模板（AI/AO）在一块模板上同时具有模拟量输入输出功能。SM334 是 4 模拟输入 × 2 模拟输出的模板，输入输出精度有 8 位和 16 位两种。

S7-300 系列 PLC 把 CPU 模板、输入输出模板等紧密排列安装在导轨上就组成了 PLC 控制系统，各模块之间由 U 型背板总线连接。

17.2 S7-300 组态方法

17.2.1 模板功能及槽位

S7-300 的机架组态是指将系统中各模板安装在合适的机架槽位上，图 17-5 是 S7-300 机架组态实例。根据 S7-300 机架槽位安装规范，从左往右为 PS 模板槽位、CPU 模板槽位、接口模板槽位、信号模板槽位和功能模板槽位等。各模板功能如下：

1）PS 是电源模板，将供电电源转换成 DC24V 电源供给 PLC 系统使用。

2）CPU 模板是 PLC 的核心，存储并执行用户程序，同时实现通信、为背板总线提供 DC5V 电源。IM 是接口模板，用于不同导轨之间的总线连接。

3）SM 是信号模板，连接输入输出信号，可分为数字量输入 DI 模板、数字量输出 DO 模板、模拟量输入 AI 模板和模拟量输出 AO 模板等。

4）FM 是功能模板，实现特殊的功能，如高速计数、点位控制及闭位控制等。

5）CP 是通信处理器模板，用做联网接口，可以和 PROFIBUS 网、工业以太网及点对点等接口连接。

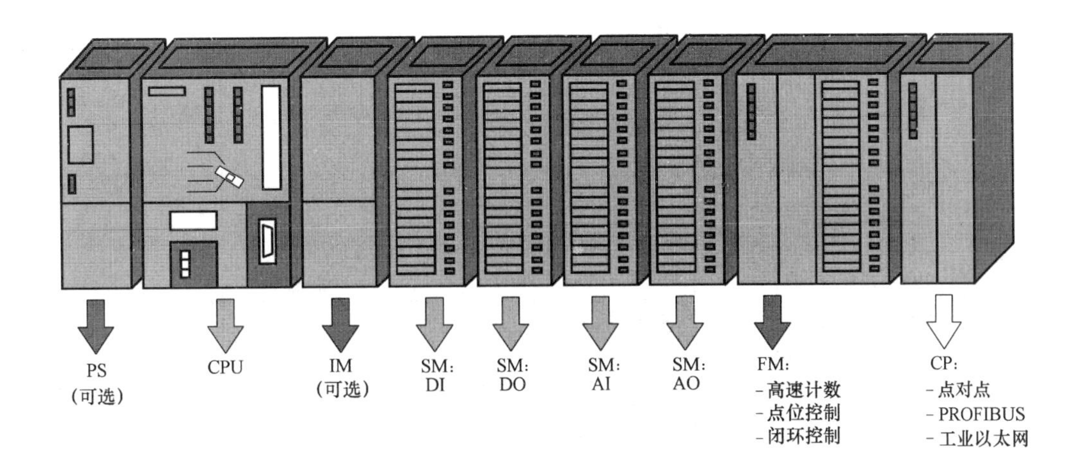

图 17-5　模板作用及槽位

17.2.2　机架组态参数

各模板在机架槽位上的位置确定后，需合理选择电源满足各模板对电流、功率等参数的要求。

CPU 机架组态中，S7-300 模板使用的电源一般由背板总线提供，特殊模板还需要从外部负载电源供电。S7-300 扩展机架组态与 CPU 机架组态基本相同，区别仅是 2 号槽位上不安装 CPU 模板。S7-300 CPU 机架组态技术参数见表 17-4。

表 17-4　S7-300 CPU 机架组态技术参数

模板型号		插槽号	吸取背板总线电流/mA	功耗/W
CPU模板	CPU312IFM	2	800	9
	CPU313	2	1200	8
	CPU314IFM	2	1200	16
	CPU314	2	1200	8
	CPU315	2	1200	8
	CPU315-2DP	2	1200	8
	CPU316	2	1200	8
	CPU318-2DP	2	1200	12
电源模板	PS307 2A	1		10
	PS307 5A	1		18
	PS307 10A	1		30
接口模板	IM360	3	350	2
	IM365	3	100	0.5
数字	16 DC 24V	4~11	25	3.5

模板型号		插槽号	吸取背板总线电流/mA	功耗/W
数字量I/O模板	8DI/8DO DC24V 0.5A	4~11	40	4.5
	8DI/8DO 扩展温度	4~11	40	4.5
	16DI/16DO	4~11	55	6.5
模拟量输入模板	8×9 至 14 位+符号位	4~11	60	1.3
	2×9 至 14 位+符号位	4~11	60	1.3
模拟量输出模板	4×11 位+符号位	4~11	60	3
	2×11 位+符号位	4~11	60	3
模拟量I/O输出模板	4AI/2AO×8 位	4~11	55	2.6
	4AI/2AO×12 位	4~11	60	2
功能模板	FM350-1 计数器模板	4~11	160	4.5
	FM350-2 计数器模板	4~11	160	10

（续）

模板型号		插槽号	吸取背板总线电流/mA	功耗/W	模板型号		插槽号	吸取背板总线电流/mA	功耗/W
功能模板	FM351 快速/慢速位控模板	4~11	180		数字量输出模板	32×DC 120V 1A	4~11	100	25
	FM352 电子凸轮模板	4~11	100			8×AC 120/230V 1A 扩展温度	4~11	100	8.6
	FM353 位控模板	4~11	100			8×继电器输出 2 组	4~11	40	4.2
AC 量输入模板	16×DC 24V 信号源输入	4~11	10	3.5		FM354 位控模板	4~11	100	
	32×DC 24V	4~11	25	6.5		FM355 位控模板 4AO	4~11	75	7.8
	16×AC 120V	4~11	16	4.1		FM355 位控模板 8DO	4~11	75	6.9
	8×AC 120/230V	4~11	29	4.9		FM357 定位和路径控制模板	4~11	100	24
	16×DC 24V 扩展温度	4~11	25	3.5	通信模板	CPU340 RS-232C	4~11	165	0.85
	8×AC 120/230V 扩展温度	4~11	29	4.9		CPU340 20mA	4~11	165	
数字量输出模板	16×DC 24V 0.5A	4~11	80	4.9		CPU340 RS-422/RS-485	4~11	165	
	32×DC 24V 0.5A	4~11	90	5		CPU342-2	4~11	200	2
	8×DC 24V 0.5A	4~11	70	5		CPU342-5	4~11	80	6.35
	16×AC 120V 0.5A	4~11	184	9		CPU343-5	4~11	80	6.25
	8×DC 24V 2A	4~11	40	6.8		CPU343-1	4~11	70	7.25
	8×AC 120/230V 1A	4~11	100	8.6		CPU343-1 TCP	4~11	70	7.25
	8×继电器输出 8 组	4~11	40	2.2		CPU341 RS-232C	4~11	200	5.8
	16×继电器输出	4~11	100	4.5		CPU341 20mA	4~11	200	4.8
	16×DC 24V 0.5A 扩展温度	4~11	804.9			CPU341 RS-422/RS-485	4~11	240	5.8

例 17-1 一个 S7-300 控制系统组成有 CPU 模板（CPU314，能提供的最大电流为 1200mA）1 块、数字量输入模板（SM321 16×DC 24V）2 块、数字量输出模板（SM322 16×DC 24V）1 块、数字量输出模板（SM322 16×继电器输出）1 块、模拟量输入模板（SM331 2AI）1 块、模拟量输出模板（SM332 2AO）1 块、高速计数器模板（SM350-1）1 块。

1）所有信号模板和功能模板从背板总线吸取的电流是否超过 CPU314 提供的最大电流？

2）所有模板的功能耗是多少？

3）请画出该 PLC 系统的机架组态图。

解： 1）查表 17-4，求得所有信号模板和功能模板从背板总线吸取的电流为（25×2+80+100+60+60+160）mA=510mA，没有超过 CPU314 提供的最大电流 1200mA。

2）所有模板的功耗是（8+2×3.5+4.9+4.5+1.3+3+4.5）W=33.2W。

3）机架组态如图 17-6 所示。

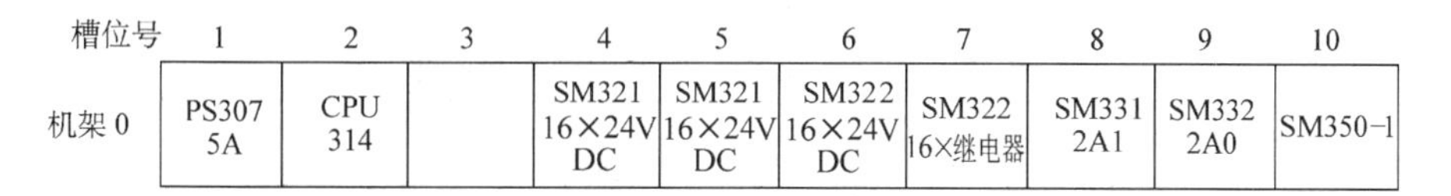

图 17-6　机架组态实例二

17.2.3　机架组态编址

机架组态编址由各模板在 S7-300 机架上的插槽位置决定，并从第 1 块信号模板 SM 开始根据等数字间隔递增的方式进行模板编址。

1. 数字量信号模板编址

机架 SM 区插槽上安装数字量输入输出模板时 CPU 能自动识别模板类型，CPU 为每个插槽分配了 4 个字节，共 32 个 I/O 点的编址范围，如图 17-7 所示。

槽位号		3	4	5	6	7	8	9	10	11
机架 3	电源	IM（接收）	96.0～99.7	100.0～103.7	104.0～107.7	108.0～111.7	112.0～115.7	116.0～119.7	120.0～123.7	124.0～127.7
机架 2	电源	IM（接收）	64.0～67.7	68.0～71.7	72.0～75.7	76.0～79.7	80.0～83.7	84.0～87.7	88.0～91.7	92.0～95.7
机架 1	电源	IM（接收）	32.0～35.7	36.0～39.7	40.0～43.7	44.0～47.7	48.0～51.7	52.0～55.7	56.0～59.7	60.0～63.7
机架 0	CPU 和电源	IM（发送）	0.0～3.7	4.0～7.7	8.0～11.7	12.0～15.7	16.0～19.7	20.0～23.7	24.0～27.7	28.0～31.7

图 17-7　S7-300 数字量输入输出模板编址范围

以机架 0 上第 8 个槽为例，具体 32 个 I/O 点为 20.0～20.7、21.0～21.7、22.0～22.7、23.0～23.7，安装使用过程中必须根据具体模板安装槽位置确定编址范围。

例 17-2　S7-300 机架 0 的 4 号槽位安装了 8 点的数字量输入模板，5 号槽位安装了 16 点的数字量输出模板，请给出实际使用的编址范围和不能使用的编址范围。

解： 查图 17-7 得，机架 0 的 4 号槽位的编址范围为 0.0～3.7，对于 8 点的数字量输入模板，编址范围为 I0.0～I0.7，而 I1.0～I3.7 不能使用。

同理查图 17-7 得，机架 0 的 5 号槽位的编址为范围为 4.0～7.7，对于 16 点的数字量输出模板，编址范围为 Q4.0～I4.7、Q5.0～Q5.7，而 Q6.0～7.7 不能使用。

2. 模拟量信号模板编址

机架 SM 区插槽上安装模拟量输入输出模板时，CPU 为每个插槽分配了 16 个字节，共 8 个模拟量通道的编址范围，如图 17-8 所示，每个模拟量输入输出通道占用 1 个字，共 2 个字节的编址。

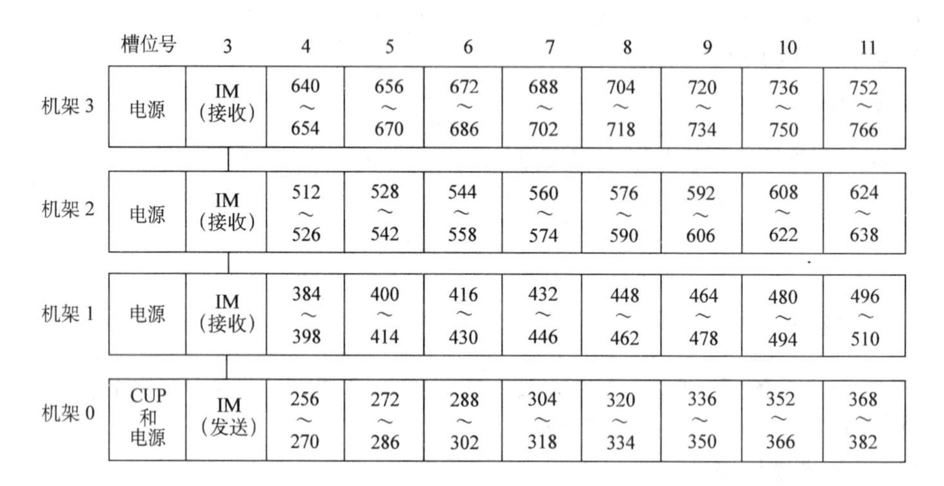

图 17-8 S7-300 模拟量输入输出模板编址范围

例 17-3 S7-300 机架 0 的 4 号槽位安装了 4 通道的模拟量输入模板，5 号槽位安装了 2 通道的模拟量输出模板，请给出实际使用的编址范围。

解： 查图 17-8 得，机架 0 的 4 号槽位的编址范围为 250～270，对于 4 通道的模拟量输入模板，编址范围为 PIW256、PIW258、PIW260 和 PIW262。

同理查图 17-8 得，机架 0 的 5 号槽位的编址为范围为 272～286，对于 2 通道的模拟量输出模板，编址范围为 PQW272、PQW274。

3. 符号名编址方法

S7-300 有两种编址方法，前述为根据机架及安装槽位编址范围进行编址，称为绝对编址方法。而通过用符号名表示特定的绝对编址号并建立符号数据库保存符号名的编址方法，称为符号名编址。例如，Q4.0 可用符号名 In_ A_ Mtr_ Coil 替代，但必须遵循“符号名先定义后使用”和“符号名唯一性”的准则。

符号名数据库通过 STEP 7 的符号编址器（Symbol Editer）建立，见表 17-5。符号名数据库可接受程序中所有指令的访问，用符号表中的符号名编程，程序可读性强，程序归档和故障寻踪较为便利。

表 17-5 符号名数据库表示例

符号名	绝对编址号	数据类型	备注
InA_Mtr_Fbk	I0.0	BOOL	Motor A feedback
InA_Start_PB	I1.2	BOOL	Motor A Start Swich
InA_Stop_PB	I1.3	BOOL	Motor A Stop Swich
Hight_Speed	MW5.0	INT	Maximum Speed
Low_Speed	MW4.0	INT	Minimum Speed
In_A_Mtr_Coil	Q4.0	BOOL	Motor A Starter Coil
In_A_Start_Lt	Q4.4	BOOL	Ingred A Light On/Off

17.3　S7-300 模板外围接线

17.3.1　数字量输入模板接线

1. 直流数字量输入方式

图 17-9 是 SM321 的直流 16 点数字量输入模板端子接线图。M 为同一输入组内各输入信号的公共点。外接触头接通时，光耦合器中的发光二极管亮，光敏晶体管饱和导通；外接触头断开时，光耦合器中的发光二极管熄灭，光敏晶体管截止。信号经背板总线接口传送给 CPU 模板处理。内部输入电路中设有 RC 滤波电路，以防止外部干扰脉冲引起的错误输入信号，输入电流一般为几个毫安。

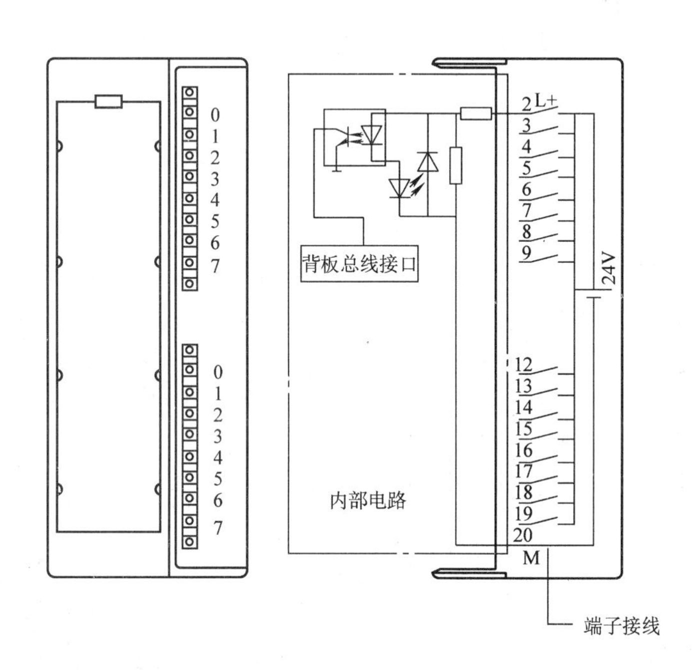

图 17-9　SM321 的直流 16 点数字量输入模板端子接线图

2. 交流数字量输入方式

图 17-10 是 SM321 的交流 32 点数字量输入模板端子接线图。内部输入电路用电容隔离输入信号中的直流成分，用电阻限流，交流成分经桥式整流电路转换为直流电流。交流输入模板的额定电压为 AC120V 或 AC230V。

17.3.2　数字量输出模板接线

1. 晶体管输出方式

图 17-11 是 SM322 的 32 点数字量晶体管输出模板端子接线图，只能驱动直流负载。输出信号经光耦合器送给内部输出元件（带三角形符号的小方框）。内部输出元件的饱和导通状态和截止状态控制内部触头的接通和断开，输出延迟时间小于 1ms。

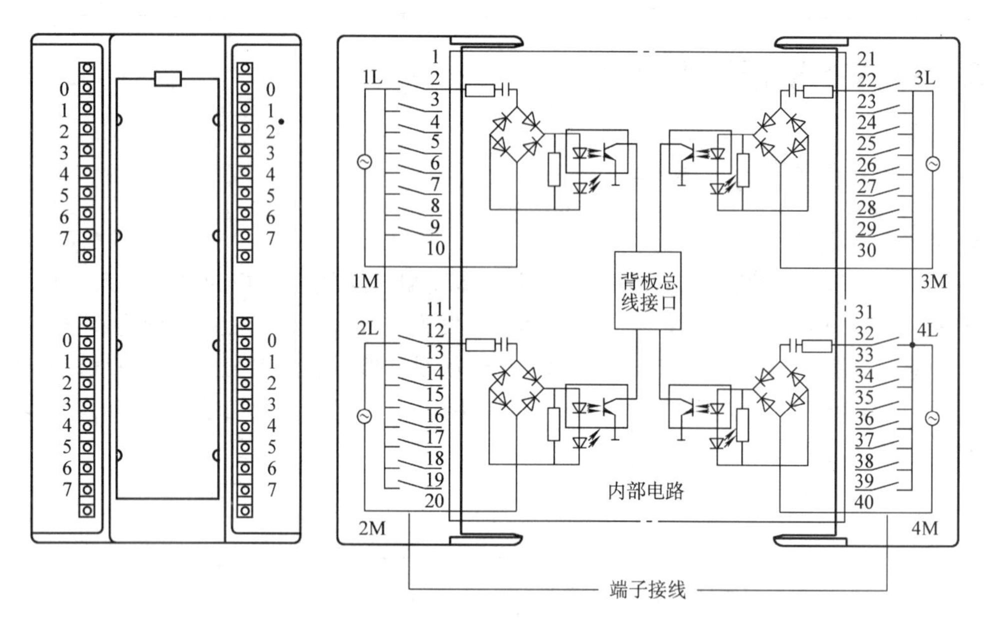

图 17-10 SM321 的交流 32 点端子接线图

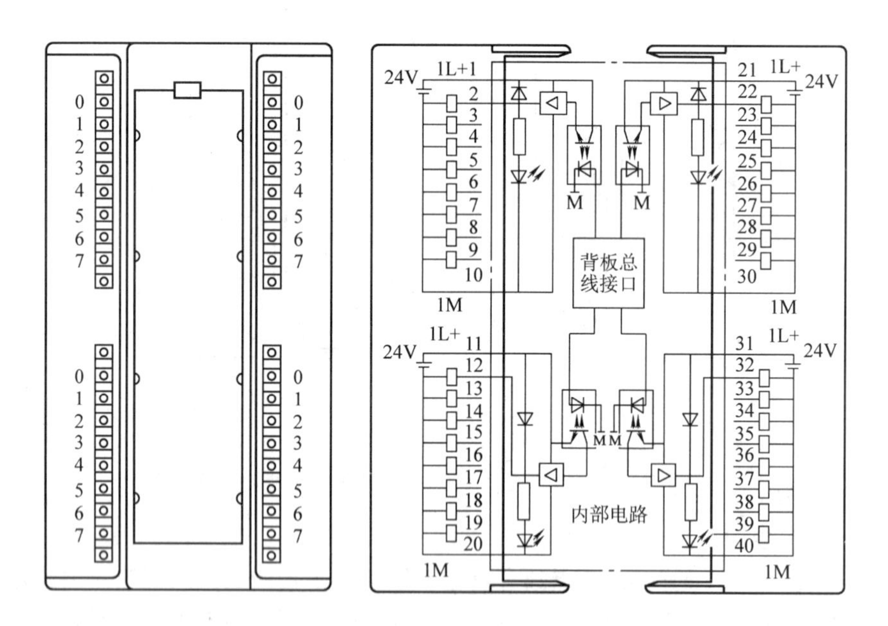

图 17-11 SM322 的 32 点晶体管输出端子接线图

2. 晶闸管输出方式

图 17-12 是 SM322 的 16 点数字量晶闸管输出模板端子接线图，内部 RC 电路抑制晶闸管关断过程中形成的瞬间过电压和外部脉冲电压。这类模板只能用于交流负载，采用无触头输出，通断速度快，工作寿命长。双向晶闸管断开状态转换为导通状态的延迟时间小于 1ms，导通状态转换为断开状态的最大延迟时间为 10ms（工频半周期）。如果因负载电流过小晶闸管不能导通，可以在负载两端并联电阻。

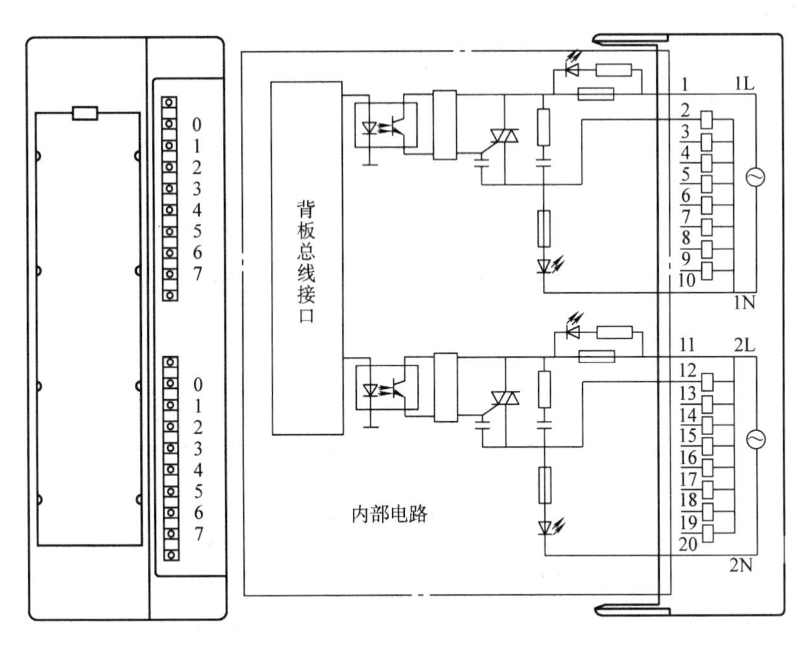

图 17-12　SM322 的 16 点晶闸管输出端子接线图

3. 继电器输出方式

图 17-13 是 SM322 的 16 点数字量继电器输出模板端子接线图，输出点导通时，通过背板总线接口和光耦合器，使模板内部对应的微型硬件继电器线圈通电，常开触头闭合，外部负载工作。输出点为 0 状态时，输出模板内部的微型继电器线圈断电，常开触头断开，外部负载工作停止。

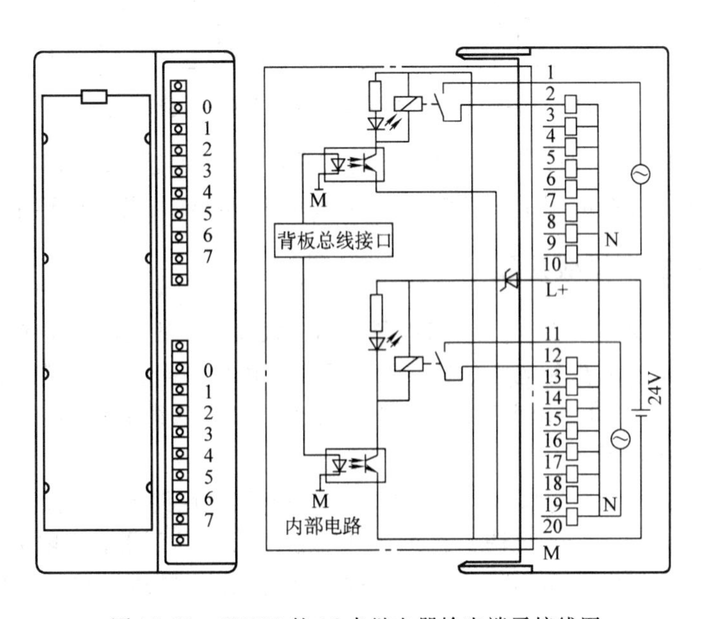

图 17-13　SM322 的 16 点继电器输出端子接线图

17.3.3 模拟量输入模板接线

生产过程中的模拟量主要有强电量和非电量两类。强电量有发电机电流、电压、有功功率、无功功率及功率因数等，非电量有温度、压力、流量、液位、含氧量及频率等。PLC 控制模拟量时需采用变送器将传感器提供的电量或非电量转换为标准直流电流或直流电压信号，例如 DC0 ~ 10V、4 ~ 20mA。

图 17-14 是 SM331 的 AI8 × 12 位模拟量输入模板的接线端子图。模拟量输入内部电路较为复杂，由多路开关、A-D 转换器（ADC）、光隔离器件、内部电源和各种逻辑电路组成，使用者不必深入掌握。

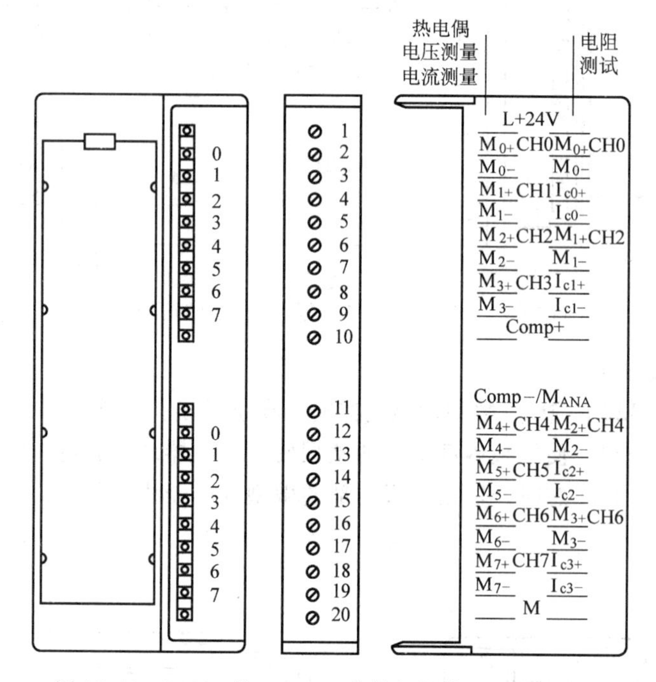

图 17-14 SM331 的 AI8 × 12 位模拟量输入接线端子图

图 17-15 是 SM331 的 AI8 × 12 位模拟量输入模板的外围接线实例图，其中图 17-15a 是 SM331 与四线变送器连接的端子接线图，图 17-15b 是 SM331 与热电阻连接的端子接线图。

17.3.4 模拟量输出模板接线

图 17-16 是 SM332 的 AO2 × 12 位模拟量输出模板通过 4 线回路连接负载的端子接线图。为负载和执行器件提供电流和电压的连接线采用屏蔽电缆或双绞线电缆，QV 和 S_+，M_{ANA} 和 S_- 分别绞接在一起，并将电缆两端的屏蔽层接地。如果电缆两端有电位差，则将电缆屏蔽层一点接地，以减轻干扰。

对于带隔离的模拟量输出模板，在 CPU 的 M 端和测量电路的参考点 M_{ANA} 之间没有电气连接。如果 M_{ANA} 点和 CPU 的 M 端子之间有电位差 U_{ISO}，则必须选用隔离型模拟量输出模板，在 M_{ANA} 端子和 CPU 的 M 端子之间用一根等电位连接导线连接，可以使 U_{ISO} 不超过允许值。

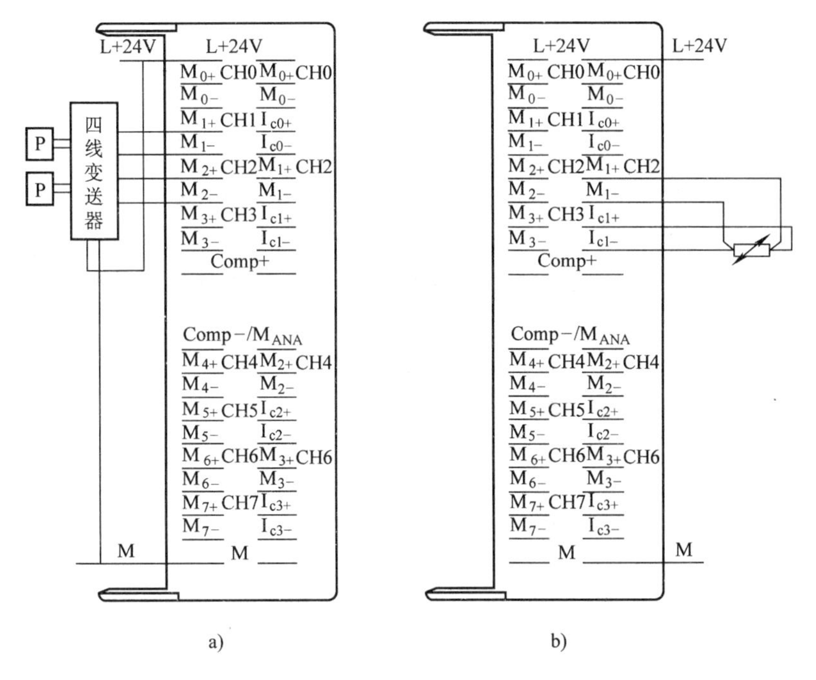

图 17-15　AI8×12 位 SM331 模拟量输入端子接线实例

a）SM331 与四线变送器连接　b）SM331 与热电阻连接

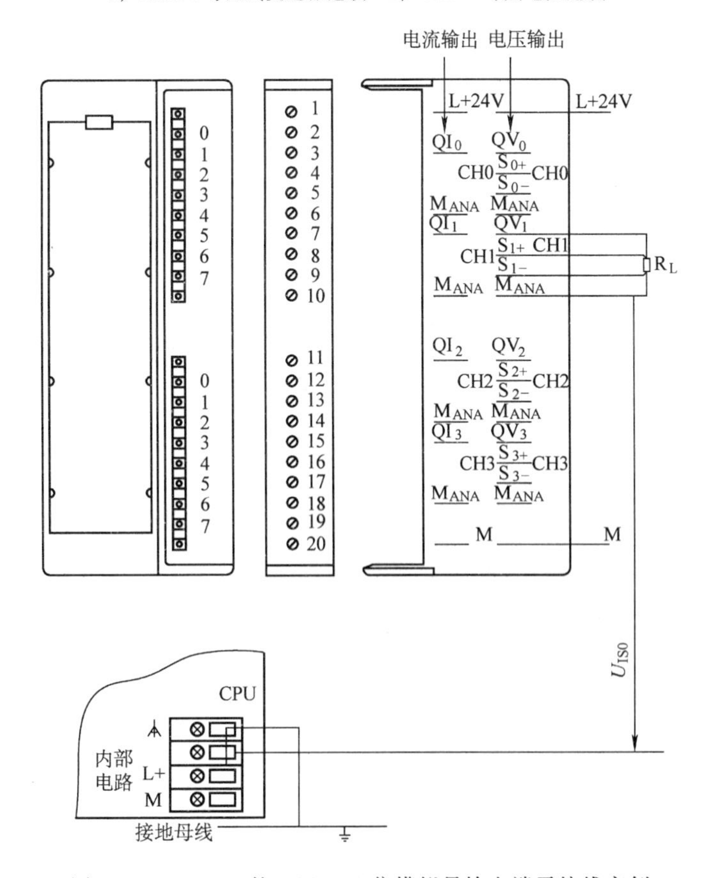

图 17-16　SM332 的 AO2×12 位模拟量输出端子接线实例

思 考 题

17-1 一个S7-300的PLC控制系统组成为CPU模板（CPU314），数字量输入模板（SM321 16×DC 24V）2块，数字量输出模板（SM322 16×DC 24V）1块，数字量输出模板（SM322 16×继电器输出）1块，模拟量输入模板（SM331 2AI）1块，模拟量输出模板（SM332 2AO）1块，高速计数器模板（SM350-1）1块。请进行机架组态，并确定各模板的编址号。

17-2 简述S7-300的机架组态方法和完成组态后的电源供给方法。

17-3 简述S7-300中符号名编址的特点和准则。

17-4 绘制一个S7-300模拟量输入模板外围接线的实例电路。

17-5 绘制一个S7-300数字量输出模板外围接线的实例电路。

第18章 S7-300指令系统

S7-300 PLC可使用梯形图（LAD）、语句指令程序（STL）及功能图块（FBD）等编程语言，还可根据控制任务需要选择其他的编程语言和组态工具，如连续功能图（CFC）、标准控制语言（SCL）、顺序控制流程图（S7-GRAPH）、状态图（S7-HiGraph）、高级语言S7 SLC和M7-Pro/C++等，最为常用的编程语言为梯形图（LAD）。

18.1 触头指令

18.1.1 常开触头对应指令

最基本的标准指令有三条，分别为A、O和=。其中A对应继电器控制电路中的串联连接，O对应继电器控制电路中的并联连接，=则对应相对应继电器控制电路中的线圈输出。A与O均对应控制电路中的常开触头。

18.1.2 常闭触头对应指令

AN和ON两条逻辑运算指令分别与常闭触头的串联连接与并联连接对应。有了以上五条指令，继电器控制电路能实现的功能均可在PLC控制系统中实现。

图18-1 电动机起停控制基本环节

例18-1 图18-1是电动机起停控制基本环节，编程元件地址分配为：起动按钮SB1—常开触头I0.0、停止按钮SB2—常闭触头I0.1、接触器线圈KM—Q4.0。请分别给出梯形图和语句指令程序。

解： 电动机起停控制的梯形图、功能块图和语句指令程序如图18-2所示。

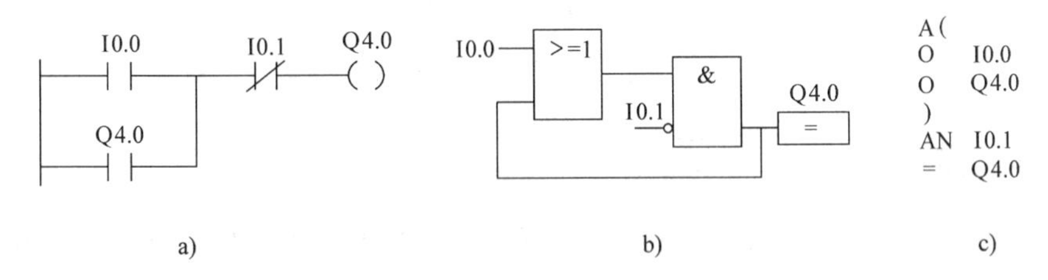

图18-2 电动机起停控制的PLC程序

a）梯形图 b）功能块图 c）语句指令程序

例18-2 图18-3是串并联复杂组合逻辑串的梯形图，请简述CPU的扫描顺序规则，编写语句指令程序。

解： 当控制逻辑串是串并联的复杂组合梯形图时，CPU的扫描顺序是“先与后或”，编写语句指令程序时须配合使用圆括号。

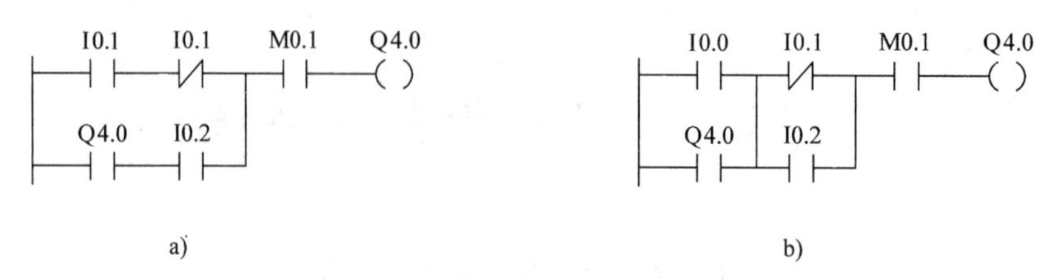

图 18-3 串并联复杂组合逻辑串的梯形图

a）先串后并的梯形图 b）先并后串的梯形图

1）图 18-3a 先串后并梯形图对应的语句指令程序为

```
A (
A    I0. 0
AN   I0. 1
O
A    Q4. 0
A    I0. 2
)
A    M0. 1
=    Q4. 0
```

2）图 18-3b 先并后串梯形图对应的语句指令程序为

```
A (
O    I0. 0
O    Q4. 0
)
A (
ON   I0. 1
O    I0. 2
)
A    M0. 1
=    Q4. 0
```

18. 1. 3 异或指令

如果两个触头刚好组成图 18-4 所示的控制电路，则形成了逻辑异或关系。相应的异或

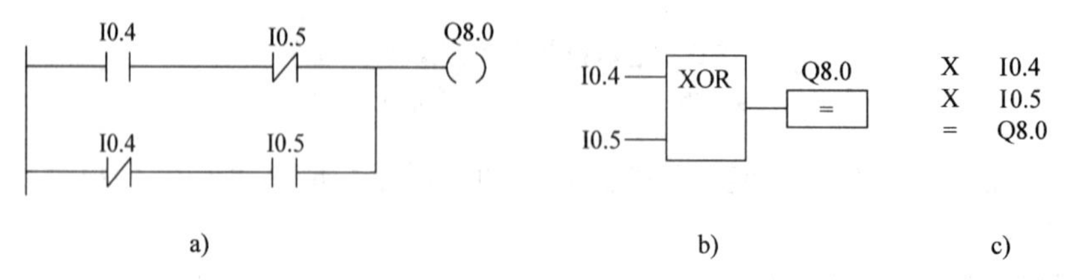

图 18-4 异或指令

a）梯形图 b）功能块图 c）语句指令程序

指令 XOR 重要性不如前述五条指令，虽然 XOR 指令使用时可以提供一些便利，但其逻辑结果用前述五条指令的组合也可实现。

18.1.4　控制触头与编程元件关系

PLC 输入接口端接入的控制触头有常开与常闭两种类型，控制触头类型将决定 PLC 内部触头常开与常闭的类型及其程序。

例 18-3　图 18-5 中，S7-300 输入端口上接入的控制按钮类型各不相同，图 18-5a 的 I1.0 与 I1.1 端口均接入常开按钮 SB1、SB2，图 18-5b 的 I1.0 端口接入常开按钮 SB1、I1.1 端口接入常闭按钮 SB2，图 18-5c 的 I1.0 与 I1.1 端口均接入常闭按钮 SB1、SB2。

现要求当按下 SB1、不按下 SB2 时，三种情况下均使 Q4.0 = 1，即灯都要亮，请设计各自的梯形图。

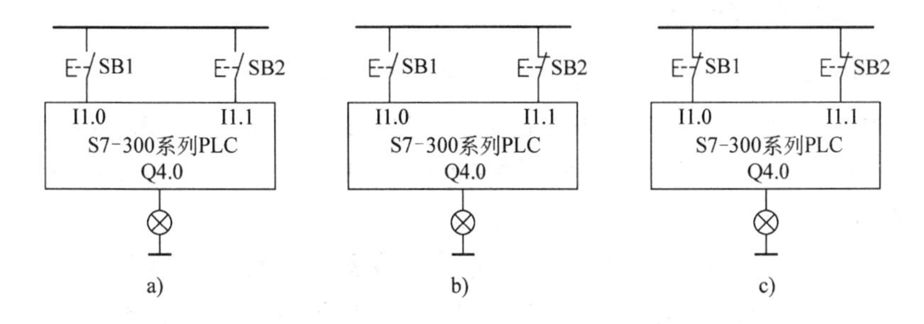

图 18-5　S7-300 输入端口接入不同类型按钮
a）接入两常开按钮　b）接入一常开一常闭按钮　c）接入两常闭按钮

解：各自的梯形图分别见图 18-6a、b、c。一般以图 18-6a 梯形图为逻辑分析基础，PLC 输入端口接入的常开按钮改接为常闭按钮时，相应的内部触头随之取反，即可保持 PLC 相应的输出值不变。

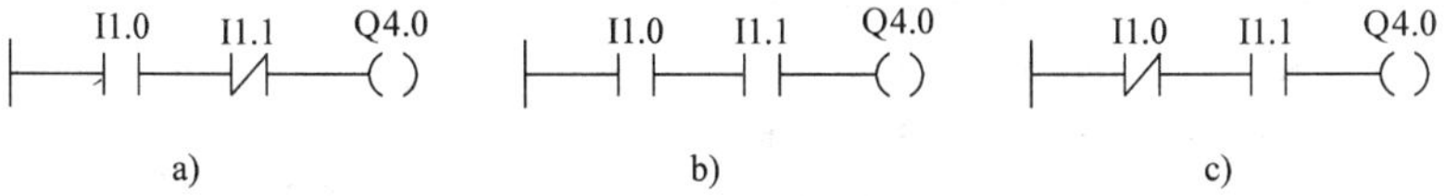

I1.0　I1.1　Q4.0　　　I1.0　I1.1　Q4.0　　　I1.0　I1.1　Q4.0

a)　　　b)　　　c)

图 18-6　控制触头与梯形图中编程元件的关系

18.2　置位复位指令

18.2.1　RLO 置位复位指令

图 18-7 是置位指令 S 和复位指令 R 的梯形图和语句指令程序，置位复位指令根据 RLO 的值确定。当 S 前面的 RLO 为 1 时，执行置位指令，相应地址的状态置为 1；RLO 为 0 时，不执行置位指令，相应地址保留原状态。

复位指令的功能是当 R 前面的 RLO 为 1 时，执行复位指令，相应地址的状态清 0；RLO 为 0 时，不执行复位指令，相应地址保留原状态。

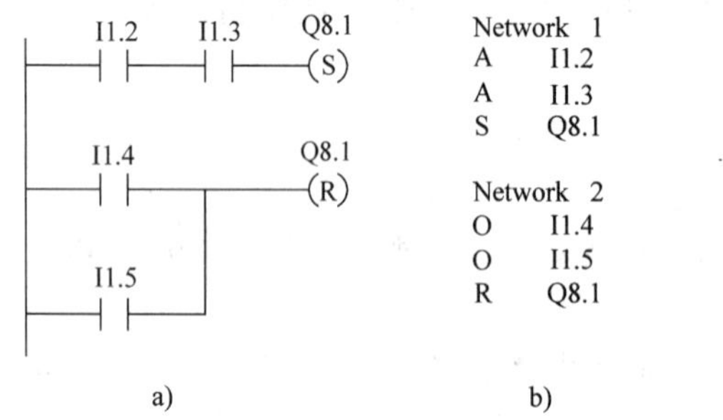

图 18-7 根据 RLO 结果置位与复位的指令

a）梯形图 b）语句指令程序

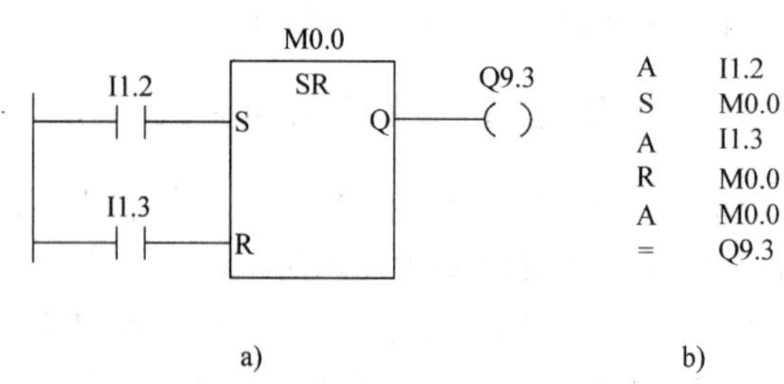

图 18-8 SR 触发器

a）SR 触发器梯形图 b）SR 触发器语句指令程序

18.2.2 复位优先触发器指令

图 18-8 是 SR 触发器，又称复位优先触发器。当图 18-8a 的 S 输入端接入的 I1.2 为 1、R 输入端接入的 I1.3 为 0 时，SR 触发器被置位，执行结果 M0.0 与 Q9.3 均为 1。

当 S 输入端接入的 I1.2 为 0、R 输入端接入的 I1.3 为 1 时，SR 触发器被复位，执行结果 M0.0 与 Q9.3 均为 0。

当输入端接入的 I1.2 和 I1.3 均为 1 时，SR 触发器先执行置位指令后，再执行复位指令，执行完后 SR 触发器被复位，执行结果 M0.0 与 Q9.3 均为 0。图 18-8b 为 SR 触发器的语句指令程序。

18.2.3 置位优先触发器指令

图 18-9 是 RS 触发器，又称置位优先触发器。当图 18-9a 的 R 输入端接入的 I1.4 为 1、S 输入端接入的 I1.5 为 0 时，RS 触发器被复位，执行结果 M0.0 与 Q9.3 均为 0。

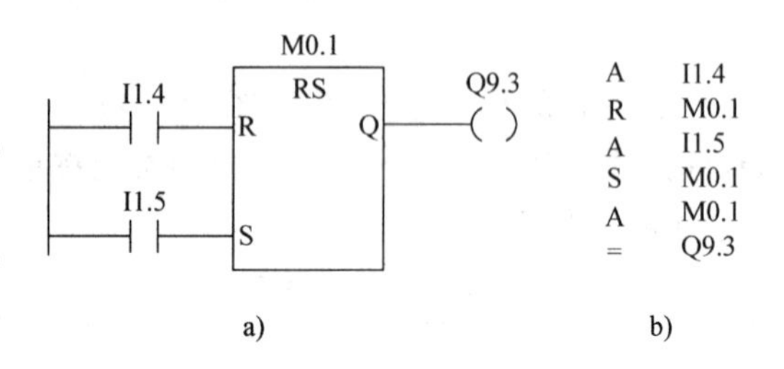

图 18-9 RS 触发器

a）RS 触发器梯形图 b）RS 触发器语句指令程序

当 R 输入端接入的 I1.4 为 0、S 输入端接入的 I1.3 为 1 时，RS 触发器被置位，执行结果 M0.0 与 Q9.3 均为 1。

当输入端接入的 I1.4 和 I1.5 均为 1 时，RS 触发器先执行复位指令后，再执行置位指令，执行完后 RS 触发器被置位，执行结果 M0.0 与 Q9.3 均为 1。图 18-9b 是 RS 触发器的语句指令程序。

18.3 跳边沿检测指令

18.3.1 RLO 跳边沿检测指令

图 18-10 是 RLO 跳变的上升沿和下降沿检测指令。当图 18-10a 梯形图第 1 支路（P）指令前面的 PLO 产生上升沿时，即当 I1.3 与 I1.0 的逻辑操作结果产生上升沿时，Q4.5 产生宽度等于一个扫描周期的脉冲。

类似地，当第 2 支路（N）指令前的 RLO 产生下降沿时，Q4.3 产生宽度等于一个周期的脉冲。图 18-10b、c 分别为 RLO 跳变上升沿和下降沿检测指令的时序图和语句指令程序。

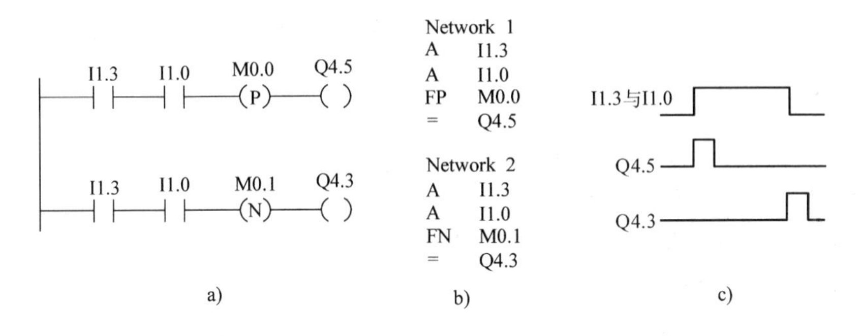

图 18-10　RLO 跳变的上升沿和下降沿检测指令

a）梯形图　b）时序图　c）语句指令程序

18.3.2　触头跳边沿检测指令

图 18-11 是触头跳变的上升沿和下降沿检测指令。在图 18-11a 上方的梯形图中，当 I1.0 为 1、I1.1 产生上升沿时，Q4.5 产生宽度等于一个扫描周期的脉冲。

类似地，在图 18-11a 下方的梯形图中，当 I1.0 为 1、I1.1 产生下降沿时，Q4.3 产生宽度等于一个周期的脉冲。图 18-11b 为触头跳变上升沿和下降沿检测指令的语句指令程序。

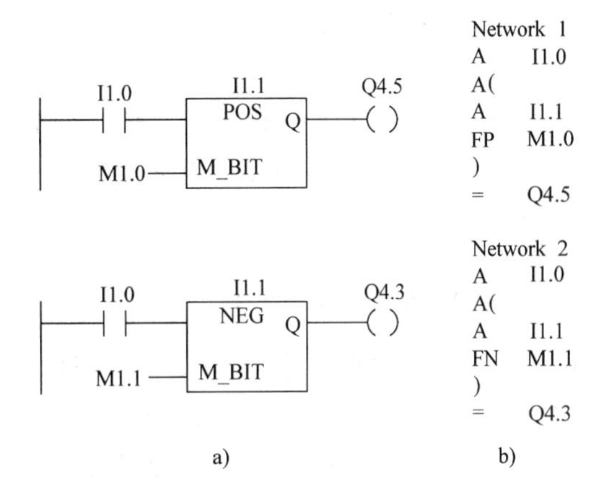

图 18-11　触头跳变的上升沿和下降沿检测指令

a）梯形图　b）语句指令程序

18.4　RLO 操作指令

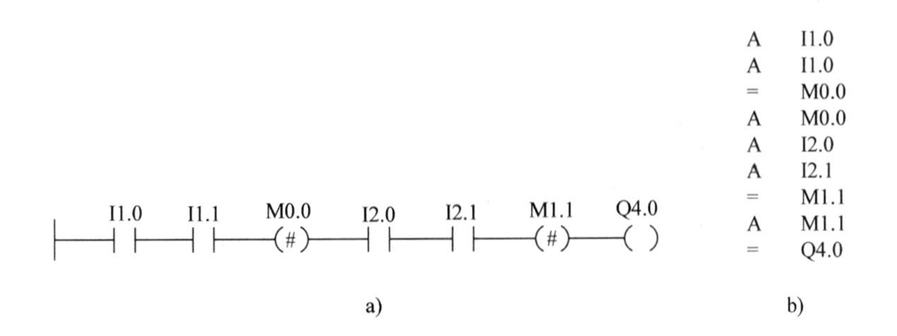

图 18-12　连接器指令

a）梯形图　b）语句指令程序

18.4.1 连接器指令

连接器指令的作用是把当前的 RLO 保存到指定地址，如图 18-12 所示。连接器指令在梯形图中位于一串逻辑指令的中间，但在语句指令程序中并没有增加新指令。

18.4.2 取反、清 0、置 1 指令

取反指令 NOT 的作用是将当前的 RLO 取反，如图 18-13 所示。清 0 指令 CLR 的作用是强行把 RLO 清 0。置 1 指令 SET 的作用是强行把 RLO 置 1。CLR 和 SET 指令仅在语句指令程序中出现，而在梯形图及功能块图中则不存在。

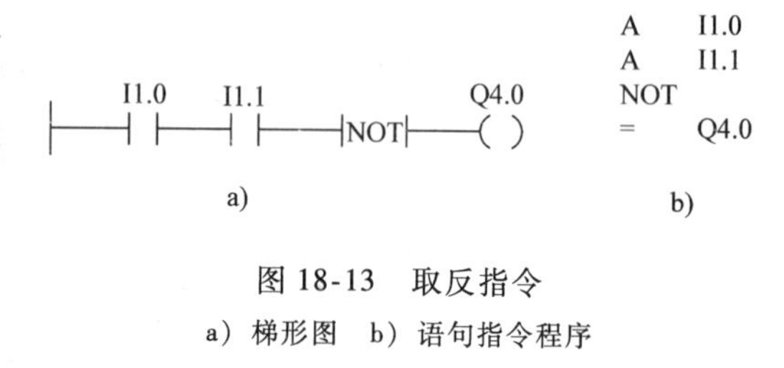

图 18-13 取反指令

a）梯形图 b）语句指令程序

18.5 定时计数指令

S7-300 有五种类型的定时器，三种类型的计数器。定时器与计数器的数量取决于 CPU 型号。定时器与计数器是 PLC 的重要编程元件，用于产生各种控制需要的时序，满足各种控制要求。

18.5.1 延时通定时器指令

图 18-14 是延时通定时器（SD）。梯形图中各输入输出端功能如下：

1）S——起动端，S7 的定时器采用跳边沿起动。

2）TV——设定值端，用于输入定时器的设定值，设定值的数据类型是 S5TIME，标识符为 S5T#。

3）R——复位端，当 R 前面的 RLO 为 1 时，定时器被复位清 0。

4）Q——触头输出端，受起动端 S 控制。

5）BI——当前值输出端，输出定时器的当前值。

6）BCD——当前值的 BCD 码，输出定时器当前值的 BCD 码。在梯形图中，S 端与 TV 端必须填写，其余部分可以根据需要取舍。

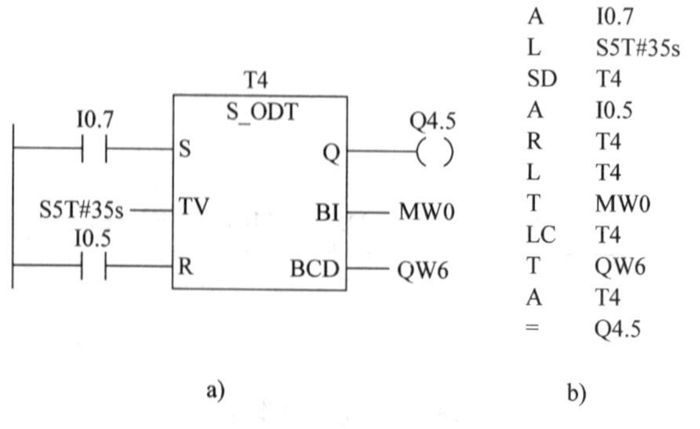

图 18-14 延时通定时器（SD）

a）梯形图 b）语句指令程序

当常开触头 I0.7 由 0 变为 1 而产生 RLO 的上升沿时，定时器 T4 开始 35s 计时。定时器的当前时间值等于预置值（TV，本例为 35s）减起动后的时间。如果 I0.7 保持为 1，35s 计时到达后，Q4.5 由 0 变 1，35s 计时到达后若 S 端的 RLO 又变为 0，则定时器复位，Q4.5 随之变为 0。

若 35s 计时时间未到达时，S 端由 1 变为 0，则定时器 T4 停止计时，当前时间值保持不变，Q4.5 没有反应。一旦 S 端又由 0 变为 1 而产生上升沿时，定时器 T4 重新起动，从预置值（35s）开始计时。

复位端 R 前 I0.5 变为 1 时，定时器 T4 复位，计时预置值和输出触头 Q4.5 均被清 0。

18.5.2　锁存型延时通定时器指令

图 18-15 是锁存型延时通定时器（SS）。当常开触头 I0.7 由 0 变 1 而产生 RLO 的上升沿，则定时器 T4 开始 35s 计时，计时期间即使 S 端变为 0，计时仍然进行；计时到达后，输出端 Q4.5 变为 1 并保持。

若计时期间，输入端由 1 变 0，然后再由 0 变 1 时，产生新的上升沿，则定时器将被重新起动，从预置值（35s）开始计时。

不论 S 端是什么状态，只要复位端 R 前的 I0.5 变为 1 时，定时器 T4 复位，计时预置值和输出触头 Q4.5 均被清 0。

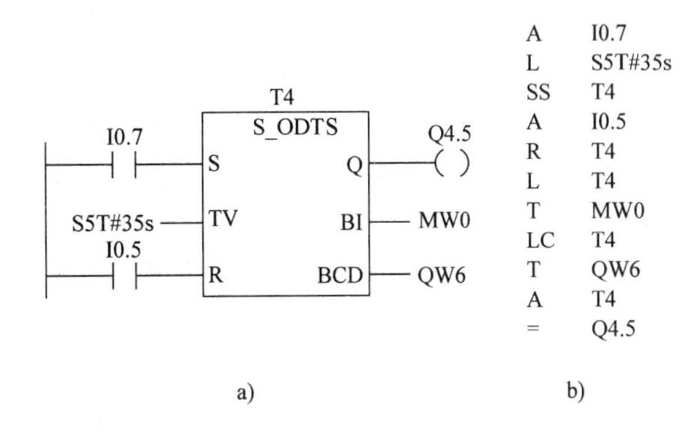

图 18-15　锁存型延时通定时器（SS）
a）梯形图　b）语句指令程序

18.5.3　延时断定时器指令

图 18-16 是延时断定时器（SF）。当常开触头 I0.7 由 0 变 1 而产生 RLO 的上升沿时，Q4.5 变为 1。I0.7 由 1 变为 0 而产生下降沿时，定时器 T4 开始 35s 计时，计时到达后，预置值与 Q4.5 均变为 0。

若 35s 计时时间未到达时，S 端又由 0 变为 1，则定时器 T4 预置值保持不变并停止计时。此时若 I0.7 又重新变为 0 产生新的下降沿，定时器 T4 重新起动，并从预置值（35s）开始计时。

复位端 R 前 I0.5 变为 1 时，定时器 T4 复位，计时预置值和输出触头 Q4.5 均被清 0。

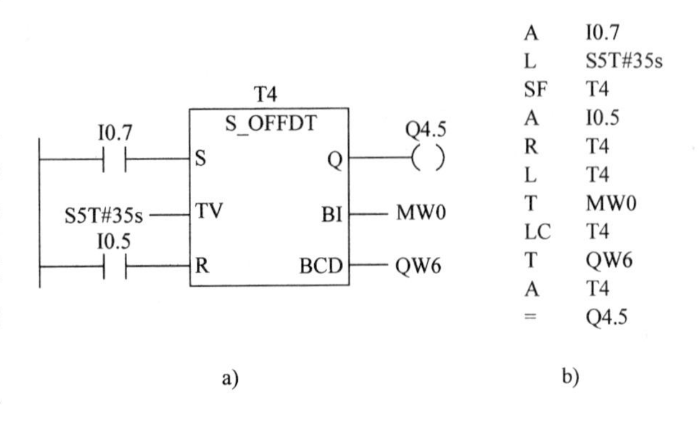

图 18-16　延时断定时器（SF）
a）梯形图　b）语句指令程序

18.5.4 脉冲定时器指令

图 18-17 是脉冲定时器（SP）。当 I0.7 由 0 变为 1 而产生上升沿时，T4 开始 35s 计时，输出 Q4.5 变为 1。计时到达后，当前时间值和 Q4.5 均变为 0。

计时期间如果 I0.7 变为 0，或者 R 端的 I0.5 变为 1，则 T4 计时停止，计时预置值和输出触头 Q4.5 均被清 0。

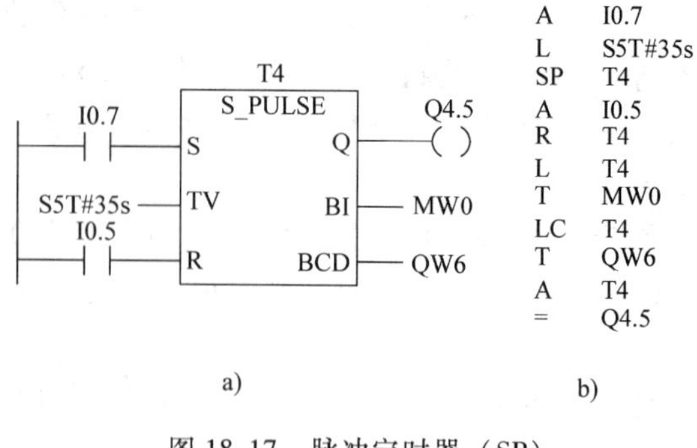

图 18-17 脉冲定时器（SP）

a）梯形图 b）语句指令程序

18.5.5 脉冲扩展定时器指令

图 18-18 是脉冲扩展定时器（SE）。当 S 端由 0 变为 1 而产生上升沿时，T4 开始计时，Q4.5 保持为 1，计时到达后，Q4.5 变为 0。

计时期间即使 S 端由 1 变为 0，仍继续计时，Q4.5 保持为 1 直至计时结束。但如果 S 端再次由 0 变为 1，则 T4 重新起动并从预置时间开始计时。

R 端由 0 变为 1 时，T4 被复位并停止计时。复位后 Q4.5 变为 0，当前时间和计时预置值均清 0。定时器指令还有简化形式，如图 18-19 所示。

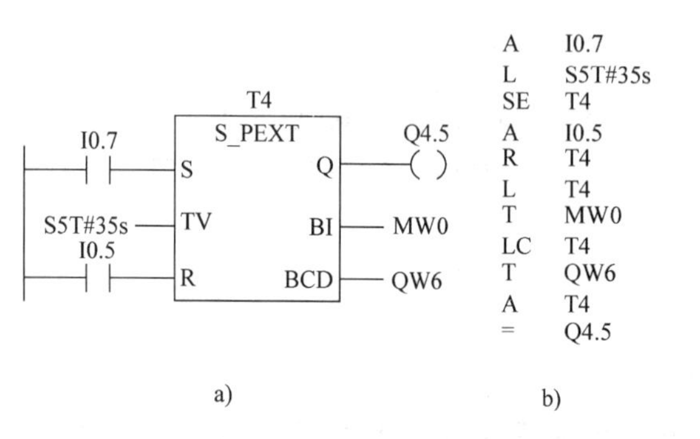

图 18-18 脉冲扩展定时器（SE）

a）梯形图 b）语句指令程序

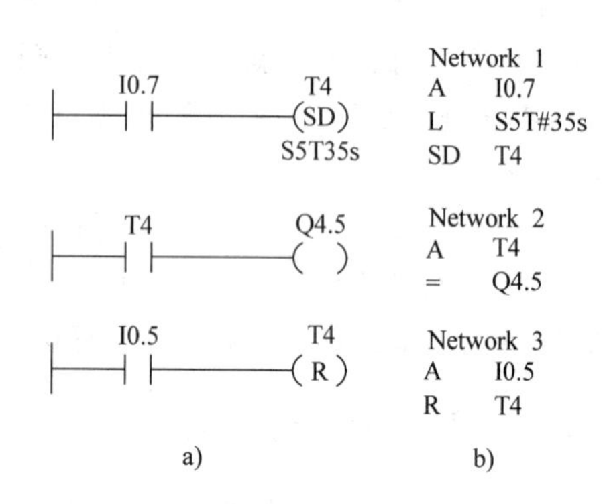

图 18-19 延时通定时器指令简化形式

a）梯形图 b）语句指令程序

例 18-4 用 S7-300 控制指示灯 HL1，当控制按钮 SB1 按下时，HL1 以 2s 熄灭、1s 亮交替闪烁。设计相应的 PLC 程序。

解： 1）分配控制系统编程元件：按钮 SB1——I0.0；指示灯 HL1——Q4.0；延时通定时器 T1——计时预置值为 1s；延时通定时器 T2——计时预置值为 2s。

2）采用延时通定时器简化指令，其梯形图和语句指令程序如图 18-20 所示。

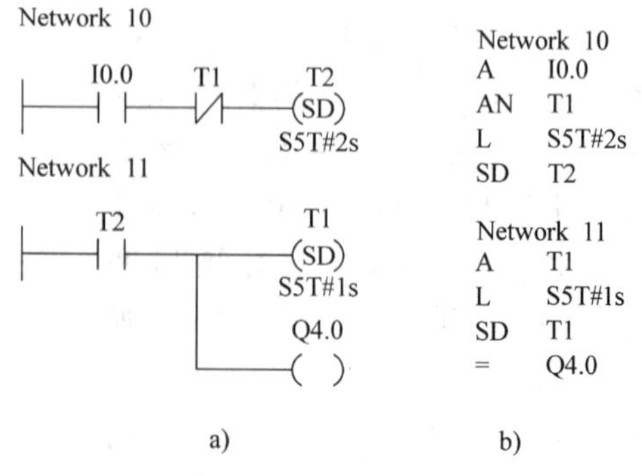

图 18-20 两个延时通定时器控制指示灯闪烁

a）梯形图 b）语句指令程序

18.5.6　计数器指令

STEP 7 中有三种计数器，分别为加减计数器（S_ CUD）、加计数器（S_ CU）和减计数器（S_ CD），如图 18-21 所示。

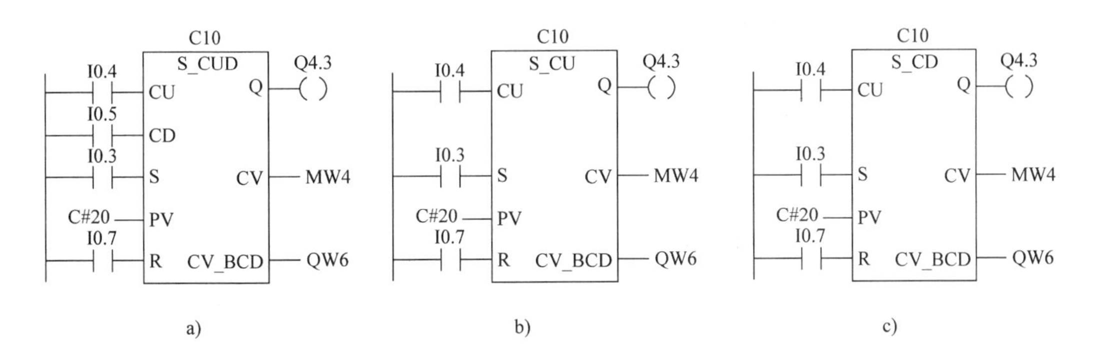

图 18-21　S7-300 的计数器指令
a）加减计数器　b）加计数器　c）减计数器

1. 输入输出端功能

以图 18-21a 的加减计数器为例，梯形图中各输入输出端功能如下：

1）CU——加计数输入端，当 CU 前的 RLO 产生上升沿时，计数器当前值加 1。

2）CD——减计数输入端，当 CD 前的 RLO 产生上升沿时，计数器当前值减 1。

3）S 和 PV——二者是一对，当输入端 S 前的 RLO 有上升沿时，把 PV 输入端前的预置数（如 C#20）作为当前值写入计数器。

4）R——复位输入端，R 为 1 时，计数器被复位清 0，计数器当前值和输出端均被清 0，计数器不能工作。

5）Q——Q 与当前值相关，当前值为 0，则 Q =0，当前值不为 0，则 Q =1。

6）CV——输出计数器当前值。

7）CV_BCD——输出当前值的 BCD 码。图 18-22 是加减计数器指令的简化形式。

2. 当前值与预置数用法

计数器当前值范围为 0 ~ 999。到了 999 不再往上加，即 999 + 1 = 999；到了 0 也不再往下减，即 0-1 = 0。因此计数器当前值要特别注意 0 和 999 处丢失脉冲。PV 前面的数称为预置数，而不是计数到的设定值。S7 的计数到通过以下两种方式实现：一是先把预置数送入计数器，减计数时当减至 0，Q 产生动作，从 1 变为 0；二是加计数时，把计数器当前值（BIN 码）送出去与某个常数进行比较，比较的结果产生一个动作。

18.6　移位指令

18.6.1　左右移位指令

左右移位指令的作用是将累加器 1 的低字或累加器 1 的全部内容左移或右移若干位。

1. 左移位指令

图 18-23 是 SHL_W（语句指令为 SLW）左移位指令示例，其作用是将累加器 1 低字中的 16 位字逐位左移，空出的位添 0。

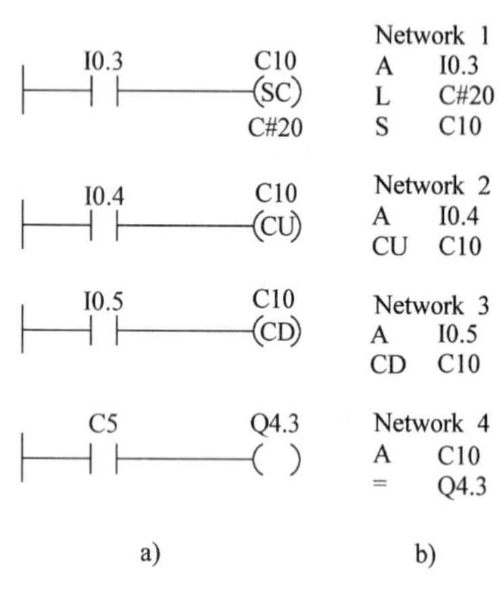

图 18-22 加减计数器指令简化形式
a）梯形图 b）语句指令程序

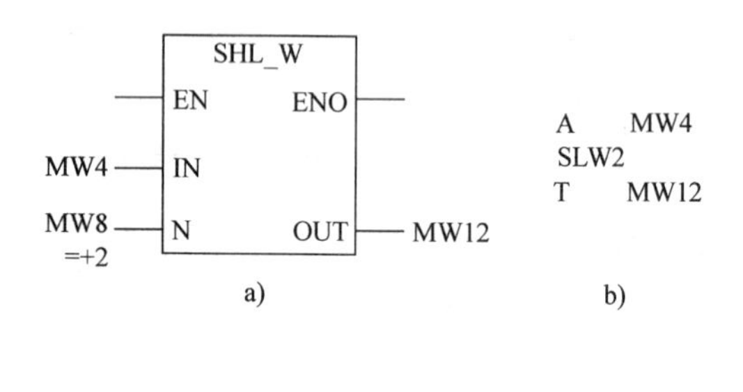

图 18-23 字移位 2 位左移指令示例
a）梯形图 b）语句指令程序

梯形图中移位的位数通常用指令中的参数 N 指定。16 位数的移位位数允许值为 0～15，32 位数的移位位数 N 允许值为 0～31。移位的位数还可通过累加器 2 的最低字节位指定（此时可移位的允许值为 0～255）。参数 N 指定为 0 时，移位指令被当做空操作（NOP）指令执行。

程序执行完成后的移位结果如图 18-24 所示。移位后的两位低位的空位由 0 补充，移位前的最高两位则溢出。

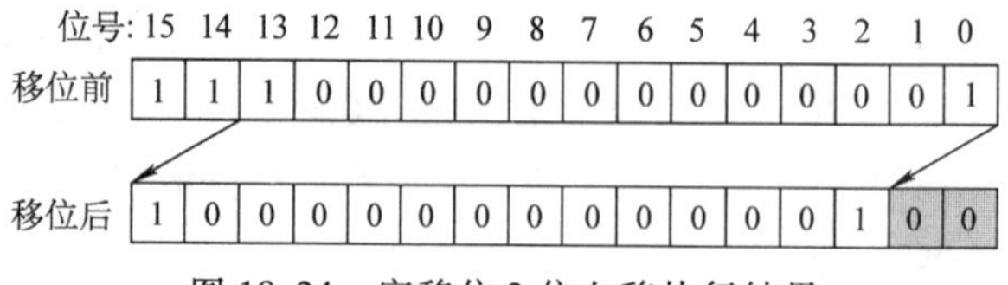

图 18-24 字移位 2 位左移执行结果

2. 其余左移位指令

除了 SHL_W（语句指令程序为 SLW）左移位指令外，还有如下指令：

1）SHR_I（SSI）——将累加器 1 低字中的有符号整数逐位右移，空出的位添上与符号位相同的数。

2）SHR_DI（SSD）——将累加器 1 中的有符号双整数逐位右移，空出的位添上与符号位相同的数。

3）SHR_W（SRW）——将累加器 1 低字中的 16 位字逐位右移，空出的位添 0。

4）SHL_DW（SLD）——将累加器 1 中的双字逐位左移，空出的位添 0。

5）SHR_DW（SRD）——将累加器 1 中的双字逐位右移，空出的位添 0。

3. 右移位指令

图 18-25 是有符号数右移指令示例，移位位数定义为 3 位，右移后最高 3 位空

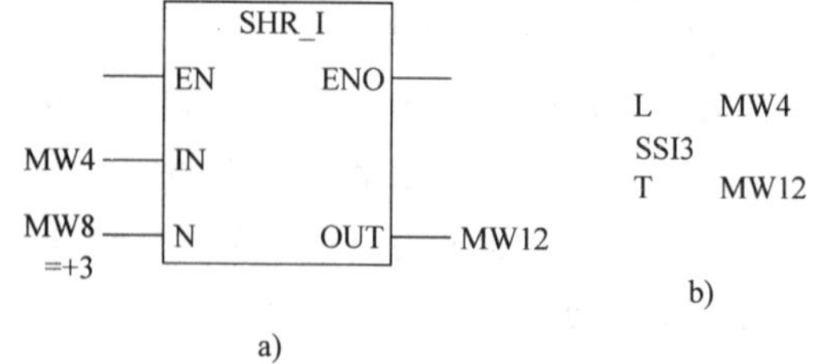

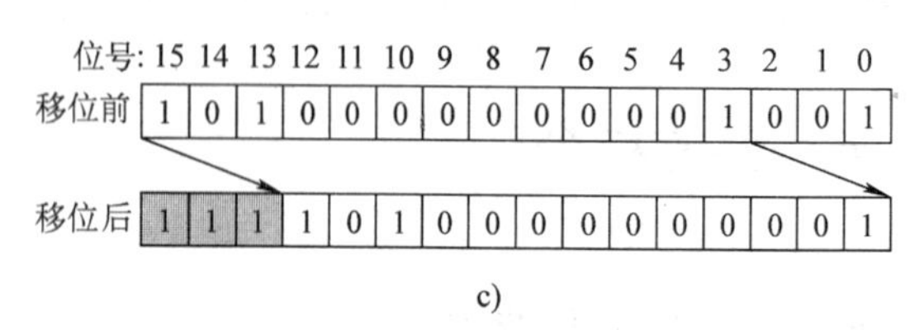

图 18-25 有符号数右移指令示例
a）梯形图 b）语句指令程序 c）右移指令执行结果

出来后由表示该数符号的数 1 补充，最低 3 位则溢出。

18.6.2　循环移位指令

循环移位指令的作用是将累加器 1 的整个内容逐位循环左移或右移若干位，从累加器 1 移出的位又送回另一端空出的位。

图 18-26 是双字节循环左移位指令 ROL_DW（语句指令为 RLD）示例，移位的位数被定义为 4 位，最高 4 位移出后添至最低 4 位左移后的空位上，移位结果如图 18-27 所示。累加器 1 中双字节循环右移位指令为 ROR_DW（RRD），移位指令在生产线顺序控制中有重要作用。

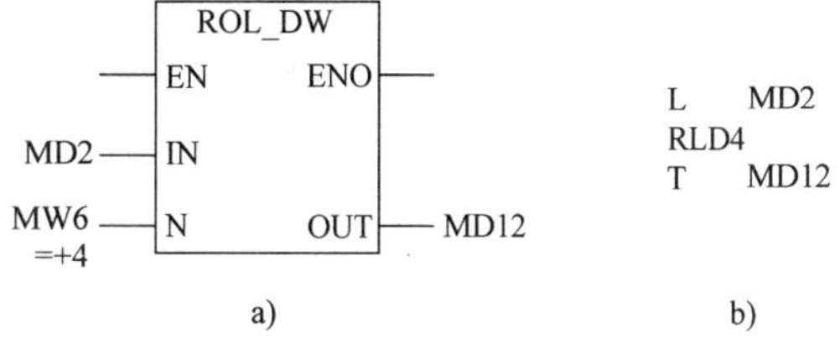

图 18-26　双字循环左移 4 位指令示例
a）梯形图　b）语句指令程序

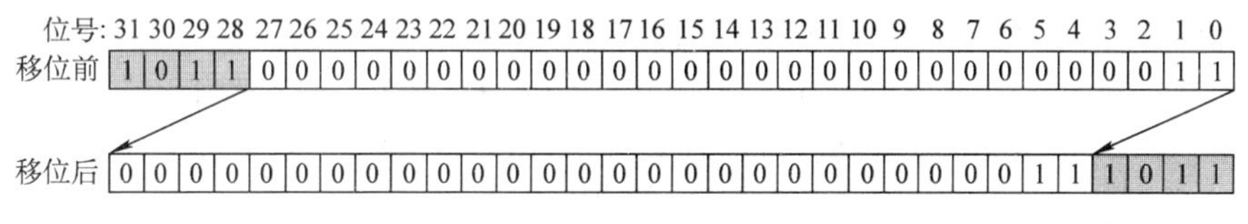

图 18-27　双字循环左移 4 位指令的移位结果

18.7　跳转指令

没有执行跳转指令时，各条指令语句按从上到下的顺序逐条执行，这种执行方式称为线性扫描。跳转指令的作用是中断程序的线性扫描，跳转到指令中的地址标号所在的目的地址，程序不执行跳转指令与标号之间的指令而继续按线性扫描方式执行标号处之后的程序。跳转既可以从上往下，也可以从下往上。

18.7.1　无条件跳转指令

无条件跳转指令 JU 可以无条件中断程序的线性扫描，跳转到标号所在的目的地，如图 18-28 所示。

跳转标号最多可以有 4 个字符，第一个字符必须是字母或“_”。跳转可以往前跳，也可以往后跳，但必须在同一程序块内，跳转跨度不能超过 64KB，同一程序块内跳转标号不能重名。

多分支跳转指令 JL 必须与无条件跳转指令一起使用，其路径参数存放在累加器 1 中。

18.7.2　有条件跳转指令

有条件跳转指令前面必须与触头相连接，触头的 RLO 形成跳转的条件，如图 18-29 所示。有条件跳转指令也要与标号结合使用。

S7-300 中的有条件跳转指令如下：

1）JC——当 RLO = 1 时跳转。

2）JCN——当 RLO = 0 时跳转。

3）JCB——当 RLO = 1 且 BR = 1 时跳转，指令执行时将 RLO 保存在 BR 中。

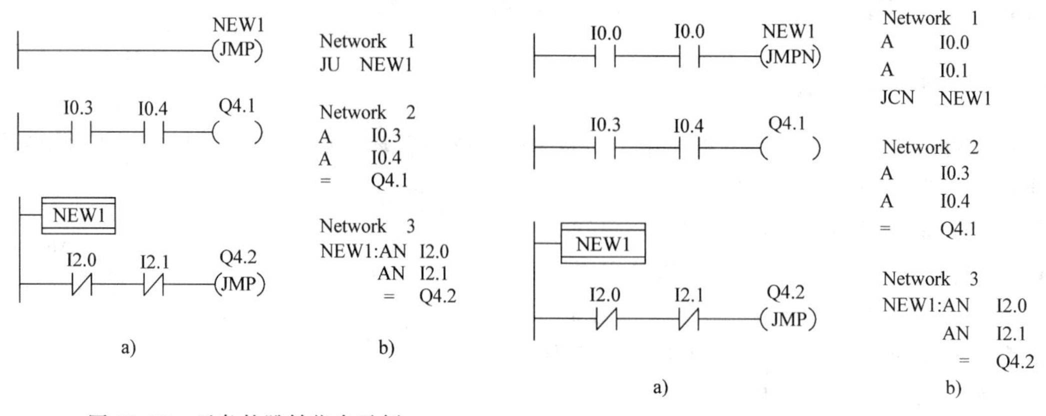

图 18-28 无条件跳转指令示例
a）梯形图 b）语句指令程序

图 18-29 有条件跳转指令示例
a）梯形图 b）语句指令程序

4）JNB——当 RLO =0 且 BR =0 时跳转，指令执行时将 RLO 保存在 BR 中。

5）JBI——当 BR =1 时跳转，指令执行时，OR、FC 清 0，STA 置 1。

6）JNBI——当 BR =0 时跳转，指令执行时，OR、FC 清 0，STA 置 1。

7）JO——当 OV =1 时跳转。

8）JOS——当 OS =1 时跳转。

9）JZ——累加器 1 中的计算结果为 0 时跳转。

10）JN——累加器 1 中的计算结果为非 0 时跳转。

11）JP——累加器 1 中的计算结果为正时跳转。

12）JM——累加器 1 中的计算结果为负时跳转。

13）JMZ——累加器 1 中的计算结果为非正（小于等于 0）时跳转。

14）JPZ——累加器 1 中的计算结果为非负（大于等于 0）时跳转。

15）JUO——实数溢出跳转。

思 考 题

18-1 说明图 18-30 所示的 S7-300 常用的编程元件功能与梯形图符号。

18-2 简述列举 STEP 7 编程语言种类和各自的使用场合。

18-3 简述 S7-300 系列 PLC 的置位复位指令与 RS 触发器指令间的差异。

18-4 图 18-30 是机床工作台运动示意图，工作台由交流电动机驱动。按下 SB1，电动机驱动工作台运动；工作台运动至极限位置时，由行程开关 SQ1 或 SQ2 检测并发出停止前进指令，同时自动发出返回指令。只要不按停止按钮 SB2，工作台继续自动往复运动。要求电动机采用过热继电器进行过载保护，请编制 S7-300 系列 PLC 控制的 PLC 梯形图。

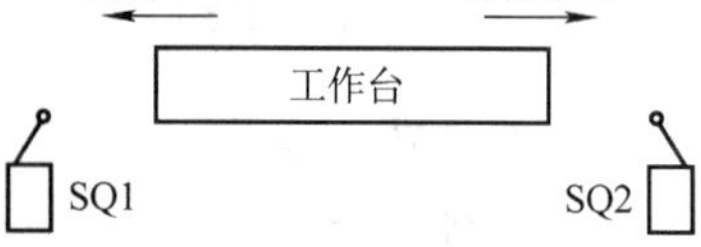

左行KM1
右行KM2
工作台
SQ1
SQ2

图 18-30 机床工作台运动示意图

18-5 列举 S7-300 中主要定时器的类型并绘制各自的梯形图指令。

18-6 控制一只信号灯 HL，要求当开关 SQ1 通后，该灯以灭 1s、亮 2s 的频率不断闪烁，设计 S7-300 系列 PLC 的控制程序。

第 19 章　STEP 7 线性化编程

S7-300 系列 PLC 的线性编程方式是指将用户程序全部写入 OB1（组织块）中，操作系统自动按顺序扫描处理 OB1 中的每一条指令并不断地循环。这种编程方式简单明了，适合简单的控制任务。线性编程方式的主要缺点是浪费 CPU 资源，因在这种编程方式下，CPU 在每个扫描周期要处理程序中的每一条指令，而实际上许多指令并不需要处理。

19.1　创建项目

19.1.1　创建实例

图 19-1 是异步电动机星-三角减压起动的主电路和 PLC 的外部接线图。由于控制用 PLC 程序简单，所以采用线性化编程方式。

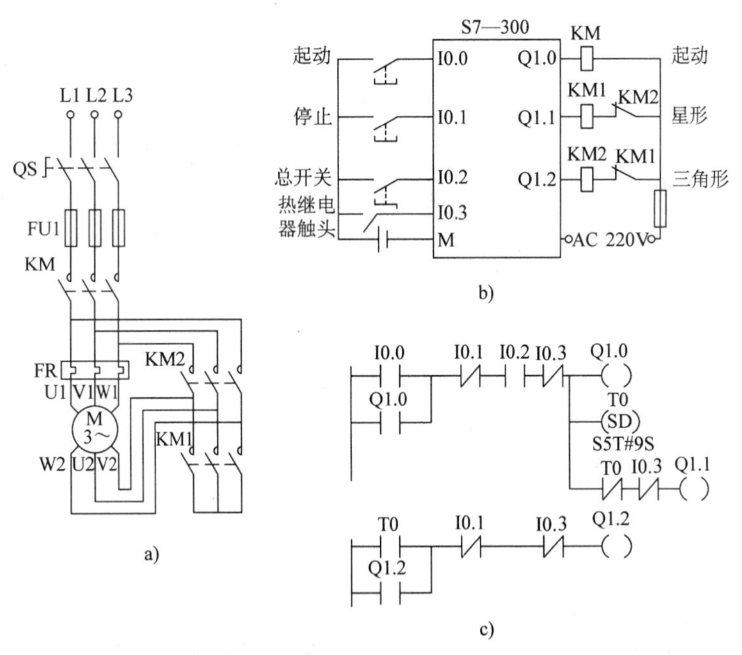

图 19-1　异步电动机星-三角减压起动的主电路和 PLC 的外部接线图

a）控制主电路　b）PLC 外部接线图　c）PLC 控制梯形图

STEP 7 是应用于 S7-300 系列 PLC 的编程软件，在该软件中，常用梯形图（LAD）、语句指令（STL）及功能块图（FBD）三种编程语言编写 PLC 程序。三种编程语言可独立和混合使用，系统可为用户进行语言间的相互转化。SIEMENS 公司还有一套仿真软件 SIMATIC S7-PLCSIM，可以在 PC 上仿真一台 S7-300 PLC，用于用户测试 PLC 程序的运行状态及校验用户编写的 PLC 程序。

编制 PLC 程序实现控制任务称为做项目。在 STEP 7 软件中，应用编程的第一步就是创建项目。下面是创建异步电动机星-三角减压起动控制项目的示例。

19.1.2 创建步骤

双击 STEP 7 图标，进入图 19-2 所示的新项目创建过程。第 4 步为选择 CPU 型号，异步

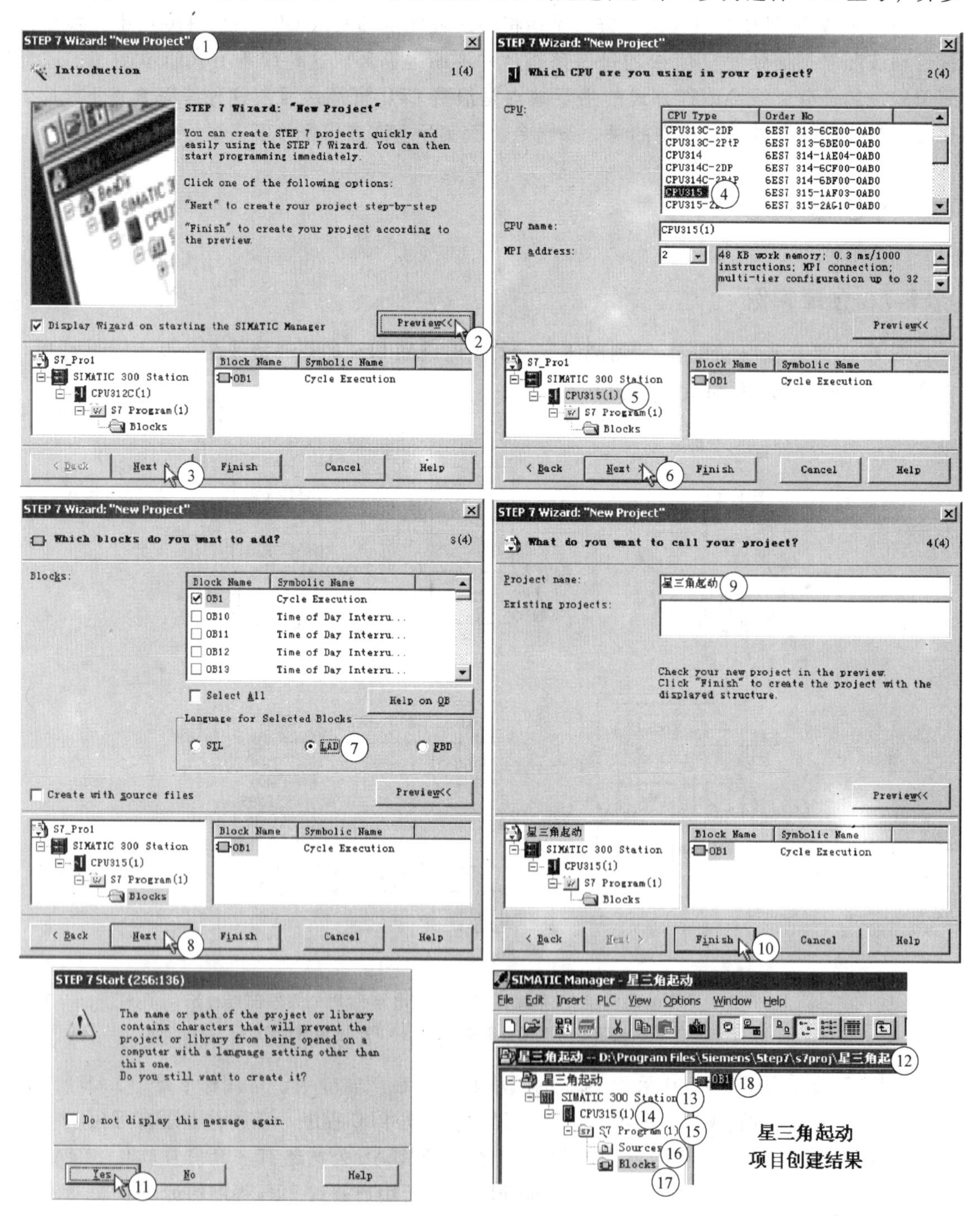

图 19-2 新项目创建过程

电动机星-三角起动的 S7-300 控制选用 CPU315 型 CPU 模板。第 7 步为选择编程语言，单击 LAD 前面的单选按钮，选择编程语言为 LAD（梯形图）。第 9 步为对项目命名，在项目名称（Project name）文本框内输入“星三角起动”。至 11 步完成创建项目全过程。

19.1.3　项目结构

星-三角起动项目创建结果如图 19-2 中的⑫所示，图中标题栏显示“星三角起动--D：\Program Files\Siemens\ Step 7\s7proj\星三角起”。用户还可通过 File 下拉菜单内的 Save project as 命令将创建的项目另存到磁盘的其他位置。

项目界面左框架栏显示已创建的星-三角起动项目的结构，星-三角起动项目的下一级目录是 SIMATIC 300 Station（站名，见⑬），SIMATIC 300 Station 的下一级目录是 CPU315（1）（已确定的 CPU 型号，见⑭），CPU315（1）的下一级目录为 S7-Progrom（1）（表示该项目所用 CPU 中将运行的 S7 程序，见⑮），S7-Progrom（1）的下一级目录为 Sources（资源，见⑯）与 Blocks（程序块，见⑰），选中 Blocks，右框架栏显示了当前仅创建了一个程序块 OB1（见⑱）。

19.2　机架硬件组态

19.2.1　机架硬件配置

以异步电动机星-三角减压起动 PLC 控制系统为例，其机架硬件配置如图 19-3 所示，机架 0 上由电源模板（PS307 2A）占用 1 号槽、CPU 模板（CPU315）占用 2 号槽、接口模板（IM360）占用 3 号槽、4 号槽用于数字量 8 点输入 8 点输出模板（SM323DI8/DO8）。

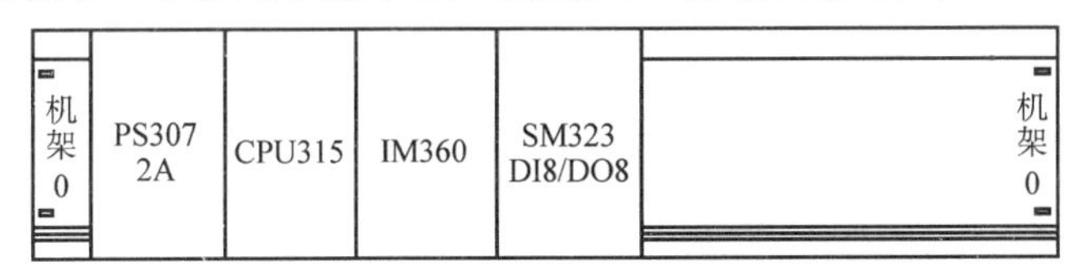

图 19-3　星-三角起动 PLC 控制的机架硬件

项目生成后需在 STEP 7 中进行机架硬件组态，即生成一个与机架上实际的硬件配置一致的硬件系统。图 19-4 所示在星-三角起动项目的下一级目录 SIMATIC 300 Station（站名，见①）内有硬件（Hardware）图标（见②），双击后即可进入机架硬件组态窗口。机架硬件组态窗口标题栏显示“（0）UR”（见③），表示进入机架 0 的硬件组态界面。

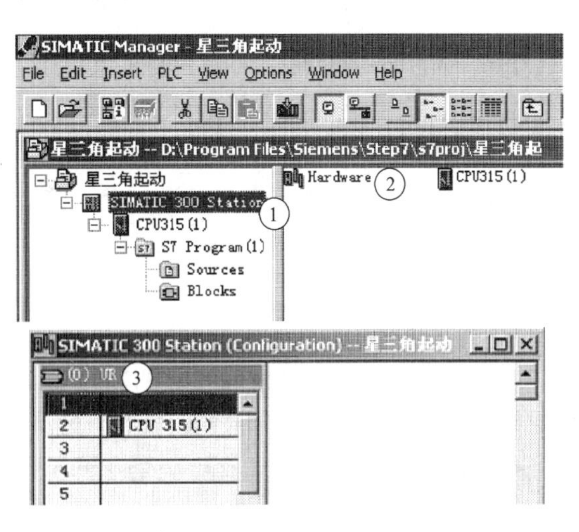

图 19-4　进入硬件组态界面过程

1. 硬件组态 1 号槽

图 19-5 所示为硬件组态 1 号槽过程，第 1 步右击硬件组态表的第 1 行，至第 5 步完成组态。

2. 硬件组态 2 号槽

图 19-6 所示为硬件组态 2 号槽过程，第 1 步右击硬件组态表的第 2 行，第 4 步选择 CPU 的具体型号为 6ES7 315-1AF01-0AB0，至第 5 步完成组态。

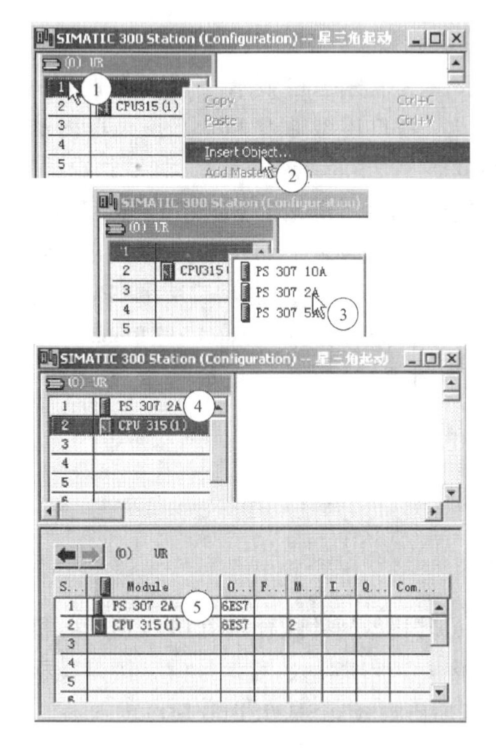

图 19-5 硬件组态 1 号槽过程

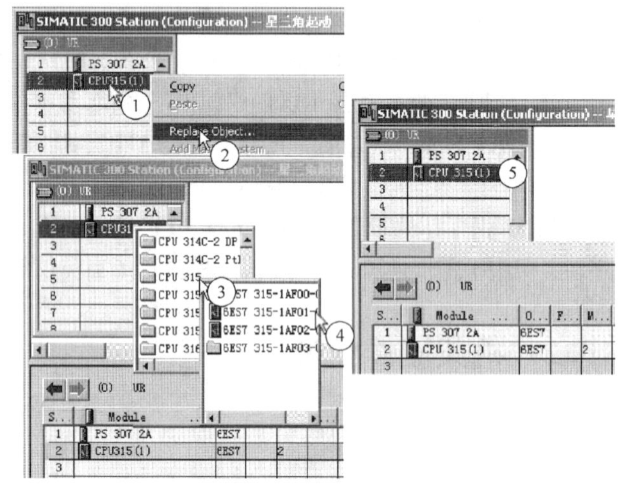

图 19-6 硬件组态 2 号槽过程

3. 硬件组态 3 号槽

图 19-7 所示为硬件组态 3 号槽过程，第 1 步右击硬件组态表的第 3 行，第 3 步选择第一行中的“IM 360 IM S”，至第 4 步完成组态。本例因只有机架 0，不需要进行机架间的信号传输，所以 3 号槽也可以不配置接口模板。

4. 硬件组态 4 号槽

图 19-8 所示为硬件组态 4 号槽过程。第 1 步右击硬件组态表的第 4 行，第 6 步选数字量输入输出模板型号为 DI8/DO8 ×24V/0.5A，至第 6 步完成组态。

19.2.2 模板参数设置

S7-300 各种模板的参数都可用 STEP 7 编程软件设置。以 CPU 模板的参数设置为例，在 STEP 7 的 SIMATIC 管理器中单击站中的硬件（Hardware）图标进入硬件组态窗口，右击 CPU 模板所在行（即硬件组态表的第 2 行），选择 Object Properties…，弹出属性（Properties）对话框，如图 19-9 所示。可在该对话框中选择 General、Startup、Cycle/Clock Memory 等选项卡，对 CPU 的各种参数进行设置。

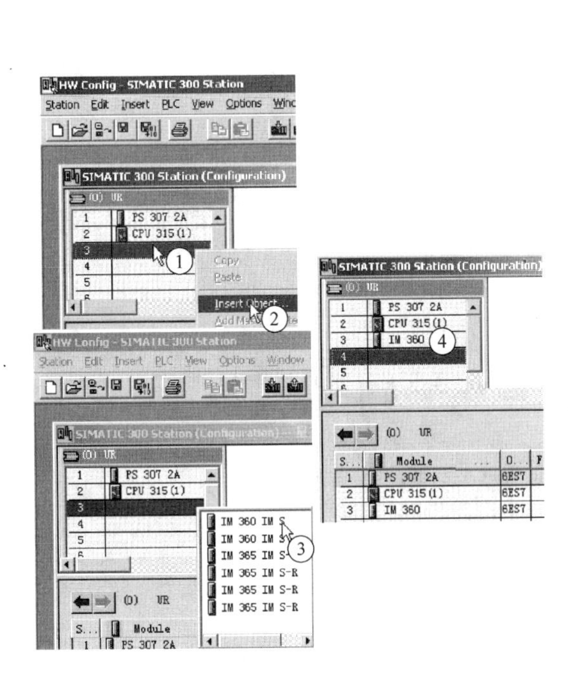

图 19-7　硬件组态 3 号槽过程

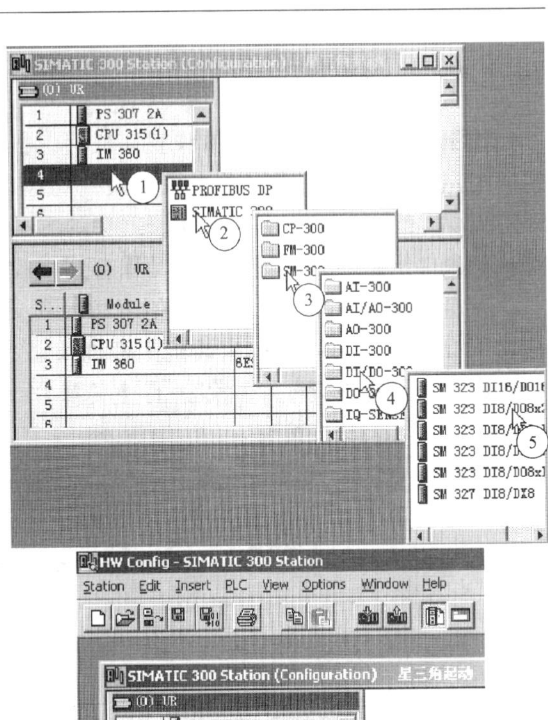

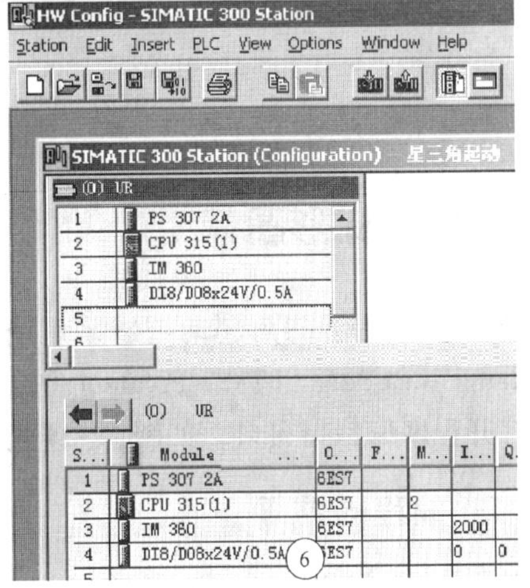

图 19-8　硬件组态 4 号槽过程

Properties - CPU 315 - (R0/S2)

Time-of-Day Interrupts | Cyclic Interrupt | Diagnostics/Clock | Protection
General | Startup | Cycle/Clock Memory | Retentive Memory | Interrupts

Short　CPU 315

48 KB work memory; 0.3 ms/1000 instructions; MPI connection; multi-tier configuration up to 32 modules, firmware V1.0

Order No.:　6ES7 315-1AF03-0AB0

Name:　CPU315(1)

Interface
Type:　MPI
Address:　2
Networked:　No　Properties...

Comment:

OK　Cancel　Help

图 19-9　CPU 参数设置对话框

19.2.3 组态下载

控制系统中各模板的参数设置完成后，机架硬件组态任务也就完成。随后需将机架硬件组态信息下载到 CPU 中。单击机架硬件组态窗口工具栏中的 Save 按钮，如图 19-10 所示，即可以保存当前的组态；单击工具栏中的 Save Compile 按钮，可在保存机架硬件组态的同时将机架硬件组态及其设置参数自动保存到生成的系统数据块（SDB）中。

存盘完成后，单击工具栏上的下载（Download to Module）按钮，就可把机架硬件组态信息下载到 CPU 中。对已完成机架硬件组态的异步电动机控制系统内的硬件配置、组成模板参数重新设置或调整，则需进行上传操作，上传方法是单击工具栏中的上传（Upload to programming device）按钮。

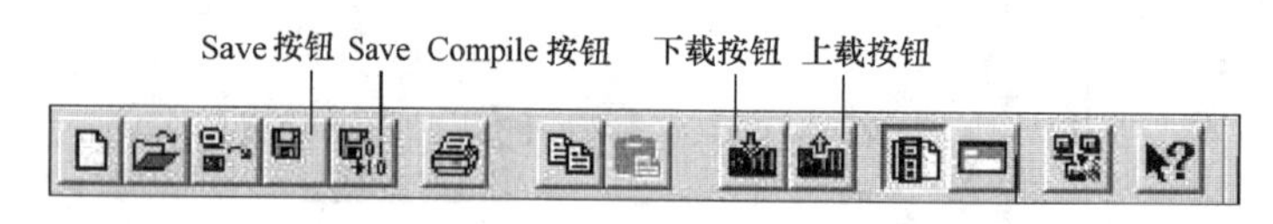

图 19-10 硬件组态窗口工具栏的功能按钮

19.3 生成梯形图

异步电动机星-三角起动控制采用线性编程，所以在星-三角起动项目中进入 SIMATIC 300 Station\CPU315（1）\S7 Program（1）\Blocks 目录，仅有 OB1 主程序组织块。双击 OB1 即可打开程序编辑器窗口，如图 19-11 所示。

19.3.1 编程器界面

图 19-11 中窗口标题栏显示 LAD/STL/FBD – OB1-"Cycle Execution"（见②），表示当前采用的编程语言为 LAD，周期循环程序。编程器界面窗口显示 OB1-"Cycle Execution"-星三角起动等（见③），编程器界面左栏为编程元件表（见④），可以找到所有 S7-300 的程序指令，右栏为编程工作区（见⑤）。

编程器工具栏中的编程工具条上有各种常用指令按钮，如图 19-12 所示。

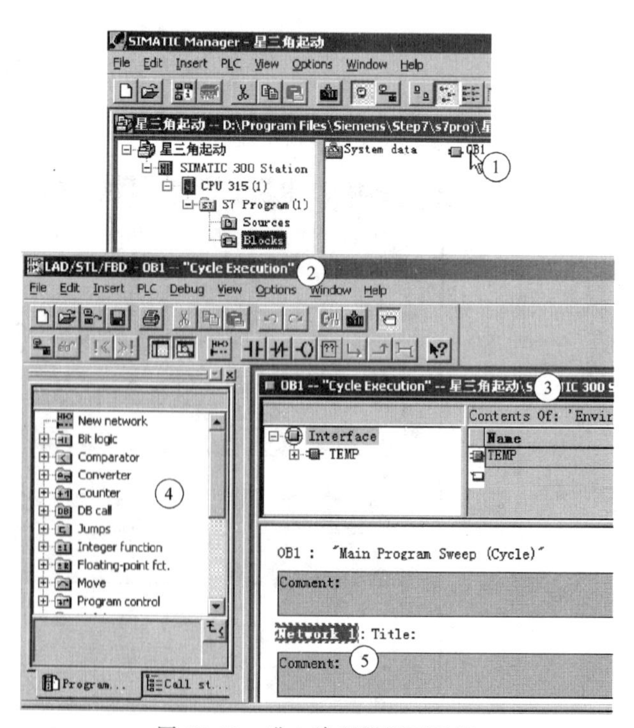

图 19-11 进入编程器界面过程

19.3.2 Network 1 程序编制

1. 编制第一支路

图 19-13 所示为编制第一支路过

程。第 1 步选中第一支路，第 3 步单击“?? . ?”，第 4 步输入常开触头名称 I0.0 后回车。第 6 ~9 步采用相同方法编制 I0.1、I0.2、Q1.0。

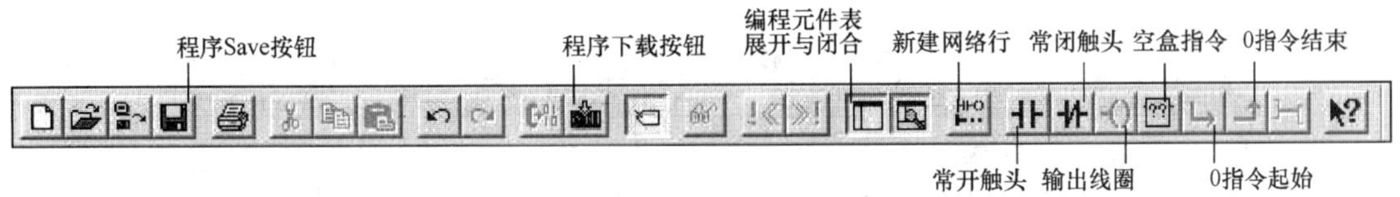

图 19-12　编程工具条

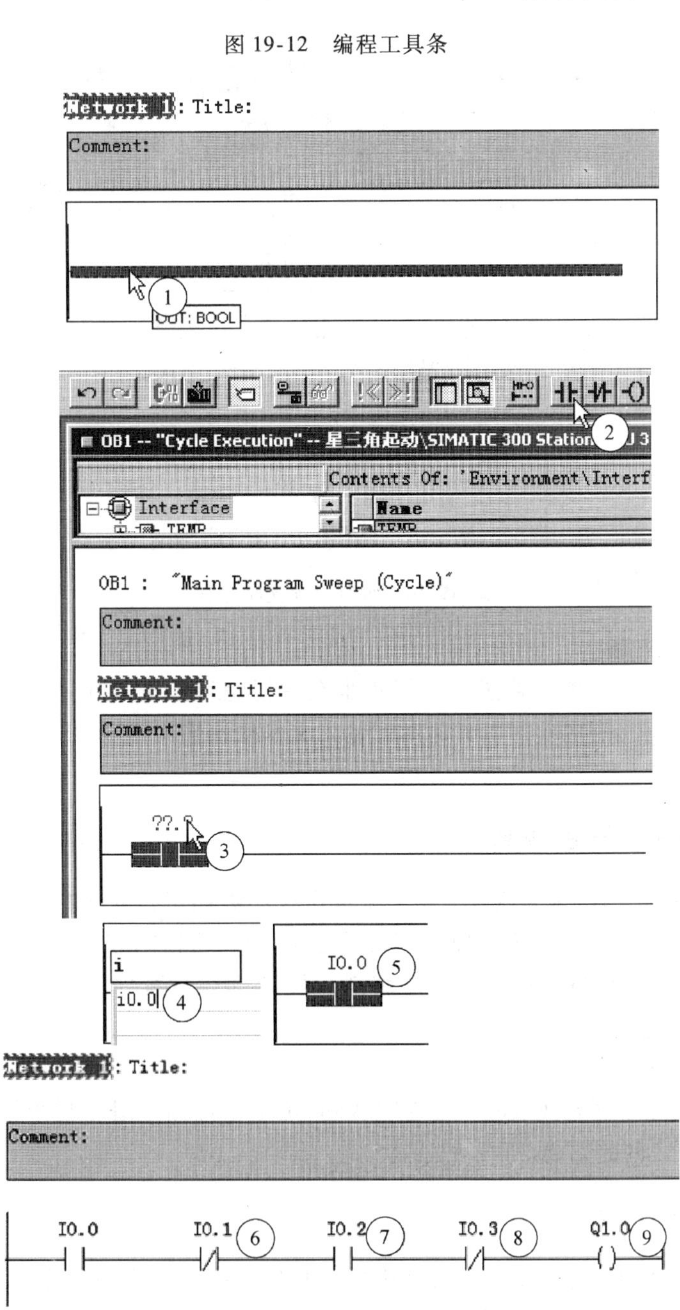

图 19-13　编制第一支路过程

2. 编制自锁支路

图 19-14 是编制自锁支路过程。第 1 步将光标移至 Network 1 梯形图起始位置，单击。第 6 步输完编程元件名称后，回车。至第 10 步完成自锁支路编程。

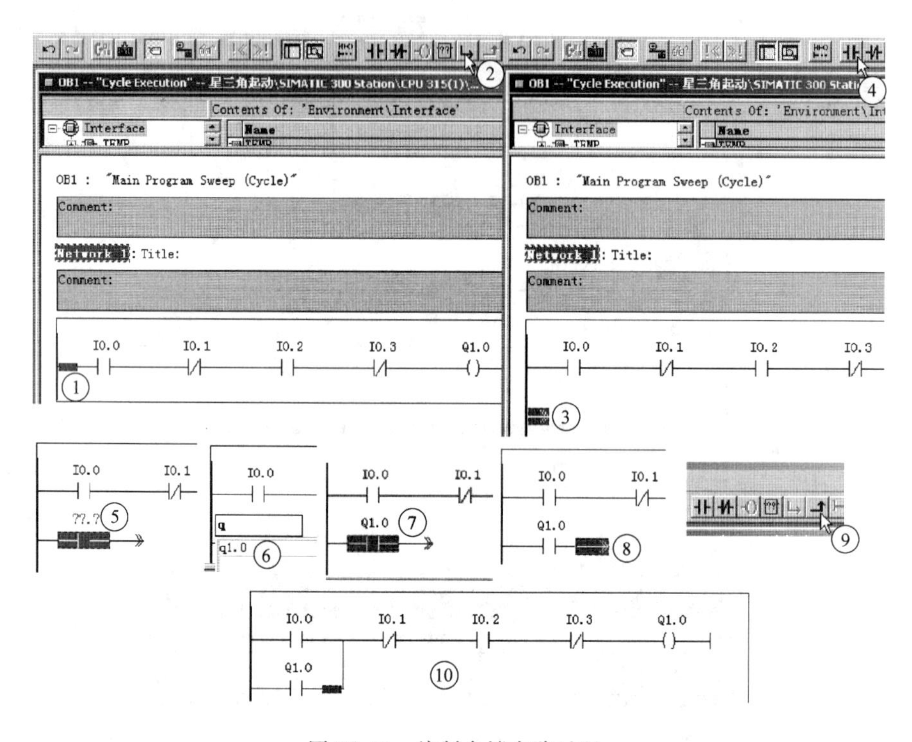

图 19-14　编制自锁支路过程

3. 编制定时器支路

图 19-15 是编制定时器支路过程。第 4 步在左栏编程元件表中找到 Timers\( )--(SD) 指令单击，第 8 步在出现的定时器计时时间输入文本框中输入 S5T#9S，至第 13 步完成 Network 1 的编程过程。

19.3.3　Network 2 程序编制

图 19-16 是编制 Network 2 过程。第 1 步单击程序编制工具条中的新建网络行按钮，出现 Network 2 命令行，第 3 ~ 7 步完成编制常开触头 T0。用相同方法编制 I0.1、I0.3、Q1.2 的程序。至第 11 步完成 Network 2 的程序编制，第 12 步保存程序。

19.3.4　编程语言切换

图 19-17 是编程语言切换过程，可通过 View 菜单中的命令进行梯形图（LAD）和语句指令程序（STL）之间的切换。

19.3.5　生成与编辑符号表

用绝对地址 I0.0、I0.1、I0.2、Q1.0、Q1.1、Q1.2、T0 进行编程不够直观，STEP 7 中通过符号表可为每一个绝对地址定义具有特别含义的别名，以增加 PLC 程序的直观性与易读性。

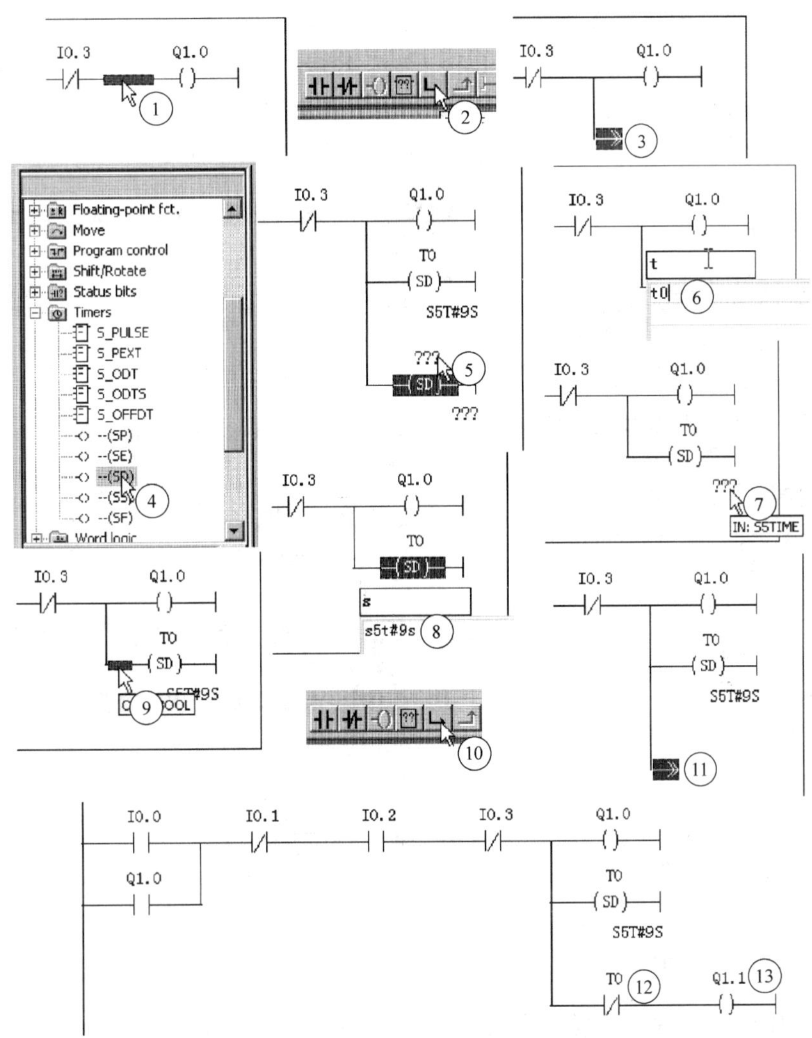

图 19-15　编制定时器支路过程

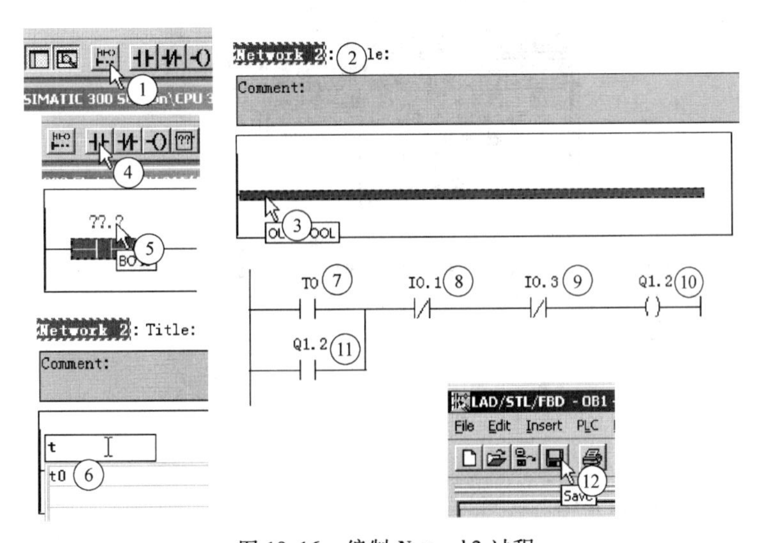

图 19-16　编制 Network2 过程

图 19-18 是生成与编辑符号名过程。第 1 步在 SIMATIC 管理器窗口左栏展开已建项目的 S7 Program，第 2 步双击右边工作区 Symbols（符号表）图标，第 4～9 步在符号表的第 2～9 行的 Symbol 列输入绝对地址的别名，Address 列输入对应的绝对地址，Data type 列定义各地址的数据类型。至第 12 步完成符号名编辑，第 13 步保存符号名表。

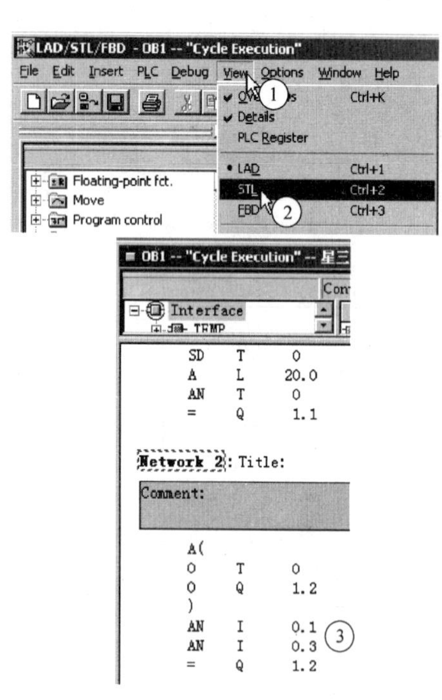

图 19-17 编程语言切换过程

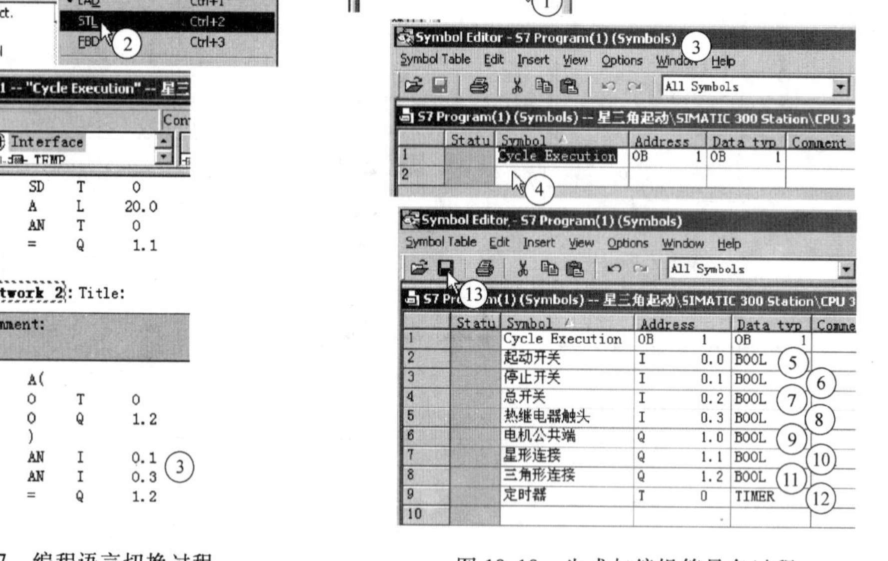

图 19-18 生成与编辑符号名过程

图 19-19 和图 19-20 是生成符号名后打开的梯形图和语句程序

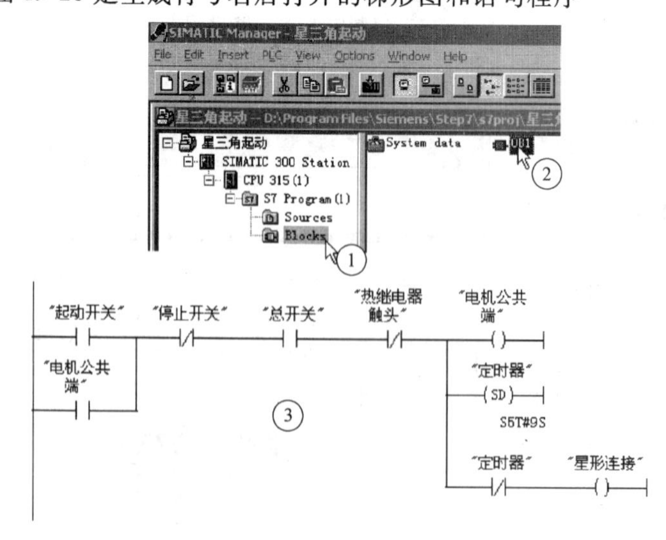

图 19-19 生成符号名后打开的梯形图和语句程序

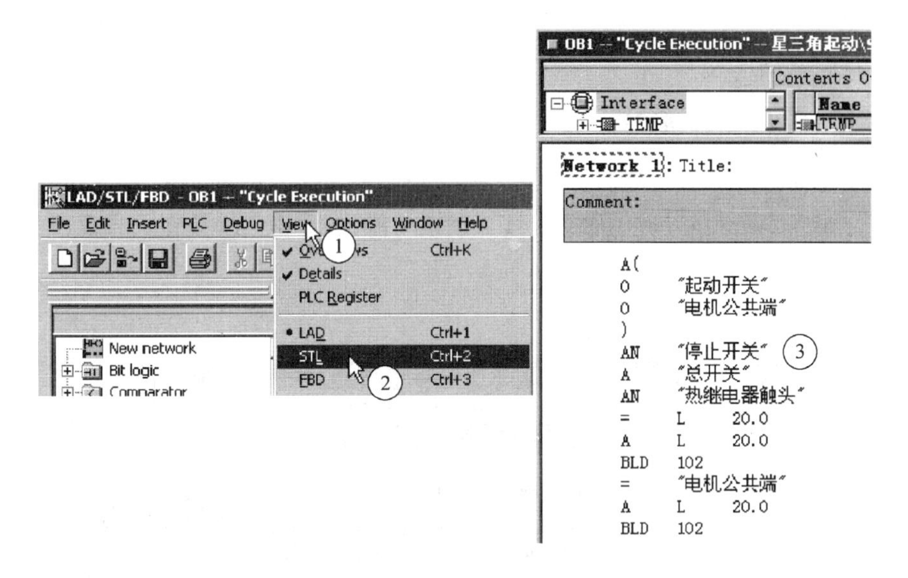

图 19-20　打开符号名标注的语句程序

19.4　PLC 仿真调试

S7-PLCSIM 与 STEP 7 编程软件集成在一起，可代替 PLC 硬件，进行用户程序调试及仿真，实现在程序开发阶段发现和排除错误，降低试车费用的目的。

19.4.1　调用 S7-PLCSIM

图 19-21 是调用 S7-PLCSIM 过程图，第 1 步调出 S7-PLCSIM 窗口，第 2 步自动建立了

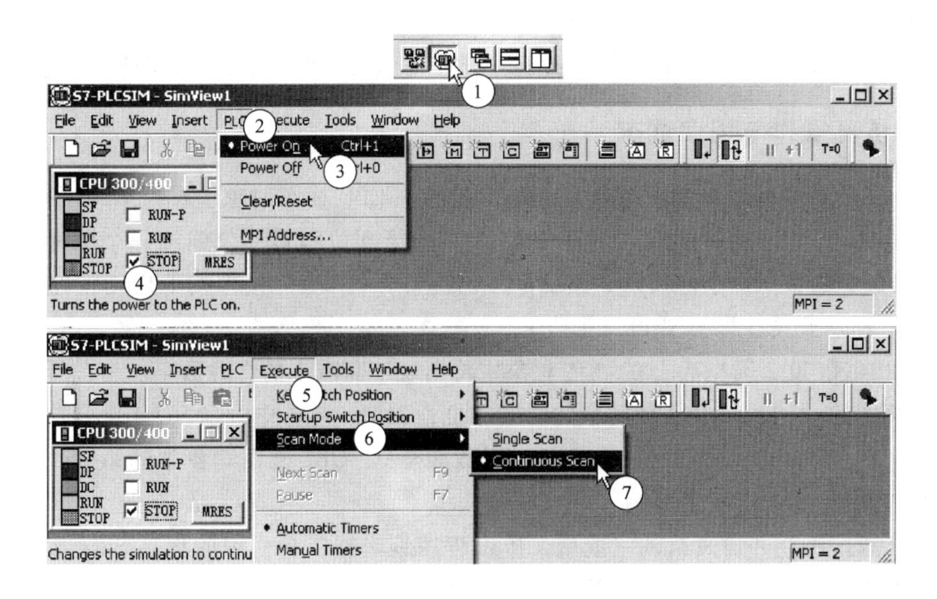

图 19-21　调用 S7-PLCSIM 过程图

STEP 7 与仿真 CPU 的连接，第 3 步令仿真 PLC 处于 STOP 模式，第 5 ~ 7 步设置仿真 PLC 的扫描方式为连续扫描。

19.4.2 向仿真 PLC 下载程序

图 19-22 为向仿真 PLC 下载程序过程。第 1 步执行 PLC\Download，第 3 步系统提问 Do you want to continue the function（你想继续下载该功能）？单击 Yes 按钮，将程序下载到仿真 PLC 中。

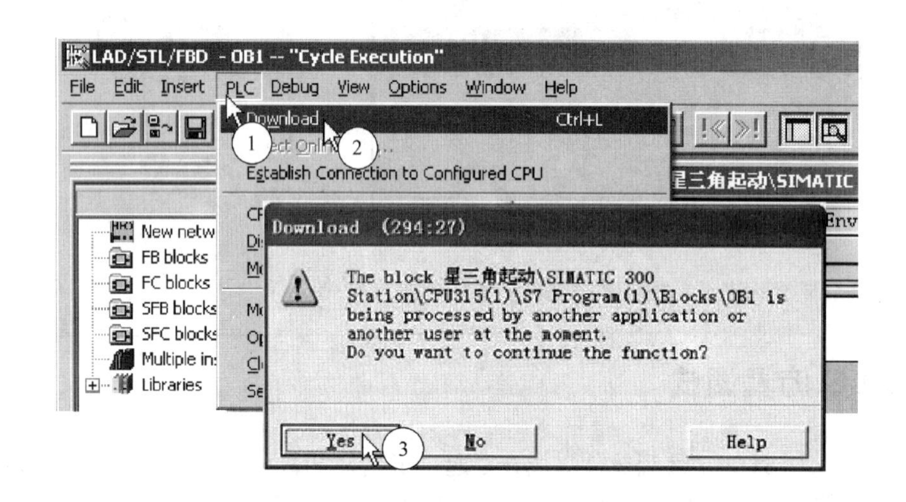

图 19-22 向仿真 PLC 下载程序过程

19.4.3 创建仿真视图对象

图 19-23 是创建仿真视图对象过程。第 1 ~ 5 步完成输入变量和输出变量视图创建，根据星-三角启动 PLC 程序，将输出变量改为“QB1”，第 6 ~ 8 步完成定时器视图创建。

19.4.4 仿真操作与程序试车

图 19-24 是创建仿真视图对象过程。第 1 步选中 CPU 视图对象中标有 RUN 的小框，将仿真 PLC 的 CPU 置于运行模式。第 2 步给 IB 0 的第 0 位和第 2 位施加一个脉冲，即选中 IB0 视图对象中的第 0 位小框和第 2 位小框，出现符号“√”。模拟按下启动按钮（即模拟 I0.0 通电）和总开关（即模拟 I0.2 通电）。

模拟 I0.0 和 I0.2 通电后，T0 视图对象中将出现不断减小的计时数字。当前计时数字框右旁可选框中的“10ms”代表计时数的时间单位，如图 19-23 中的“567 10ms”，表示还有 567 × 10ms（即 5.67s），计时到达。一旦计时数减至 0，QB1 视图对象中的第 2 位小框中也出现符号“√”，表示计时到达后，Q1.2 通电。

第 4 步程序编制并仿真调试完成后，单击程序编辑器工具栏中的程序 Save 按钮，进行程序存盘操作，第 5 步单击程序编辑器工具栏中的程序下载按钮，将编制完成的当前程序块下载到 PLC 中，进行 PLC 硬件试车，进一步确认用户程序的正确性。

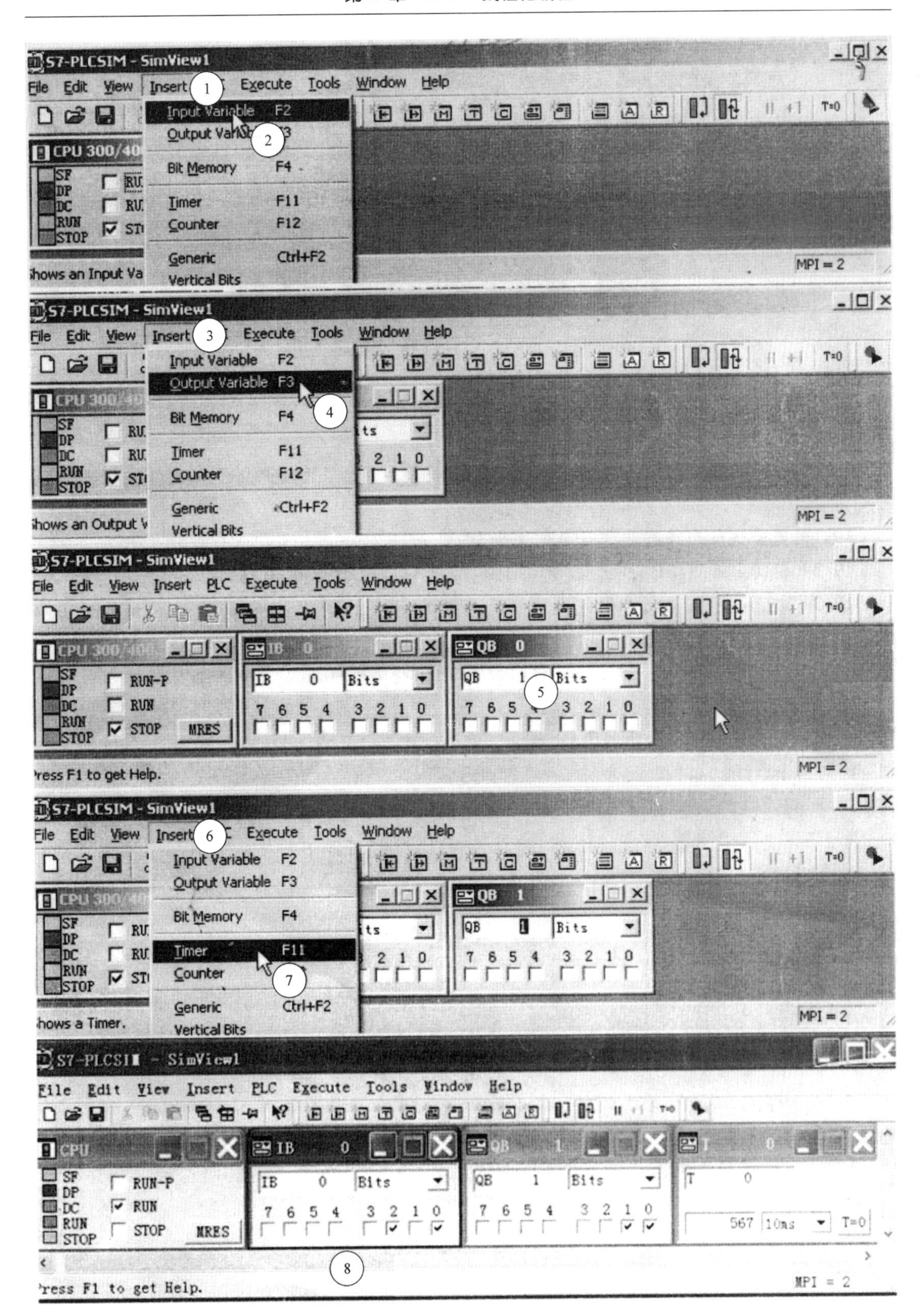

图19-23　创建仿真视图对象过程

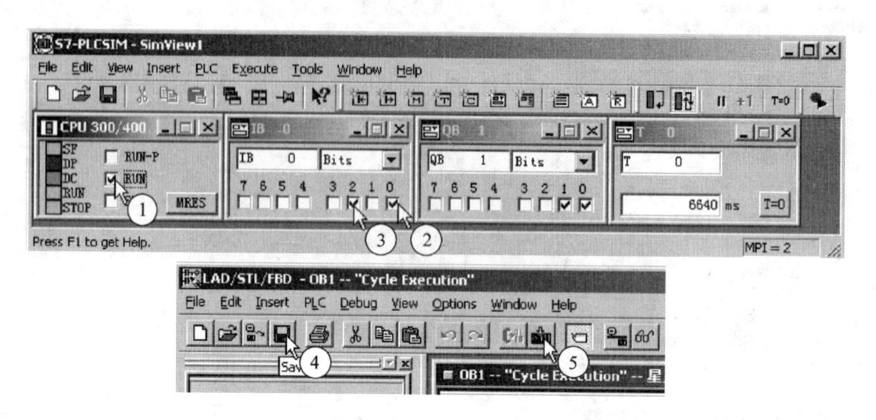

图 19-24 仿真调试、保存和下载至 PLC 的过程

思 考 题

19-1 简述线性化编程方式及其使用场合。

19-2 说明一个 STEP 7 项目的组成部分。

19-3 以正-停-反控制为例，设计使用 S7-300 PLC 控制的主电路、PLC 外围接线图和 PLC 梯形图。

19-4 以正-停-反控制为例，在 STEP 7 中进行机架硬件组态、梯形图编写和 PLC 程序仿真等系列实验并撰写实验报告。

19-5 根据图 19-25 所示的 LAD 程序，在 STEP 7 中完成 LAD 程序编制并将之转换为 STL 语句指令程序。

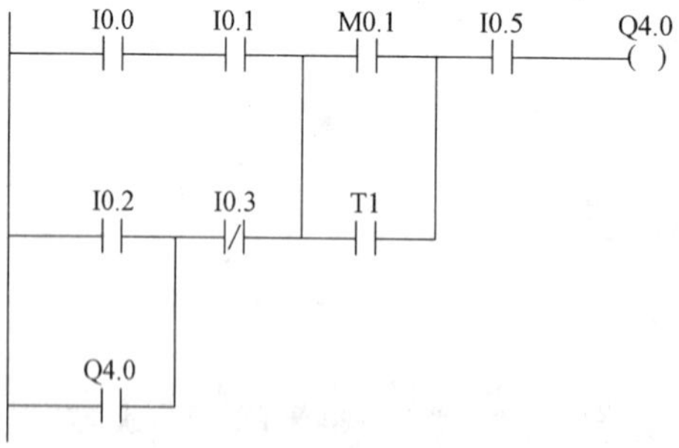

图 19-25 LAD 程序

19-6 STL 指令如下：

```
A(
A    I    0.0
A(
O    C    1
```

```
O    M    0.6
)
O
A    I    0.0
A    I    0.6
)
A    I    0.5
=    Q    4.1
```

请在 STEP 7 中完成程序编制并将之转换为 LAD 程序。

第 20 章　STEP 7 结构化编程

将一些典型的 PLC 控制程序分类、归类、抽象后编写成通用化的程序，这些通用化程序称为结构。结构单独组成一个被调用程序块，并且可以为调用它的程序块反复调用。利用各种结构进行组合编制程序的过程即为结构化编程。

20.1　结构化编程步骤

图 20-1 是电动机单向起停控制梯形图。Network 1 中 I0.0 是起动按钮触头，I0.1 是停止按钮触头，Q1.0 控制电动机的触头。因所有编程元件均对应了一个确定的绝对地址，所以该程序只能完成一个特定的控制，不具有通用性。Network 2 是另一个电动机的单向起停控制梯形图，除编程元件名称外，与 Network 1 完全相同。

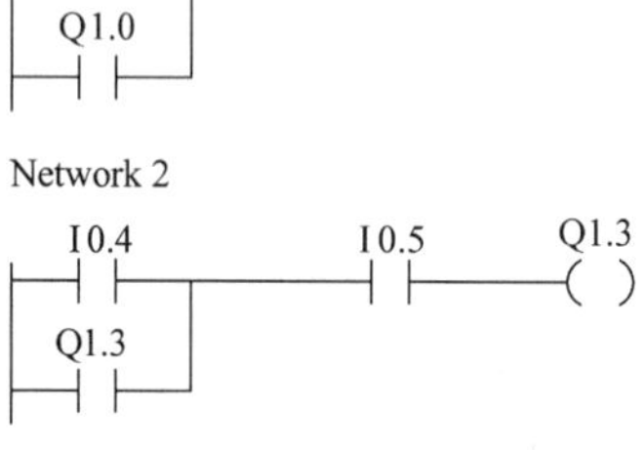

图 20-1　电动机单向起停控制梯形图

20.1.1　新建单向起停项目

图 20-2 是新建单向起停项目过程。第 1 步在 “SIMATIC Manager” 文件栏下单击 “New Project”，进入新建项目流程，至第 8 步完成单向起停控制项目。

图 20-3 是单向起停项目硬件组态过程。第 1 步双击站点 “SIMATIC 300 Station”，第 2 步双击 “Hardware”，按第 3、4 步进行占槽位模板型号的选择，至第 5 步关闭 “HW Config-SIMATIC 300 Station” 后完成。

20.1.2　新建 FC1

图 20-4 是新建 FC1 程序结构块过程。第 1 步展开 “SIMATIC 300 Station”，双击 “Blocks”，第 2 步在右栏界面空白处单击鼠标右键，至第 8 步在 Blocks 目录中出现 FC1。

编制功能 FC1 中的程序，需用变量名代替编程元件的绝对地址进行编程才能使 FC1 成为可以为其他程序调用的通用程序块。S7-300 系列 PLC 的被调用程序块中有五种变量。

IN 为输入变量，在被调用程序结构块中是只读变量，其值需要在被调用时由调用程序块从外部输入。

OUT 为输出变量，在被调用程序结构块中是只写变量，其值需要作为输出参数返回给调用它的程序块。

IN_OUT 为输入_输出变量，其初值由调用它的程序块提供，经过被调用程序结构块运算后重新赋值并返回给调用它的程序块。

TEMP 为临时变量，用于存放被调用程序结构块运算过程中产生的中间结果，变量值不需要从被调用程序结构块外面送入，也不需要送出被调用程序结构块。

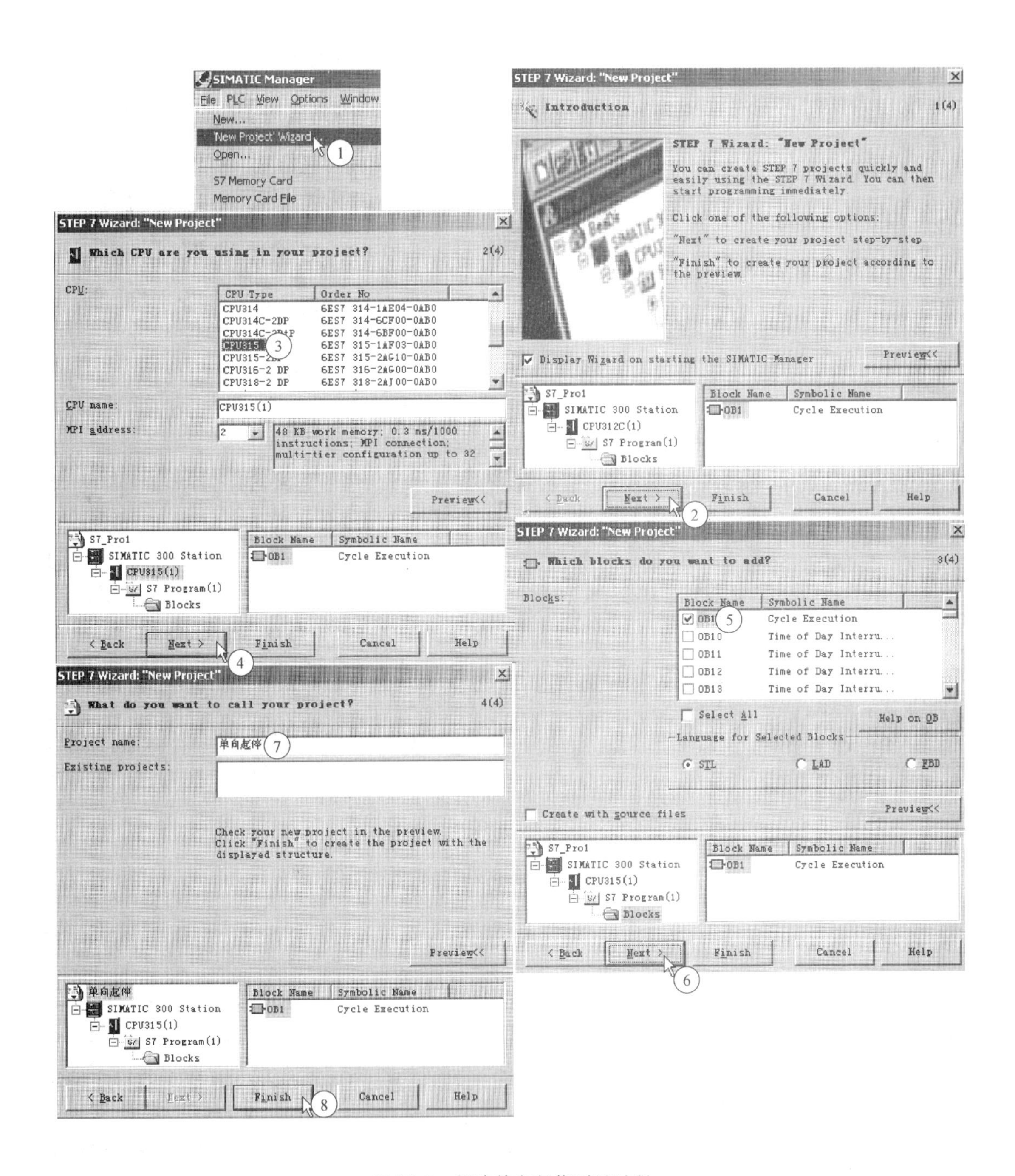

图 20-2　新建单向起停项目过程

STAT 为静态变量，只在功能块的背景数据块中使用，关闭功能块后，静态变量的静态数据保持不变。

20.1.3　变量名设计

电动机单向起停控制程序变量名设计见表 20-1，变量名不能用中文。

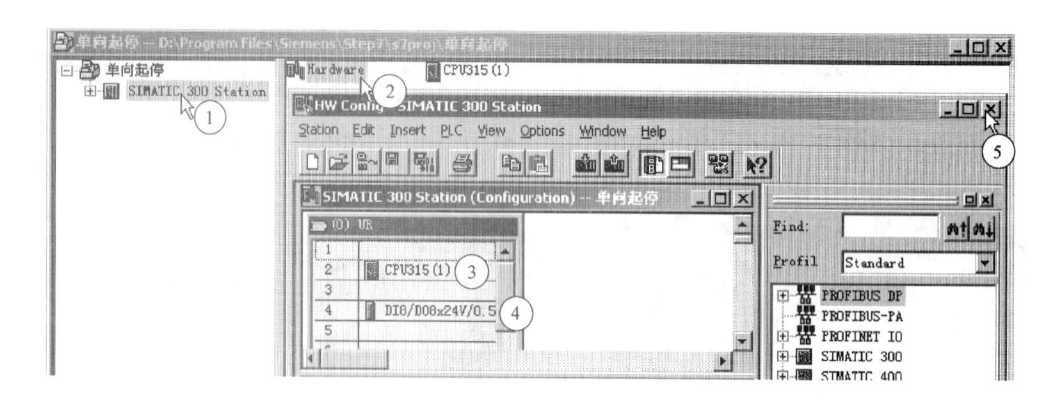

图 20-3 单向起停项目硬件组态过程

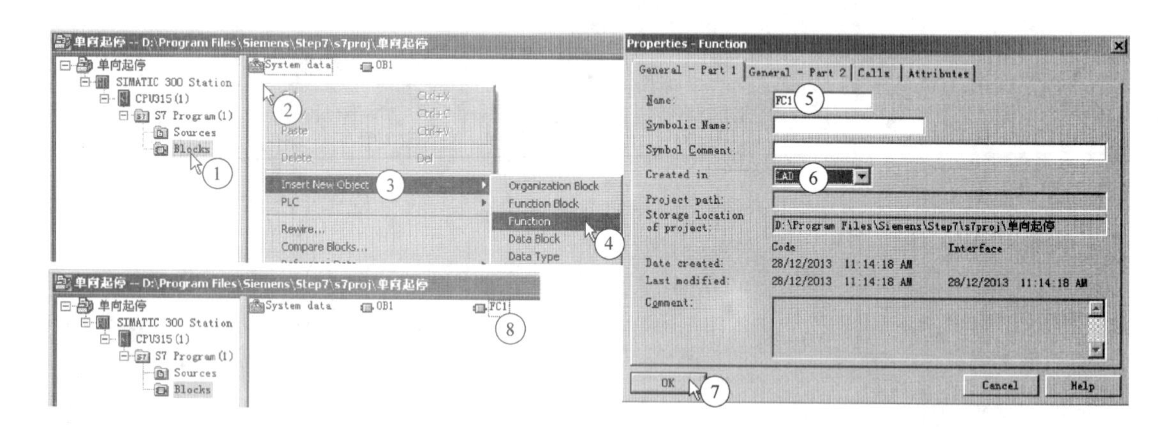

图 20-4 新建 FC1 程序结构块过程

表 20-1 电动机单向起停控制程序变量名设计表

Declaration	Name	Type
IN	Start	Bool
IN	Stop	Bool
OUT	Motor	Bool

图 20-5 是声明 FC1 变量过程。第 1 步双击新建的功能 FC1，进入功能 FC1 的程序编制界面，界面右栏上方即为变量声明表。第 2 步展开变量声明表左边的 IN 目录，第 3 ~ 9 步在右边表中按表 20-1 的设计分别声明变量 Start、Stop 和 Motor，第 10 ~ 13 步关闭 FC1 程序编制界面。

20.1.4 编制通用程序

图 20-6 是采用已声明的变量 Start、Stop 和 Motor 编制通用程序过程。双击单向起停站内的 FC1，弹出 FC1 程序编制界面。第 3 步单击红色“?? . ?”，在出现的文本框中输入# Start，第 6 ~ 8 步采用相同方法完成 FC1 中的通用程序编制，第 9 步保存编制的程序。

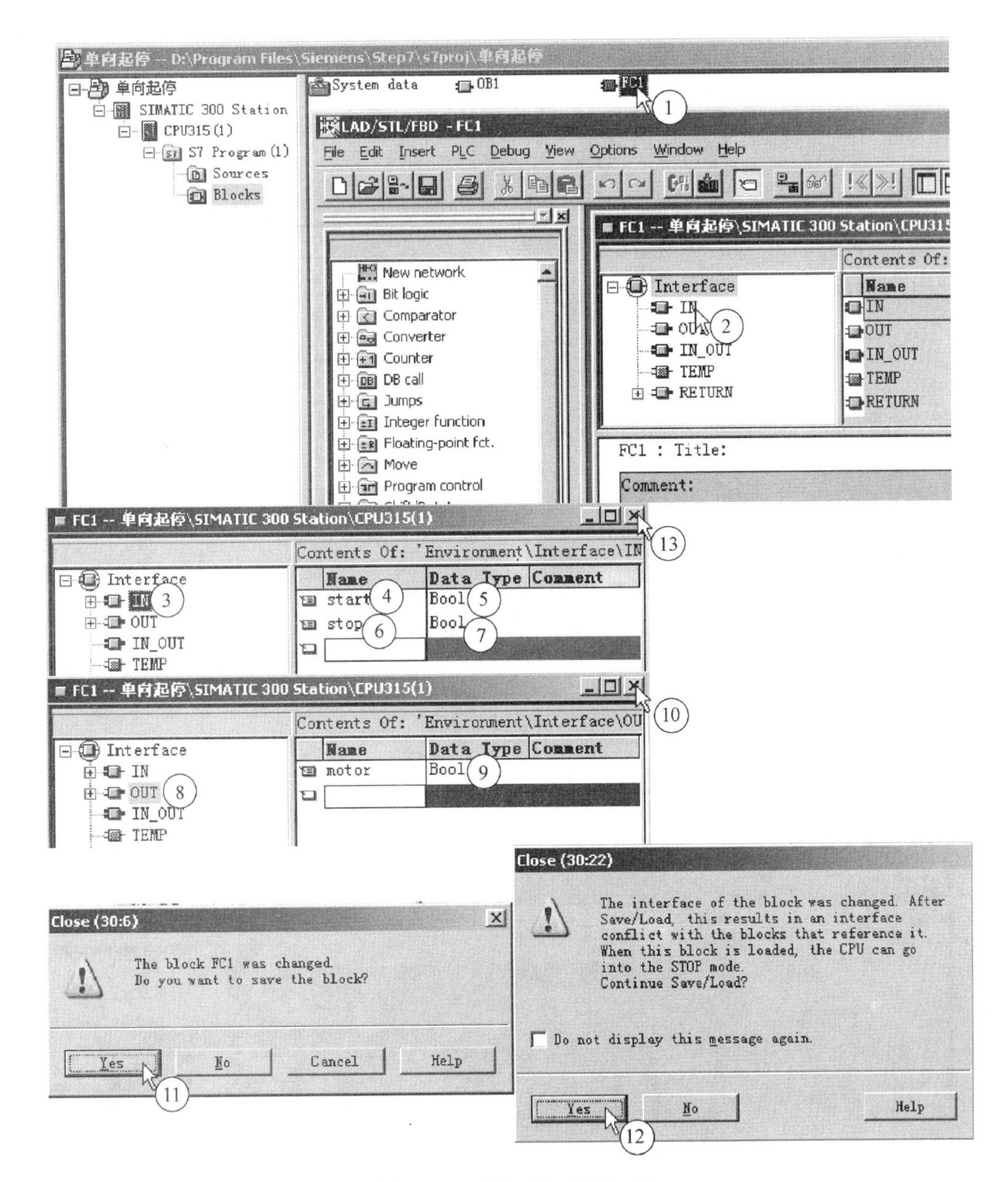

图 20-5　声明 FC1 变量过程

功能 FC1 中的梯形图中编程元件名称前的“#”表示局部变量，局部变量仅在本程序块中有效。功能 FC1 中的程序编制完成后，单击工具栏中的 Save 按钮保存功能 FC1。

20.1.5　调用通用程序

图 20-7 是首次调用 FC1 过程图。第 1 步双击主程序块 OB1，进入 OB1 编制工作界面，第 5 步单击空盒指令，第 7 步出现空盒调用指令，第 8 步输入 I0.0，至第 13 步完成首次 FC1 调用过程。

图 20-8 是第 2 次调用 FC1 过程图。第 1 步单击 New Network 按钮，第 2 ~ 8 步采用相同的方法完成第 2 次 FC1 的调用过程，第 9 步保存程序。

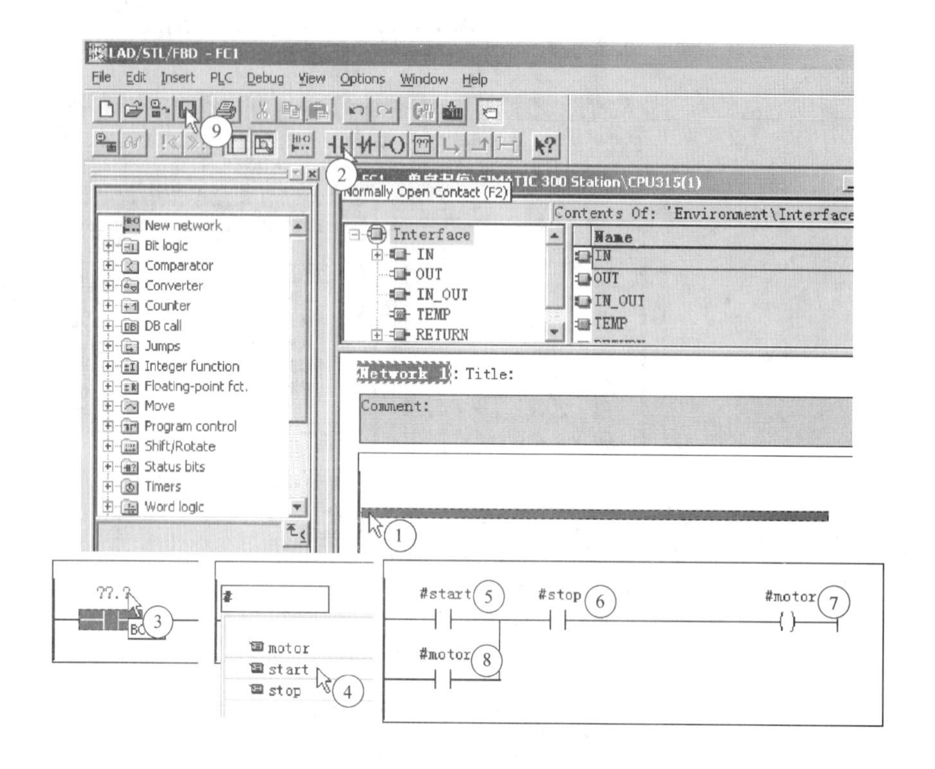

图 20-6 编制通用程序过程

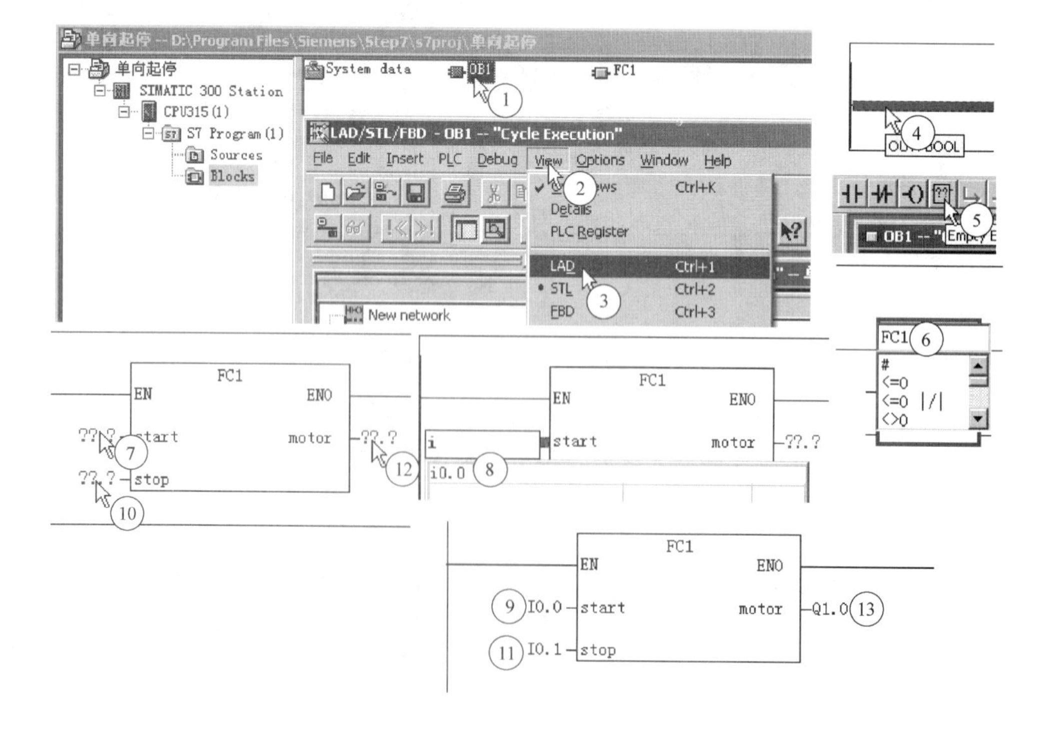

图 20-7 首次调用 FC1 过程图

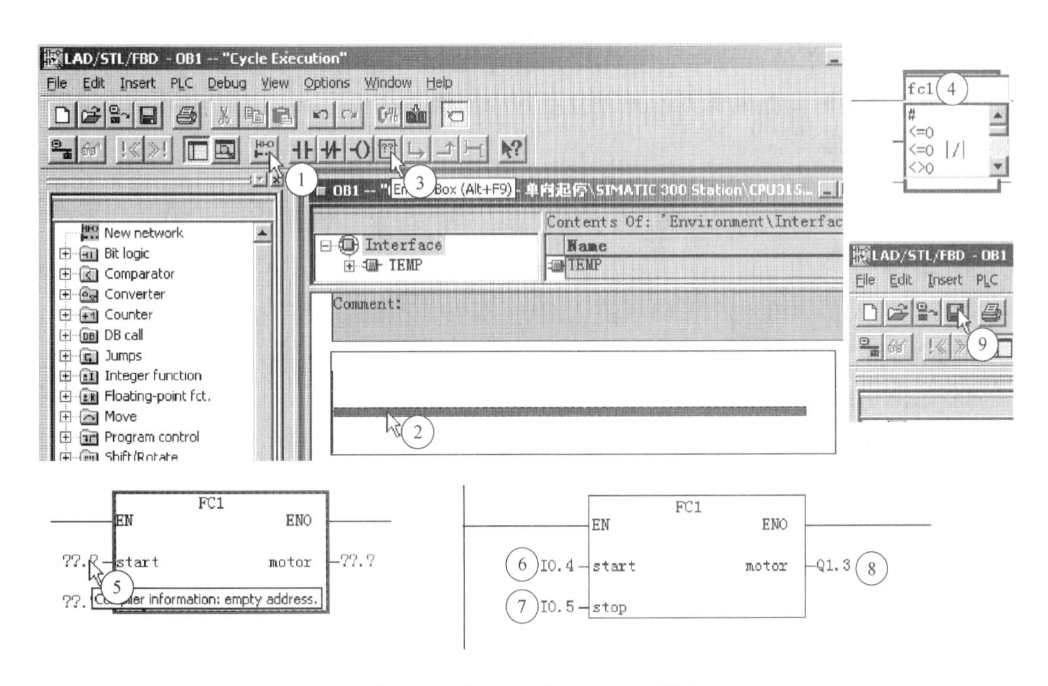

图 20-8　第 2 次调用 FC1 过程图

20.2　结构化程序块种类

图 20-9 是 STEP 7 结构化程序块调用图。用户程序分类为不同的块，各块之间可以相互调用。调用时，块调用指令立即终止调用块的运行，转而执行被调用程序块；被调用程序块内所有指令执行完毕后，返回原调用块继续执行块调用指令后的指令。

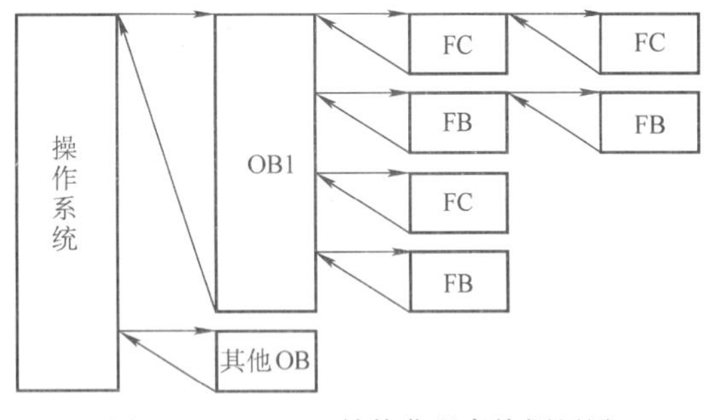

图 20-9　STEP 7 结构化程序块调用图

20.2.1　组织块

组织块（OB）构成了 S7-300 CPU 和用户程序的接口，用于控制用户程序的运行。可以将简短的用户程序全部存入 OB1 中，使程序连续不断地循环扫描工作。也可以将大型用户程序分成若干程序块，存放在不同的块中，通过 OB1 根据控制要求调用这些程序块。不同的 CPU 模板具有不同的组织块，常用组织块及其功能如下：

1. 主程序循环 OB1

在 S7-300 系列 PLC 中，无论哪种型号的 CPU 模板都通过 OB1 组织结构化用户程序。若用户程序只有 1 个程序块，称为线性化用户程序，该程序就构成 OB1。

主程序在 OB1 中执行，并具有调用功能块（FB）、系统功能块（SFB）、使用功能调用块（FC）及系统功能调用块（SFC）等功能。

2. 日期时间中断

日期时间中断（OB10～OB17）允许用户通过 STEP 7 编程，可在特定日期、时间执行中断操作，也可按照时间间隔周期性地重复执行中断操作。

3. 时间延时中断

若在 STEP 7 参数设定时选中了延时中断（OB20～OB23）项，并在用户程序中调用 SFC 32 设定延时时间，则当延时时间到达时，调用时间延时中断。

4. 循环中断

循环中断（OB30～OB38）是 CPU 进入 RUN 后按间隔时间循环触发的中断，因此用户定义的间隔时间须大于中断服务程序的执行时间。

5. 异步故障中断

异步故障中断（OB80～OB87）是由 CPU 的操作系统检测到 1 个异步错误时触发的中断。

20.2.2 调用功能块

功能块（FB）实际上就是用户子程序，每个功能块由变量声明表和逻辑指令程序两部分组成。变量声明表用于说明当前功能块中的局部数据，逻辑指令程序用于完成指定的控制任务，程序运行过程中须用到变量声明表中的局部数据。

调用功能块（FB）时须提供执行当前块所需的数据或变量，即将外部数据传递给被调用块，称为参数传递。通过参数传递使被调用的功能块获得了通用性，可被其他调用块调用，完成多个类似的控制任务。

功能块（FB）有一个数据结构与当前功能块的参数完全相同的数据块，附属于该功能块，并随功能块的调用而打开，随该功能块的结束而关闭，这个附属的数据块称为背景数据块（DB）。存放在背景数据块中的数据在功能块（FB）结束后继续保持。

20.2.3 使用功能

功能（FC）类似于功能块（FB），但功能（FC）不需要背景数据块（DB），完成操作后数据不能保持，因此，调用功能（FC）后必须立即处理所有的初始值。

20.2.4 数据块

数据块（DB）用于存储用户程序所需要的数据或变量。在数据块中只有变量声明部分，没有程序段，数据块使用必须先定义后使用。

20.2.5 系统功能块

系统功能块（SFB）是集成到 CPU 操作系统中的功能块，如 SEND、RECEIVE 和控制器等。SFB 需要分配背景数据块，该数据块必须下载到 STEP 7 的 CPU 中。由于 SFB 是操作系统的一部分，用户程序不必装载就可直接调用 SFB。

20.2.6 系统功能

系统功能（SFC）是集成在 STEP 7 的 CPU 中已经编程并调试过的功能，如时间功能、块传送器等。SFC 不需要背景数据块。

20.2.7　系统数据块

系统数据块（SDB）用于存储 CPU 操作系统的数据，包括如硬件模板参数、组态数据、通信连接参数等设定值。

20.3　结构化编程实例

图 20-10 是发动机控制系统的程序结构示意图，主控制程序编制在 OB1 中。控制汽油机和柴油机程序编制在 FB1 中，控制汽油机的参数在 FB1 的背景数据块 DB1（汽油机数据）中，控制柴油机的参数在 FB1 的背景数据块 DB2（柴油机数据）中。风扇控制程序编制在 FC1 中。

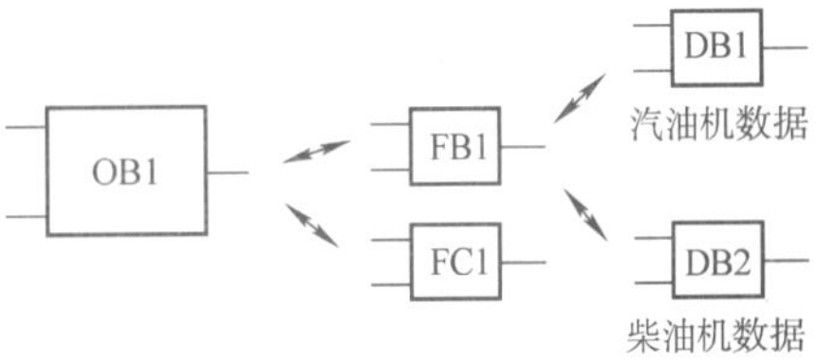

OB1　FB1　FC1　DB1 汽油机数据　DB2 柴油机数据

图 20-10　发动机控制系统程序结构

20.3.1　创建发动机控制项目

创建发动机控制项目，其中机架硬件组态过程如图 20-11 所示，第 5 步是保存机架硬件组态，第 6 步是将硬件组态信息下载至 CPU。

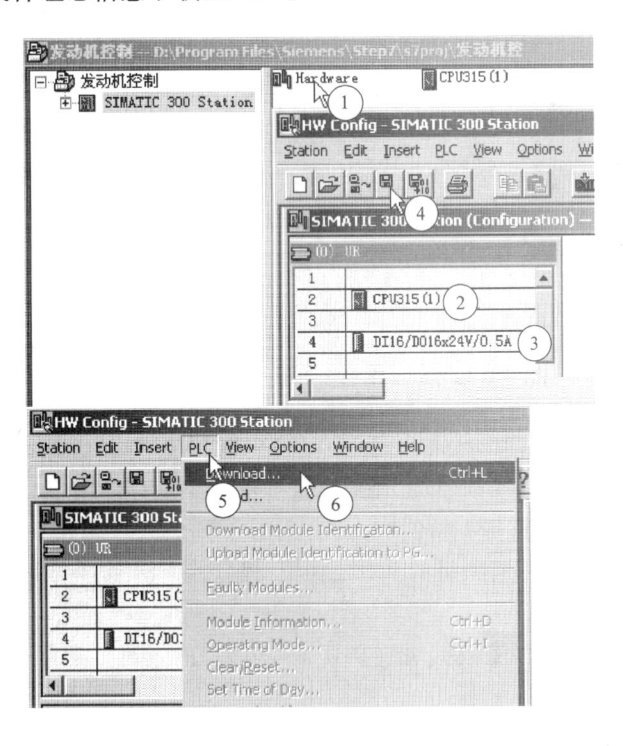

图 20-11　发动机控制项目机架硬件组态

20.3.2　定义符号表

为使程序易于理解，须给发动机控制项目各编程元件的绝对地址指定有特定含义的符号，如图 20-12 所示。第 1 步展开 SIMATIC 300 Station 中的 S7 Program（1），第 2 步双击 Symbols，展开符号表，第 3 ~ 27 步编辑完成发动机控制程序的符号表。

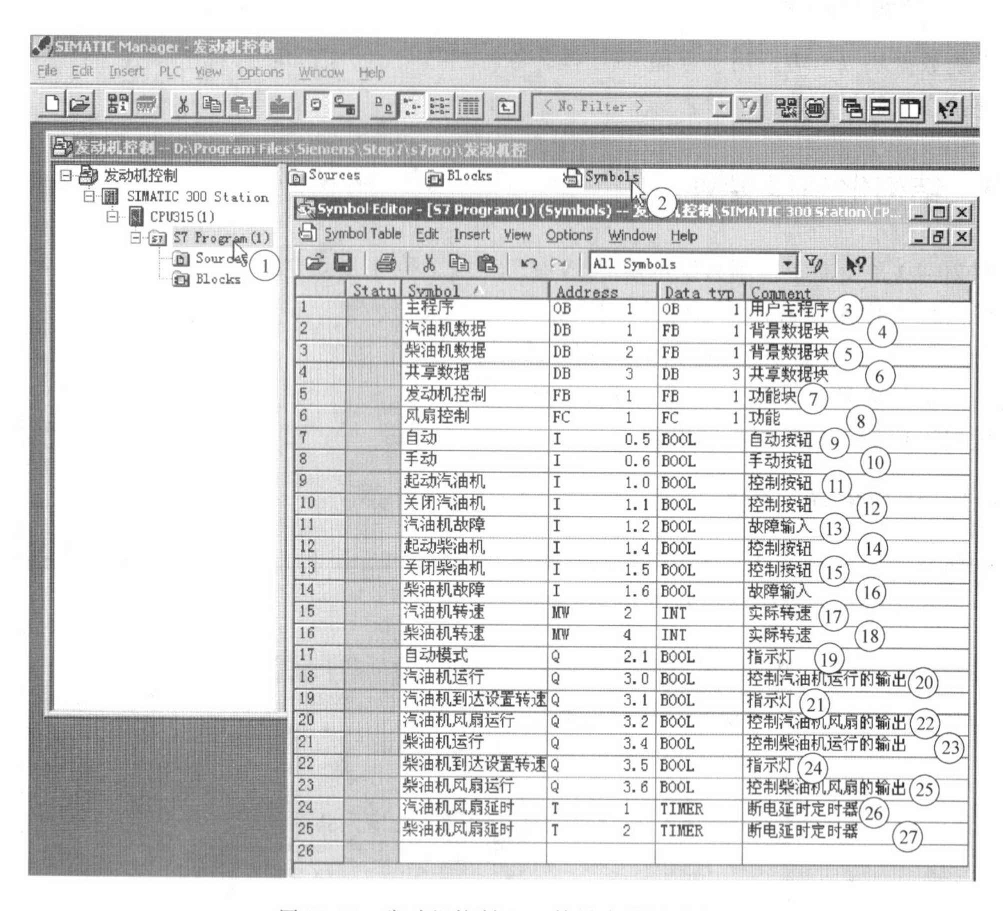

	Statu	Symbol	Address		Data typ		Comment
1		主程序	OB	1	OB	1	用户主程序 ③
2		汽油机数据	DB	1	FB	1	背景数据块 ④
3		柴油机数据	DB	2	FB	1	背景数据块 ⑤
4		共享数据	DB	3	DB	3	共享数据块 ⑥
5		发动机控制	FB	1	FB	1	功能块 ⑦
6		风扇控制	FC	1	FC	1	功能 ⑧
7		自动	I	0.5	BOOL		自动按钮 ⑨
8		手动	I	0.6	BOOL		手动按钮 ⑩
9		起动汽油机	I	1.0	BOOL		控制按钮 ⑪
10		关闭汽油机	I	1.1	BOOL		控制按钮 ⑫
11		汽油机故障	I	1.2	BOOL		故障输入 ⑬
12		起动柴油机	I	1.4	BOOL		控制按钮 ⑭
13		关闭柴油机	I	1.5	BOOL		控制按钮 ⑮
14		柴油机故障	I	1.6	BOOL		故障输入 ⑯
15		汽油机转速	MW	2	INT		实际转速 ⑰
16		柴油机转速	MW	4	INT		实际转速 ⑱
17		自动模式	Q	2.1	BOOL		指示灯 ⑲
18		汽油机运行	Q	3.0	BOOL		控制汽油机运行的输出 ⑳
19		汽油机到达设置转速	Q	3.1	BOOL		指示灯 ㉑
20		汽油机风扇运行	Q	3.2	BOOL		控制汽油机风扇的输出 ㉒
21		柴油机运行	Q	3.4	BOOL		控制柴油机运行的输出 ㉓
22		柴油机到达设置转速	Q	3.5	BOOL		指示灯 ㉔
23		柴油机风扇运行	Q	3.6	BOOL		控制柴油机风扇的输出 ㉕
24		汽油机风扇延时	T	1	TIMER		断电延时定时器 ㉖
25		柴油机风扇延时	T	2	TIMER		断电延时定时器 ㉗
26							

图 20-12　发动机控制 OB1 符号表设置过程

20.3.3　创建相应程序块

发动机控制项目新建后，Blocks 中仅有 OB1，根据程序结构，另需创建 FB1 和 FC1。

图 20-13 是创建发动机控制项目的 FB1 过程。第 1 步在右栏窗口空白处单击鼠标右键，进入创建过程，至第 6 步完成 FB1 的创建。

图 20-14 是创建发动机控制项目的 FC1 过程，相似的方法至第 6 步完成创建过程。创建结果见⑦和⑧。

图 20-15 是创建 FB1 的伴随数据块（DB1 和 DB2）的过程，至第 9 步完成创建，创建结果见⑩和⑪。

20.3.4　编制 FB1 中程序

1. 变量名设计

表 20-2 是发动机控制功能块（FB1）中的局部变量名设计表。其中 Address（本例有 0.0、0.1、0.2、2.0、2.1、4.0、4.1、6.0 等）是 FB1 用于存储背景数据块的存储区地址，

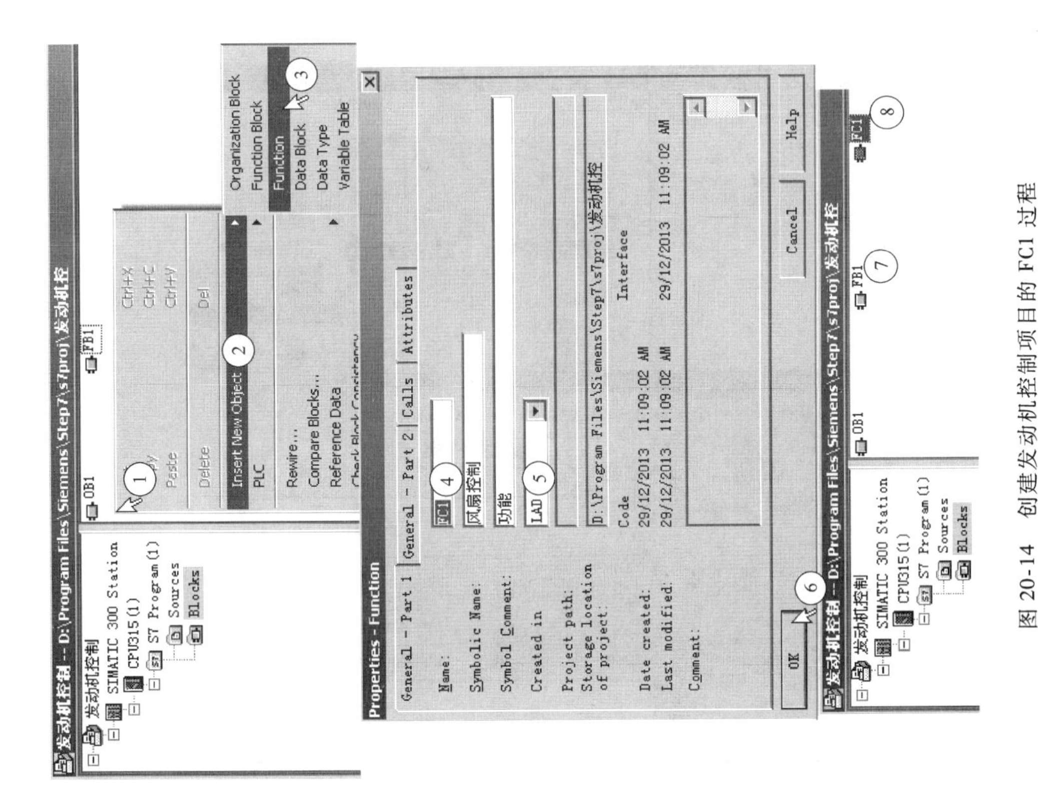

图 20-14　创建发动机控制项目的 FC1 过程

图 20-13　创建发动机控制项目的 FB1 过程

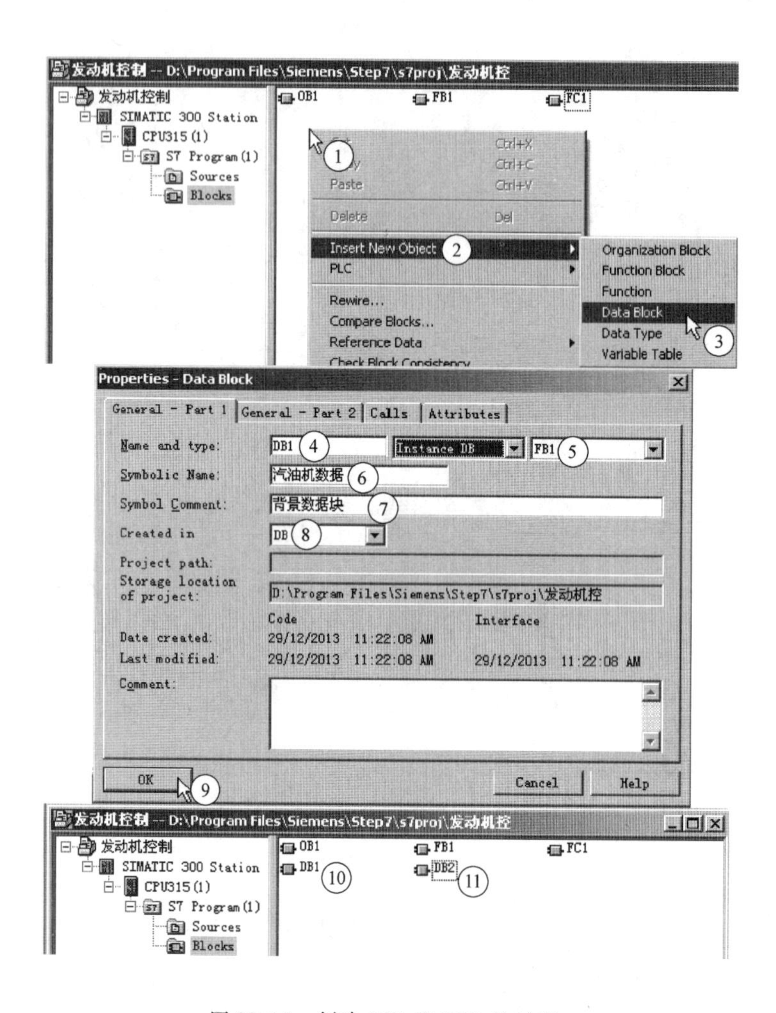

图 20-15 创建 DB1 和 DB2 的过程

这些存储器地址是在机架硬件组态模板已占用存储器空间之外另行开辟的存储空间。

表 20-2 发动机控制功能块（FB1）中的局部变量名设计表

Address	Declaration	Name	Type	Start Value	Comment
0.0	IN	Switch_On	Bool	FALSE	起动按钮
0.1	IN	Switch_Off	Bool	FALSE	停车按钮
0.2	IN	Failure	Bool	FALSE	故障信号
2.0	IN	Actual_Speed	Int	0	实际转速
4.0	OUT	Engine_On	Bool	FALSE	控制输出信号
4.1	OUT	Preset_Speed_Reached	Bool	FALSE	达到预置转速
6.0	STAT	Preset_Speed	Int	1500	预置转速

2. 变量声明

图 20-16 是 FB1 的变量声明过程，第 1 ~ 5 步声明 IN 变量，第 6 ~ 8 步声明 OUT 变量，第 9、10 步声明 STAT 变量。

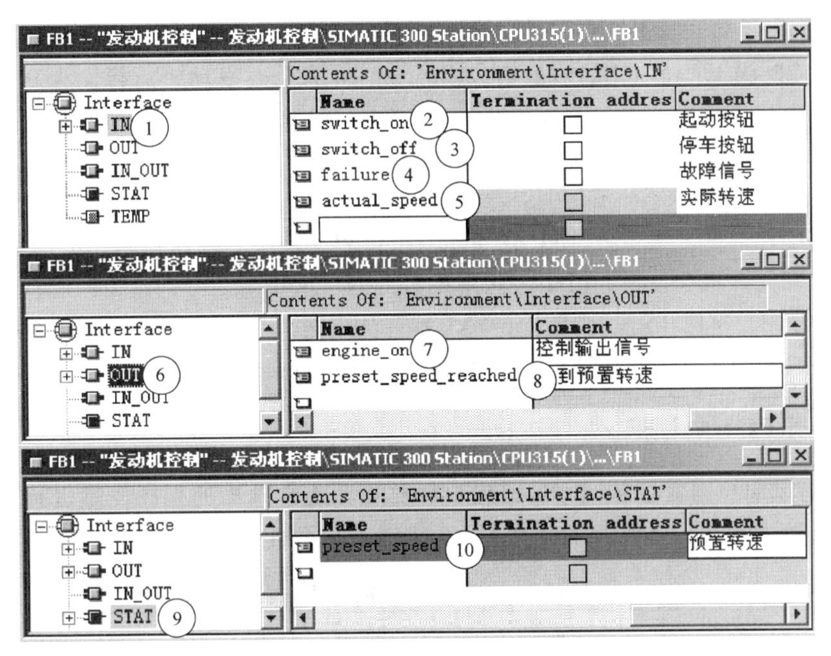

图 20-16 FB1 变量声明

3. FB1 梯形图逻辑

图 20-17 是编制 FB1 通用程序过程，Network1 中的 SR 指令块用于控制发动机的运行，

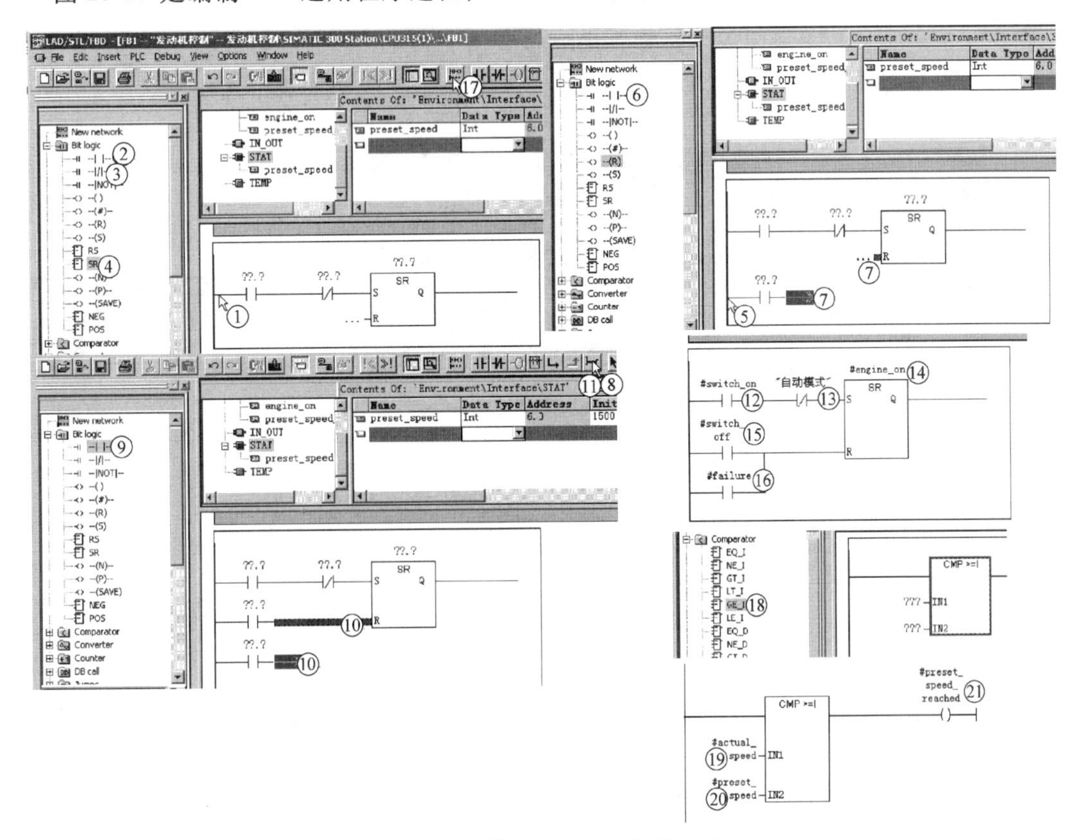

图 20-17 编制 FB1 通用程序过程

输入变量 Switch_on 和 Switch_off 分别是起动指令和停车指令，Failure 故障信号在无故障时为 0，发生故障时为 1。功能块的输出信号 Engine_On 为 1 时发动机运行，为 0 时发动机停车。Network2 中的比较指令用于监视转速，检查实际速度是否大于等于预置转速。如果满足条件，输出信号#Preset_Speed_Reached（达到预置速度信号）置位为 1。

4. 编制 FB1 梯形图

第 1 步选中梯形图开头位置，第 2～4 步双击编程元件指令按钮，第 5 步选中开头位置，第 6 步双击常开元件指令按钮，第 7 步利用键盘上的“Shift”键分别选中两端的接线端，第 8 步单击连线按钮，至第 16 步完成 Network1 梯形图程序。第 17 步单击新建网络行命令按钮，第 18 步双击“GE_I”指令按钮，至第 21 步完成 Network2 梯形图程序。

20.3.5 编制 FC1 中程序

表 20-3 是风扇控制变量名设计表，按表对发动机风扇 FC1 的程序变量进行声明。发动机起动时风扇随之起动，发动机停车后，风扇则需继续运行 4s 后才关闭。

表 20-3 风扇控制变量名设计表

Declaration	Name	Type	Comment
IN	Engine_On	Bool	输入信号，发动机运行
IN	Timer_Function	Timer	停机延时的定时器功能
OUT	Fan_On	Bool	风扇运行输出信号

图 20-18 是编制 FC1 通用程序过程，第 1 步双击“FC1”打开编程界面，第 2～4 步声明“IN”变量，第 5、6 步声明“OUT”变量，至第 14 步完成 FC1 梯形图编制。

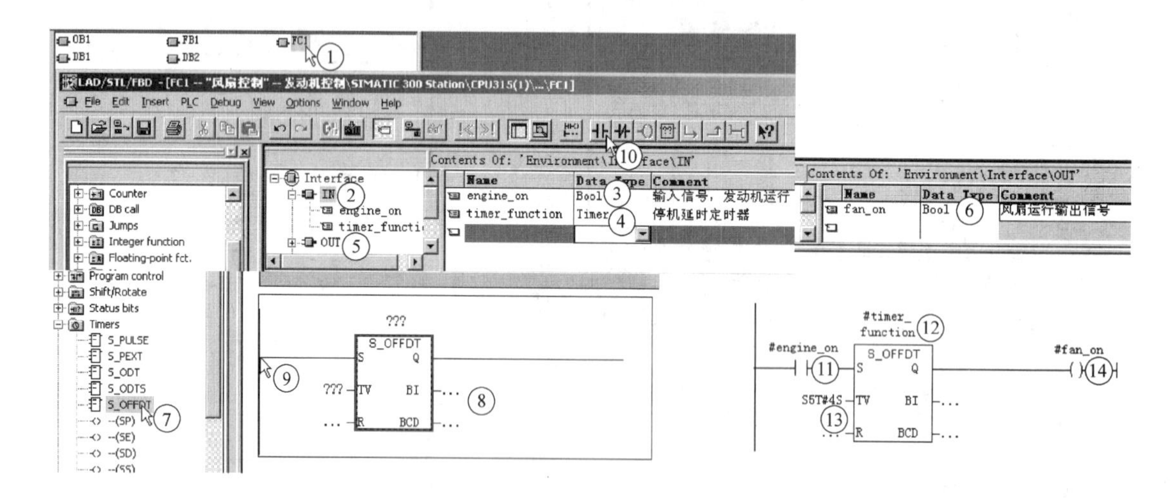

图 20-18 FC1 通用程序过程

20.3.6 编制 OB1 中程序

发动机的 OB1 通过两次调用 FB1 和 FC1 实现对汽油机和柴油机的控制，其梯形图程序如图 20-19 所示。

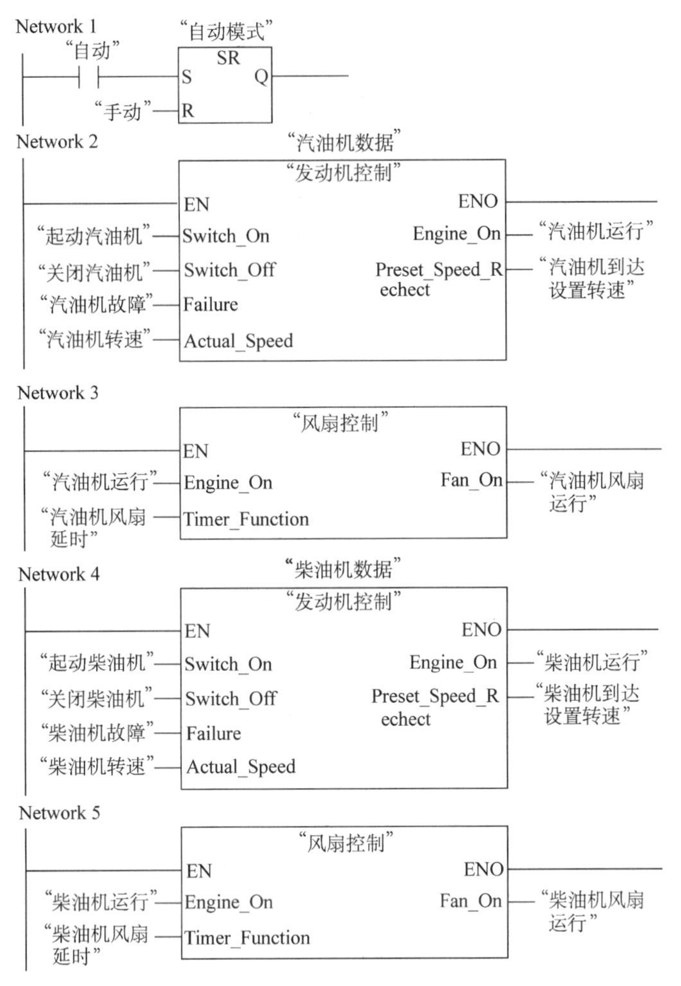

图 20-19　发动机 OB1 中的梯形图程序

思　考　题

20-1　图 20-20 所示为 LAD 程序，请使用 STEP 7 完成结构化方式编写 PLC 程序实验，并撰写实验报告。

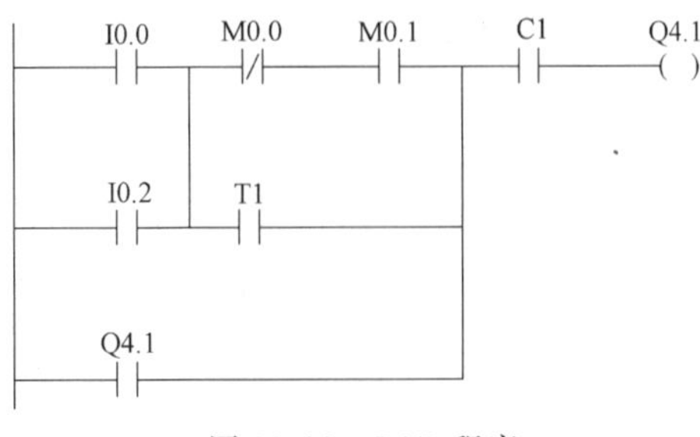

图 20-20　LAD 程序

20-2　简述 STEP 7 中结构化程序块种类和作用。

20-3　简述 STEP 7 的变量声明表中的变量类型。

第 21 章　STEP 7 顺控编程

S7 Graph 是用于顺序控制的功能图编程语言，所形成的功能图程序编制在功能块（FB）中，由 OB1 进行调用。

21.1　单序列顺控编程

图 21-1 中的两条运输带顺序相连，起动时先起动 1 号运输带，延时 6s 使 1 号运输带上的堆积运送完毕再自动起动 2 号运输带。停机时，2 号运输带首先停止运送，延时 5s 后 1 号运输带再停止运送，尽量使 1 号运输带上的余料清理干净。

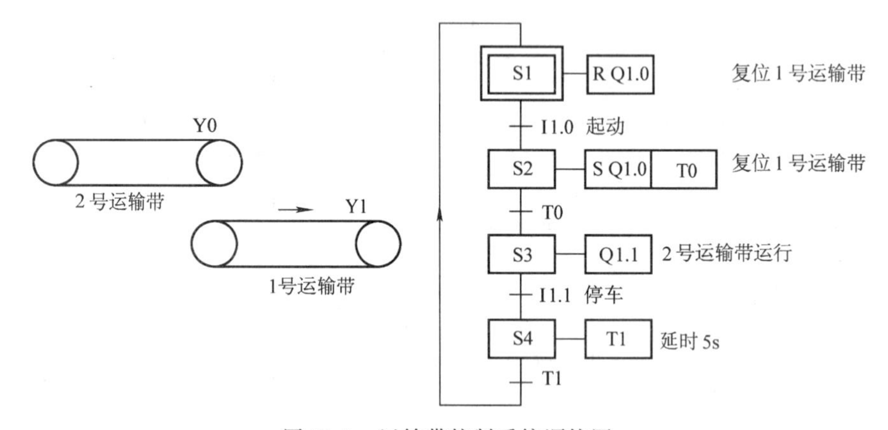

图 21-1　运输带控制系统顺控图

21.1.1　创建顺控项目

图 21-2 所示为运输带控制项目组态过程。第 1 步为创建完成运输带控制项目，第 2 步双击 “SIMATIC 300 Station”，第 3 步双击 “Hardware” 进入控制系统机架硬件组态过程，第 4 步为 4 号槽选用 DI16/DO16 ×24V/0. 5A 模板，第 5 步保存机架硬件组态，第 6 步将机架硬件组态信息下载到 CPU 中，至第 8 步完成。

21.1.2　创建 FB1 和 DB1

1. 创建 Graph FB1

图 21-3 所示为创建 Graph FB1 的过程，第 1 步在展开的 Block 右栏空白处右击，第 5 步选择 Graph 编程语言，至第 6 完成 FB1 的创建。

2. 创建 DB1

图 21-4 为创建 DB1 过程。第 1 步在已创建 FB1 的右栏空白处右击，第 4 ~6 步在 Name and type 后的文本框中分别选择 DB1，Instance DB 和 FB1，第 7 步在 Created in 后的文本框中选择 DB，至第 9 步完成。

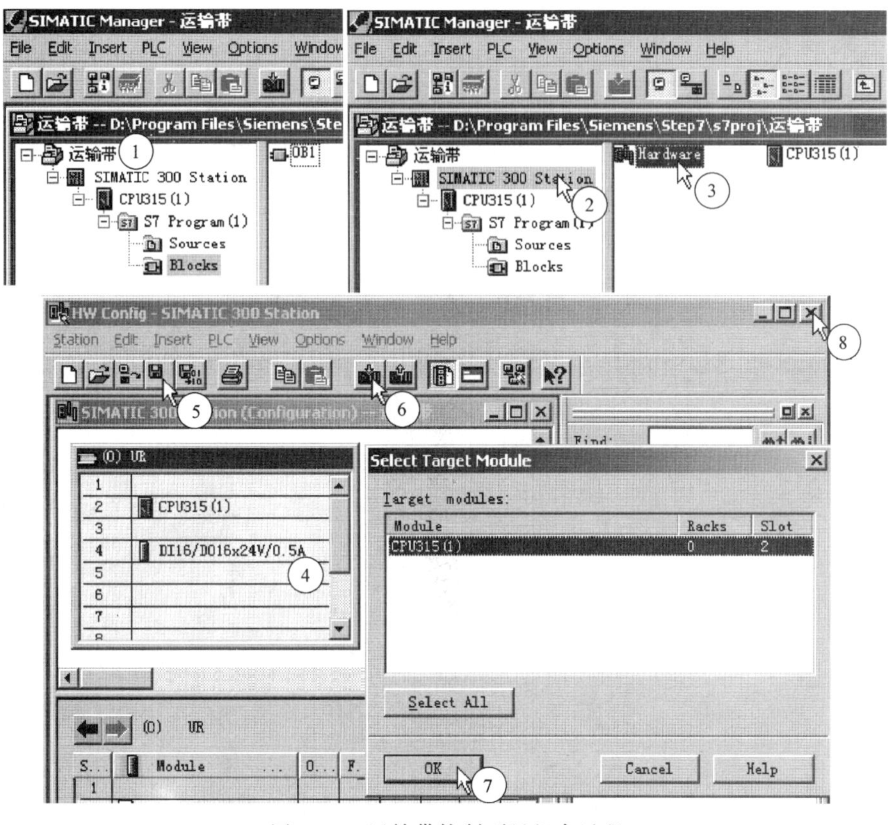

图 21-2　运输带控制项目组态过程

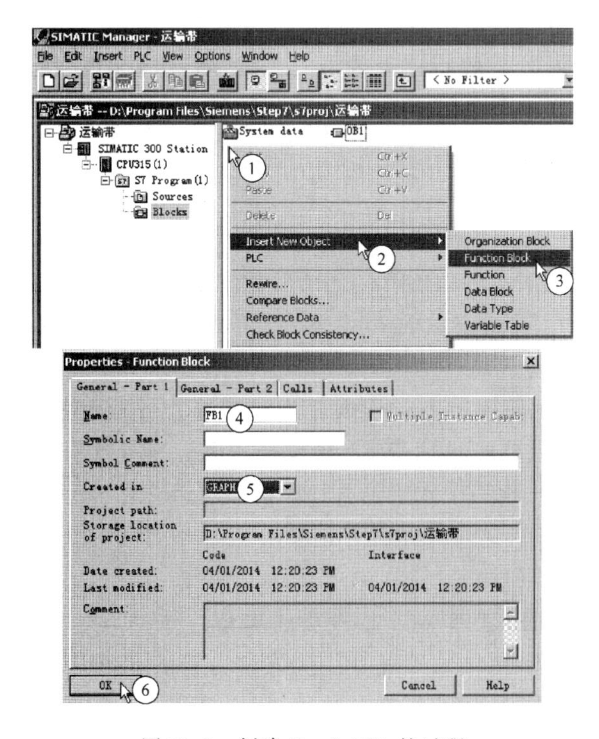

图 21-3　创建 Graph FB1 的过程

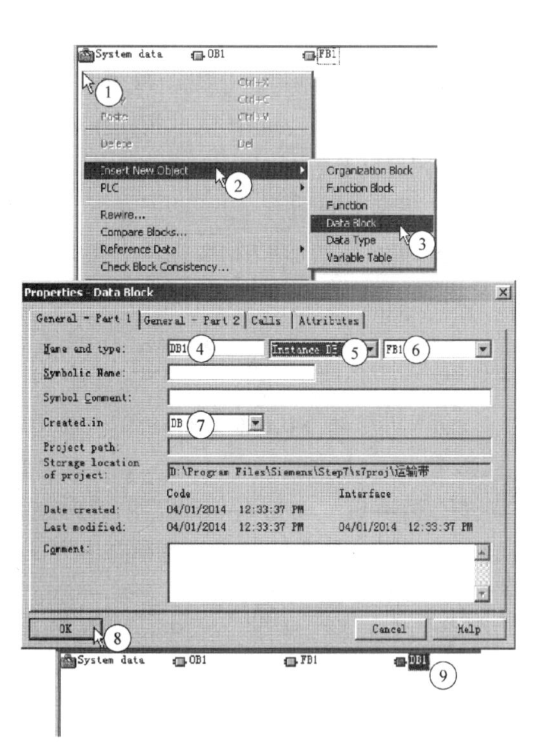

图 21-4　创建 DB1 过程

21.1.3 编制单序列结构

1. S7 Graph编程界面

双击FB1进入图21-5所示的S7 Graph编程界面。界面上顺控编辑显示工具条中的按钮分别为①所有步程序显示、②单步程序显示、③参数介绍、④符号显示、⑤块注释显示、⑥目标条件和动作显示以及⑦全屏显示。

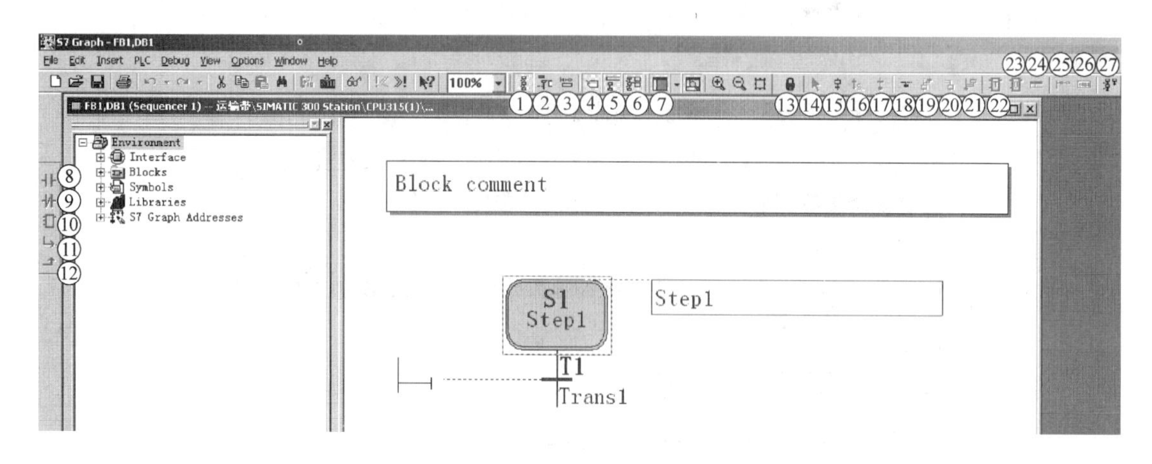

图21-5 S7 Graph编程界面

单击菜单命令“View”，选择“LAD”，出现LDD编制工具条，其中按钮分别为⑧常开触头、⑨常闭触头、⑩比较器、⑪O指令开始和⑫O指令结束。

顺控程序编制工具条中的按钮分别为⑬预选、⑭选择对象、⑮步与转换、⑯跳步、⑰分支中止、⑱选择序列的分支、⑲选择序列的合并、⑳并行序列的分支、㉑并行序列的合并、㉒插入监视时间T、㉓插入监视时间U、㉔插入动作、㉕插入永久条件、㉖插入永久性FB或FC调用以及㉗插入顺序控制器。

2. 增加FB1步

图21-6是增加FB1步过程。第1、2步进入Direct编辑模式，第3步用鼠标选中S7 Graph编辑界面中S1下面的转换T1，使T1及其表示转换的有向连线变为浅紫色，第4步在S1步下方增加一个新的步S2，第5、6步采用相同方法再在步S2的下方继续增加新步S3、S4。

第7步选中S4下面的转换T4，使T4及表示转换的有向连线变为浅紫色，第9步将鼠标移至T4的有向连线上，在S输入文本框中输入跳步目标步1。操作完成后，T4下方出现跳步目标步S1，初始步S1上面的有向连线上将出现一个水平箭头，该箭头右边标有T4，相当于生成了一个从S4至S1的有向连线，使S1～S4之间形成闭环。

3. 编制FB1步名称

S7 Graph顺控结构中，表示步的方框中S1、S2、S3、S4是各步的步号，Step1、Step2、Step3、Step4是各步的名称（可以修改，但不能用中文命名），步方框右旁虚线引出的Step1、Step2、Step3、Step4是各步的动作（需进行编辑）。有向连线上的T1、T2、T3、T4是各步的转换条件，Trans1、Trans2、Trans3、Trans4是各步转换的名称（可以修改，但不能用中文命名），有向连线左方虚线引出的是各步转换的 RLO 条件（需进行编辑）。

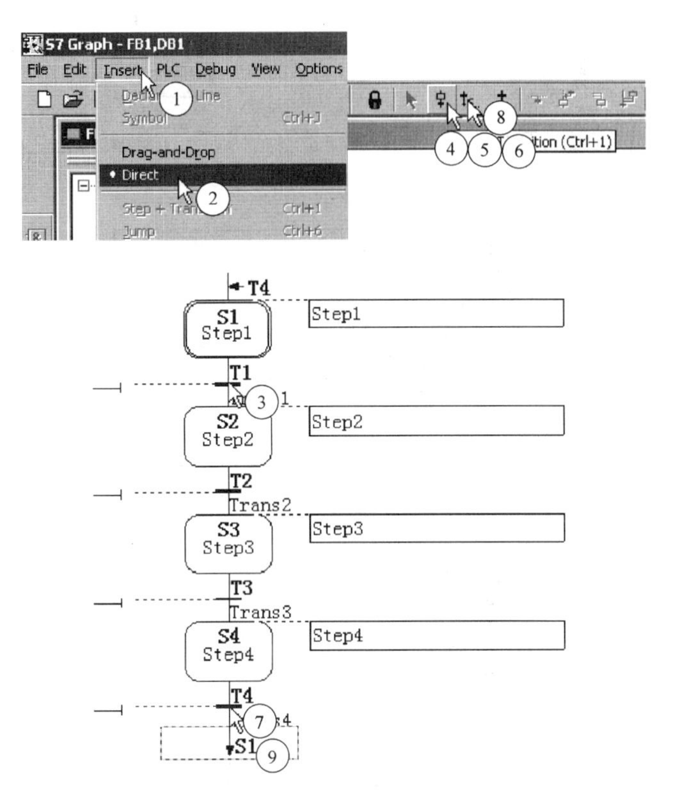

图 21-6　增加 FB1 步过程

图 21-7 所示为编制 FB1 步名称过程。第 1 步单击 Step1，出现 Step1 的可修改文本框，第 2 步在修改文本框中将 Step1 改为 Initial，第 3～5 步采用相同方法将 Step2、Step3、Step4 分别改为 Delay1、Belt、Delay2。

4. 编制 FB1 步转换名称

图 21-8 所示是编制 FB1 步转换名称过程，第 1 步单击 T1 下面的 Trans1，出现 Trans1 的可修改文本框，第 2 步在修改文本框中将 Trans1 改为 Start，第 3～5 步采用相同方法将 Trans2、Trans3、Trans4 分别改为 Time1、Stop、Time2。

5. 编制 FB1 步转换条件

图 21-9 所示为编制 FB1 步转换条件过程。第 1 步选中 T1 左旁的步转换条件，使之变成浅紫色后，第 2 步从 LAD 编制工具条中单击常开触头按钮，第 3 步单击常开触头上方的红色“?? . ?”，出现输入文本框，第 4 步输入常开触头地址 I1.0，完成转换 T1 的条件行程序编制。第 5～8 步采用相同方法完成 T2、T3、T4 的转换条件行编制。

6. 编制 FB1 步动作

S7 Graph 程序编辑器中，动作行由命令和地址组成，常用命令有以下 6 种：

1）S 命令——该步为活动步时，输出置为 1 状态并保持。

2）R 命令——该步为活动步时，输出置为 0 状态并保持。

3）N 命令——该步为活动步时，输出为 1；该步为不活动步时，输出复位为 0。

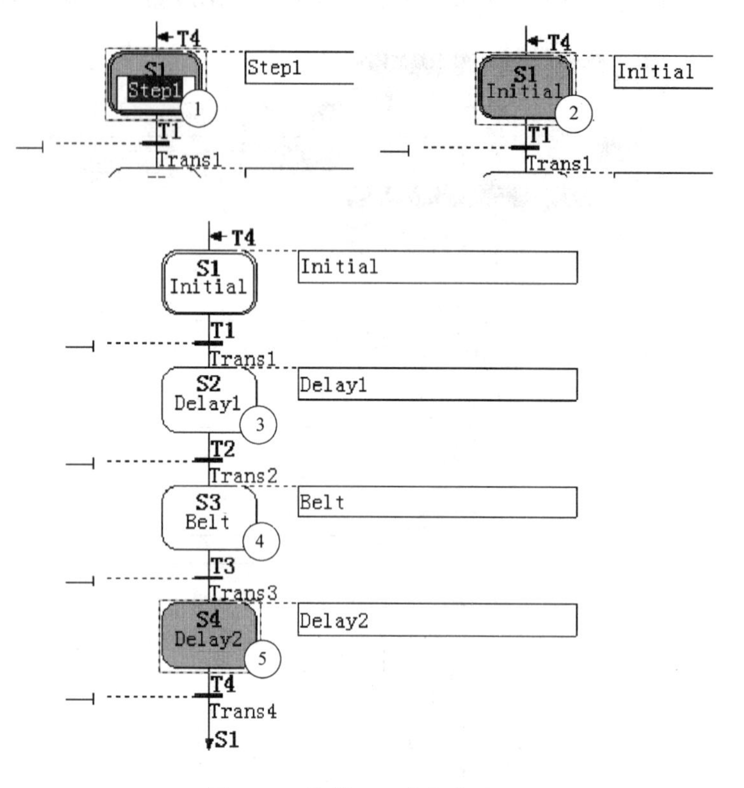

图 21-7 编制 FB1 步名称过程

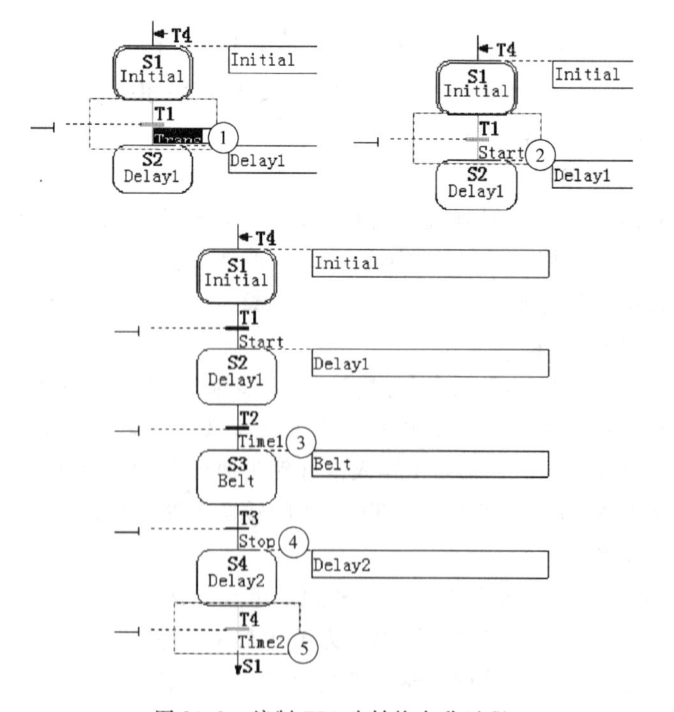

图 21-8 编制 FB1 步转换名称过程

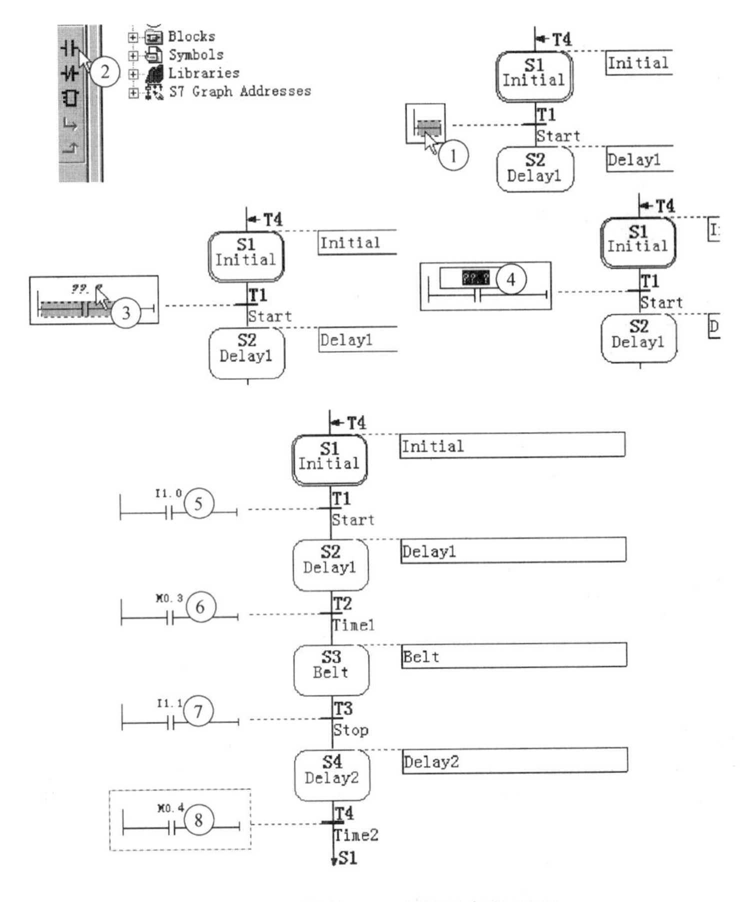

图 21-9 编制 FB1 步转换条件过程

4）L 命令——当该步变为活动步时，输出置 1 并保持一段时间。保持时间由 L 命令下面一行中的时间常数决定，格式为 T#n，n 是延时时间（例如 T#5s）。

5）CALL 命令——当该步为活动步时，调用命令中指定的块。

6）D 命令——延时执行该动作，延时时间在该命令右下方的方框中设置（例如 T#5s 表示延时 5s），延时时间到达时，如果该步仍然保持为活动步，输出置为 1 状态，如果该步已变为不活动步，则输出置为 0 状态。

图 21-10 所示为编制 FB1 步动作过程。第 1 步鼠标移到 Initial 动作框选中，第 2 步单击插入动作按钮，增加 Initial 的动作命令行，第 3～5 步完成 S1 步的动作程序编制。第 6～20 步采用相同方法完成 S2、S3、S4 步的动作程序编制。

21.1.4 步 S3 监控设置

图 21-11 所示是步 S3 监控设置过程。第 1 步选中步 S3 后，表示 S3 的方框四周将出现虚线矩形框。第 2 步单击单步程序显示按钮（或双击步 S3），进入步 S3 程序的单步编辑界面。第 3 步和第 4 步调出 LAD 编制工具条，第 6 步选择比较器指令，第 7～9 步在比较器左边上面引脚上输入 Belt2. T（第 3 步的名称）。第 10 步在比较器左边下面引脚上输入设置的监视时间 2h，格式为 T#2H，设置该步一旦执行时间超过 2h，就认为出错，出错步将显示为

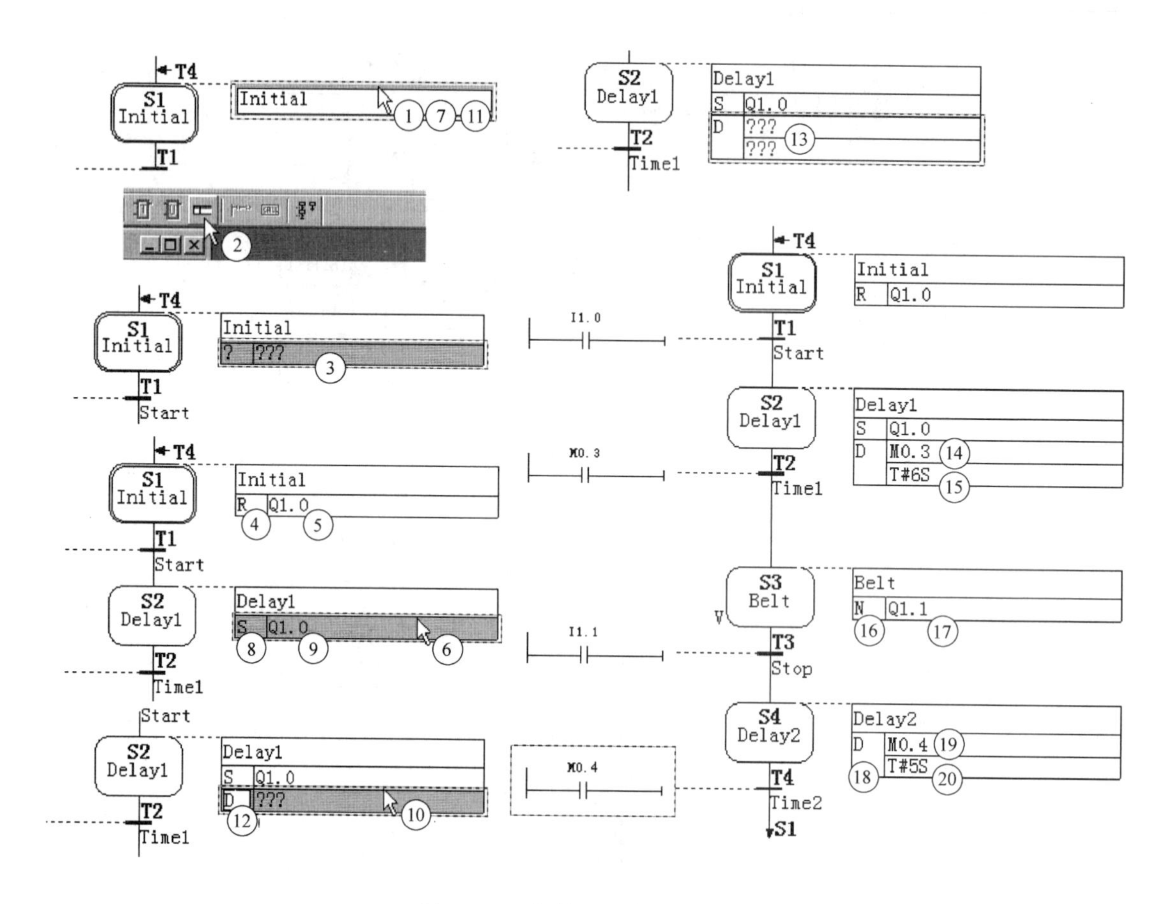

图 21-10 编制 FB1 步动作过程

红色。第 11 步单击全部程序显示按钮，重新回到 S7 Graph 编辑界面。第 12 步中，步 S3 左下方将出现“V”符号，表示该步被设置了监控功能。

21.1.5 编制 OB1 程序

1. 功能块参数集定义

在 S7 Graph FB 编辑界面中编制顺控程序时，需对系统的参数集进行定义，其过程如图 21-12 所示。在 Block Setting（功能块参数设置）对话框中列出了 S7 Graph FB 使用的 4 种不同的参数集。

1）Minimum 为最小参数集，只用于自动模式，不需要其他控制和监视功能。

2）Standard 为标准参数集，有多种操作方式，需要反馈信息，可选择确认报文。

3）Maximum（as of V4）为最大参数集，用于 V4 及以下编程软件版本，需要更多的操作员控制和用于服务和高度的监视功能。

4）User-defined（V5.x）可定义最大参数集，需要更多的操作员控制和用于服务和调试的监视功能，由 V5 的编程软件版本编制的程序块提供。

由于顺序控制器的运行有 4 种模式：自动模式（SW_AUTO）、手动模式（SW_MAN）、单步模式（SW_TAP）和自动或切换到下一步模式（SW_TOP），因此系统定义功能块参数

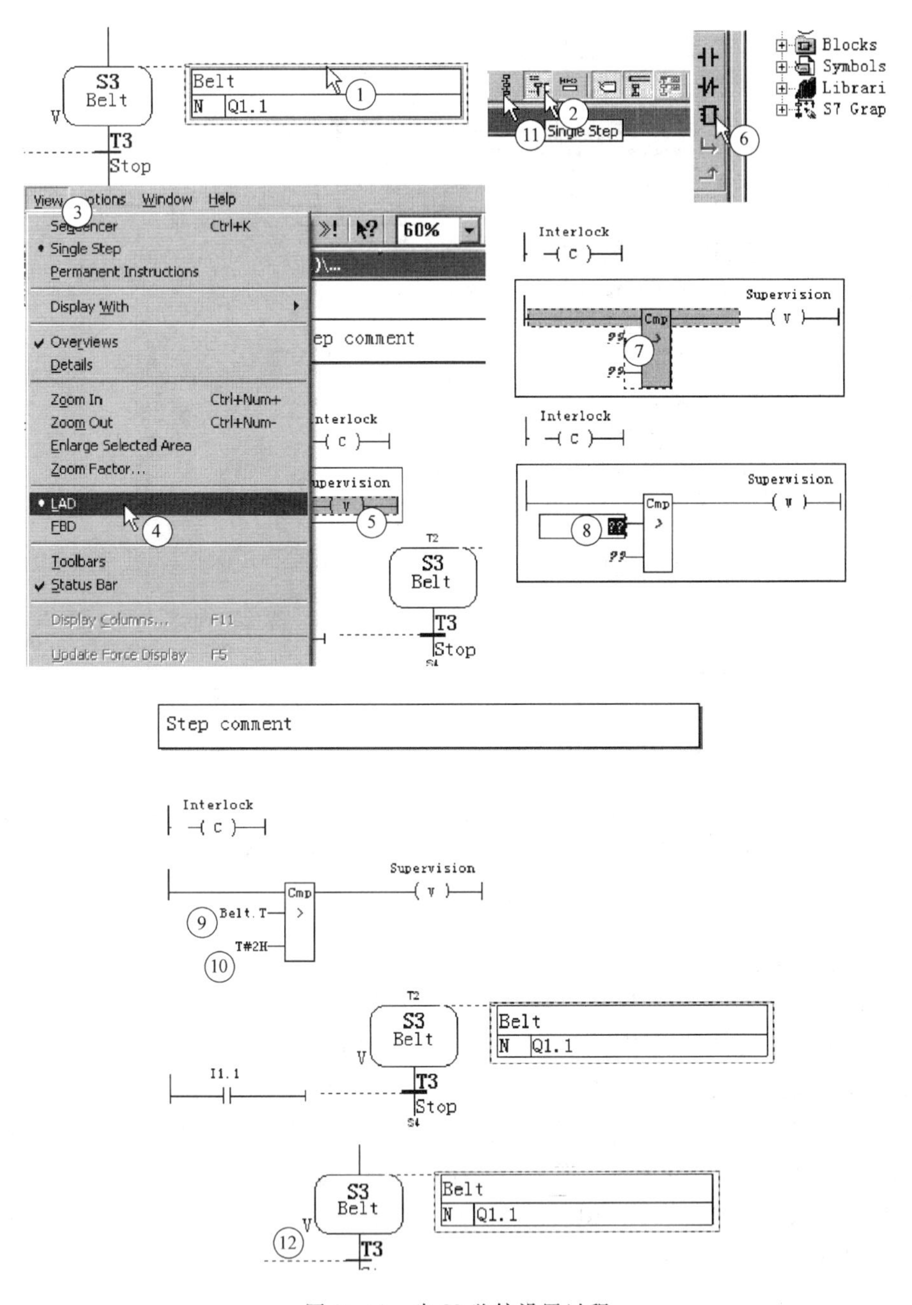

图 21-11　步 S3 监控设置过程

集需结合顺序控制器的运行模式确定。

第 3 步在 Block Settings 对话框的 FB Parameters 区中选择 Minimum（最小参数集），第 4 步单击 OK 按钮，完成参数集设置。参数集设置完成后，系统自动生成 FB1 程序的所有变量。

执行保存命令保存顺控程序时，系统将自动编译用户编制的顺控程序。如果程序有错，在 S7 Graph 编辑界面下方的 Details 窗口会给出提示和警告，改正后才能保存；如果无错，系统会自动保存，并给出 "No errors found, no warnings found" 的信息。执行菜单命令 Close，可关闭 S7 Graph 编辑界面。

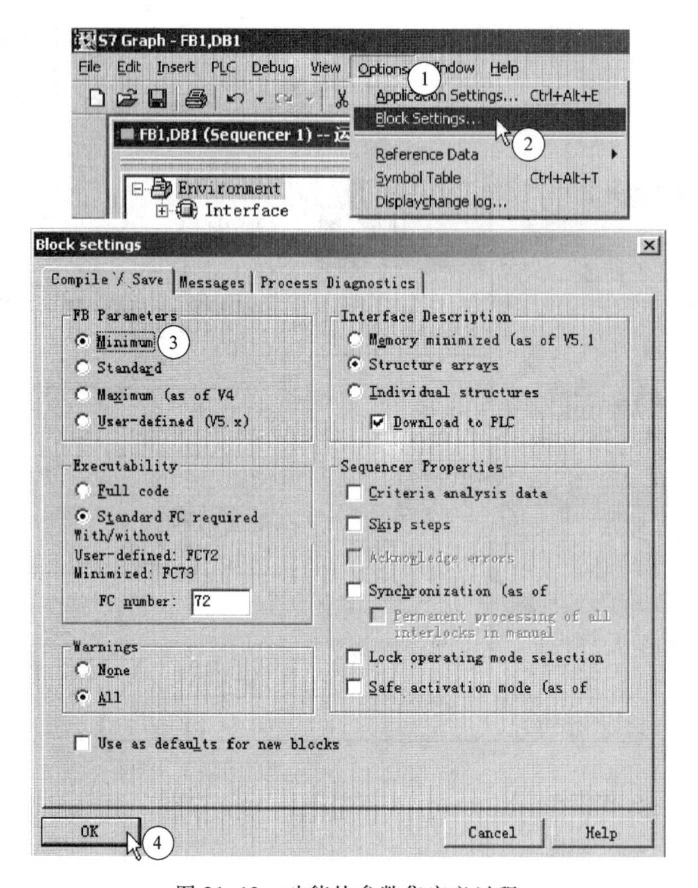

图 21-12 功能块参数集定义过程

2. 编辑空盒指令

图 21-13 所示为编制 OB1 过程。第 1 步双击 OB1，进入编程制工作界面，第 2、3 步调出 LAD 工具条，第 4、5 步调用空盒指令，第 6 步设置调用名称为 FB1，第 7 步设置空盒指令名称，第 8 步在空白处单击确定。

运输带控制系统的顺控程序被调用时只有一个变量 INIT_ SQ（该变量数据类型为 BOOL，含义为 INIT_ SEQUENCE，即关闭顺序控制器，使所有的步变为不活动步），调用时用 M0.0 作该参数的实参。第 9、10 步在 INIT_ SQ 引脚处输入 M0.0，至第 11 步完成 OB1 编制过程，第 12 步执行保存命令。

21.1.6 S7 Graph 仿真

1. 创建仿真视图

图 21-14 所示为创建运输带仿真视图过程。第 1 步调出 S7-PLCSIM 窗口，STEP 7 自动建立了与仿真 CPU 间的连接，第 2 步令仿真 PLC 处于 STOP 模式，第 3 ~ 5 步令仿真 PLC 处于连续扫描方式，即第 6 步的命令按钮处于按下状态，第 7、8 步将相应程序块下载到仿真 PLC 中，第 9 ~ 16 步创建输入字节 IB1、QB1、T0、T1 等视图，并将 IB1 与 QB1 的显示方式设置为 Bits，第 17 步存盘。

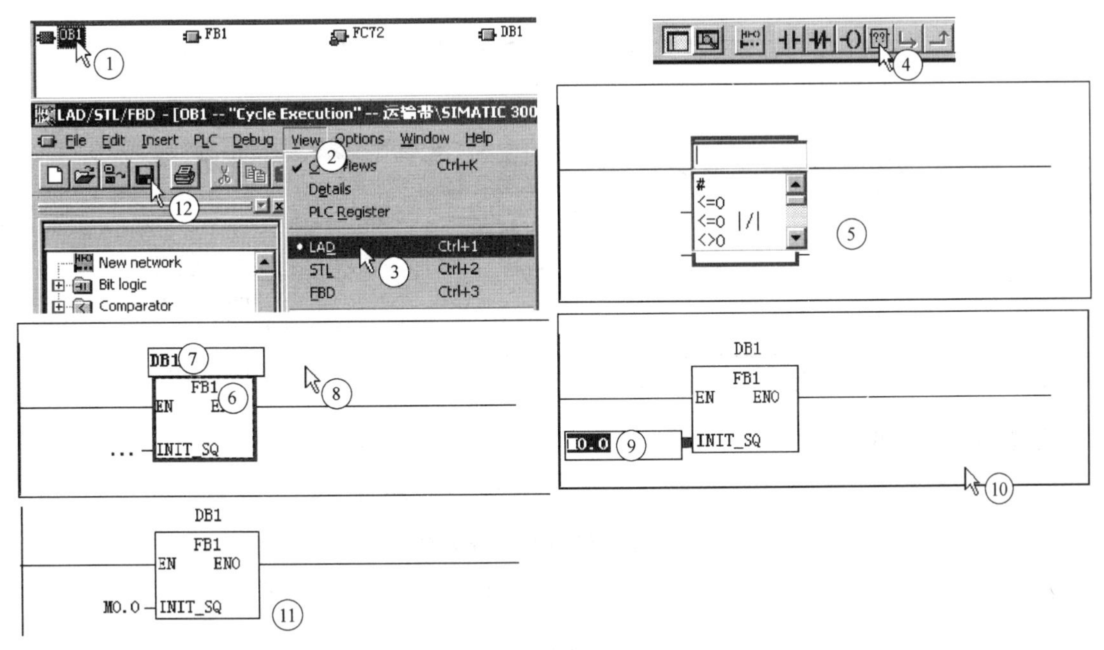

图 21-13　编制 OB1 过程

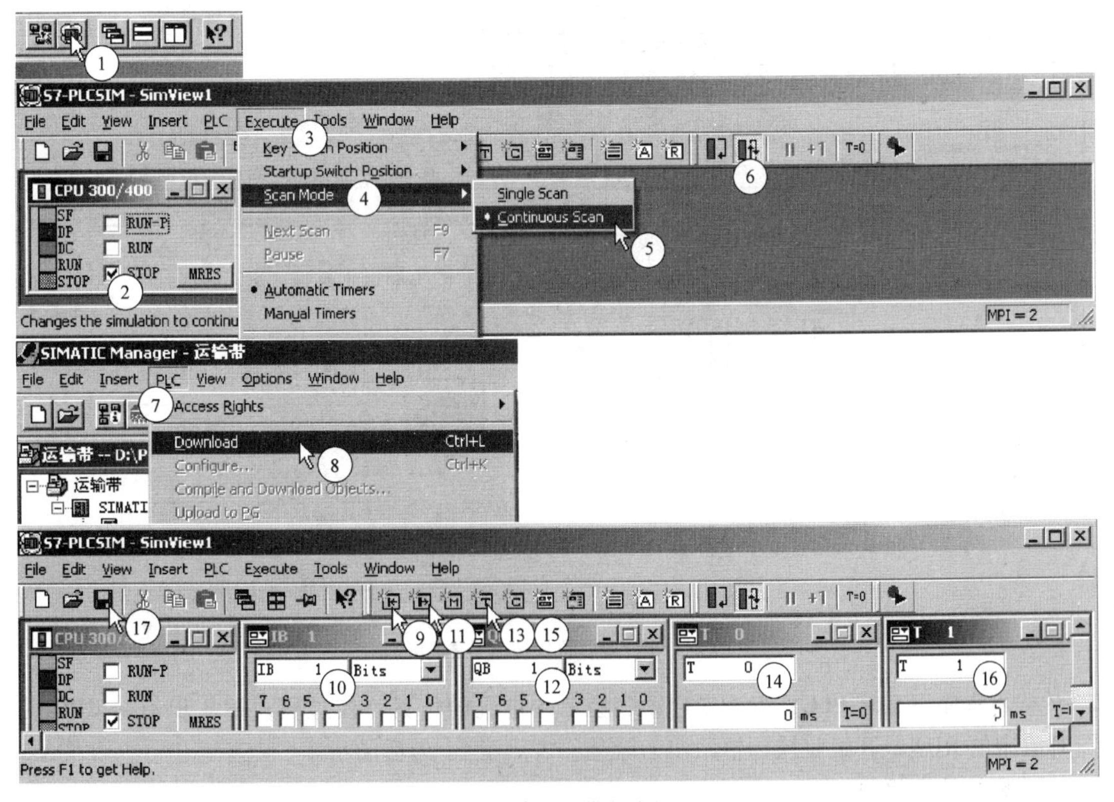

图 21-14　创建运输带仿真视图过程

2. 调用顺控仿真视图

图 21-15 所示为调用顺控仿真监控过程。第 1 步双击 FB1，调出 S7 Graph 编辑界面，第

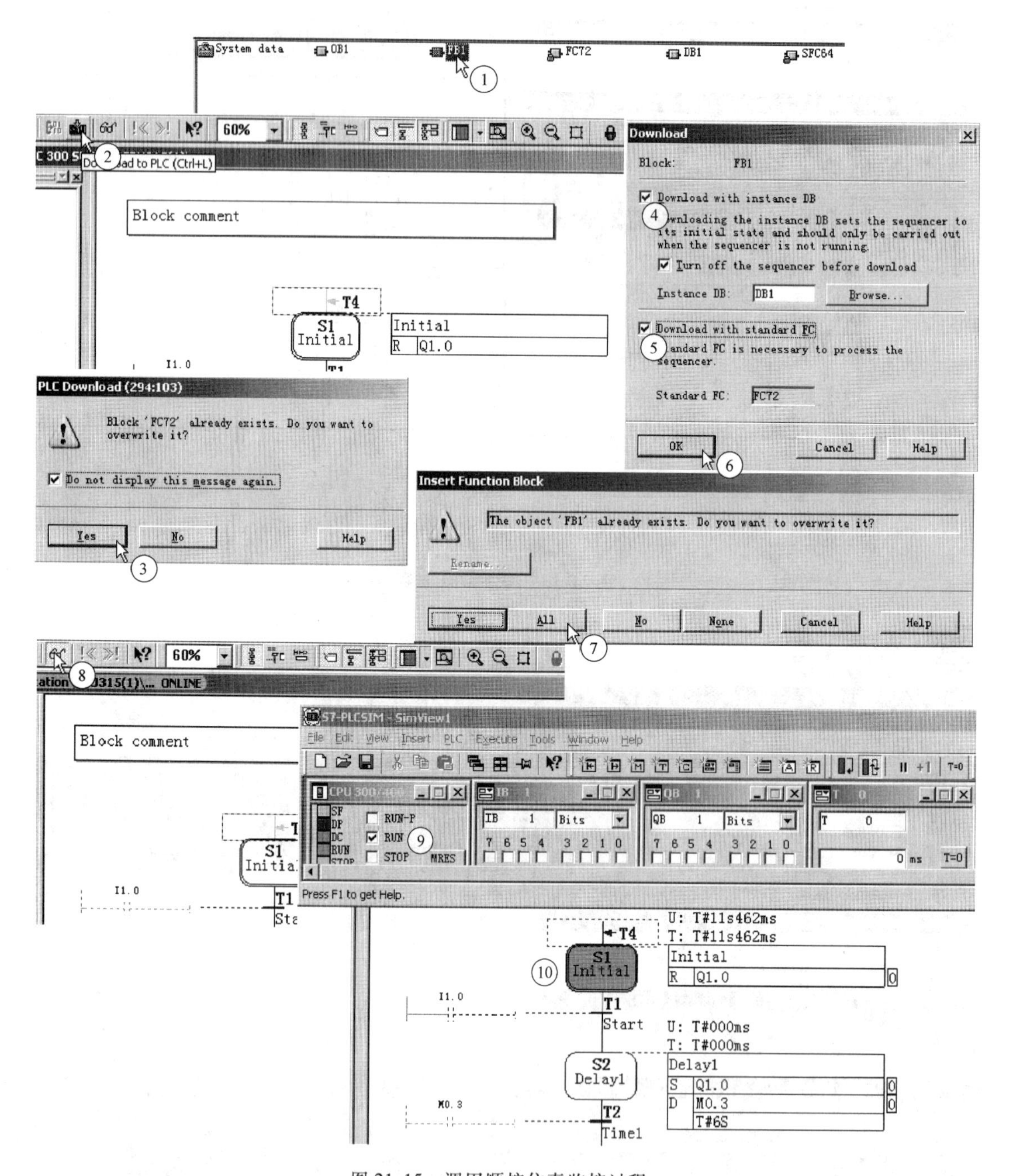

图 21-15 调用顺控仿真监控过程

2～7 步将程序下载至 PLC，第 8 步启动顺控工作进程的仿真监控过程，第 9 步勾选 CPU 视图对象中的 RUN，开始监控，初始步为绿色，表示步 S1 为活动步。

3. 顺控仿真操作

图 21-16 所示为顺控仿真操作过程。第 1 步单击 PLCSIM 中 I1.0 对应的方框，使方框内的“√”消失，模拟松开启动按钮，可以看到步 S1 变为白色，步 S2 变为绿色，表示由步 S1 转换到了步 S2。计时设定值 6s 到达后，步 S2 下面的转换条件满足，自动转换到步 S3，

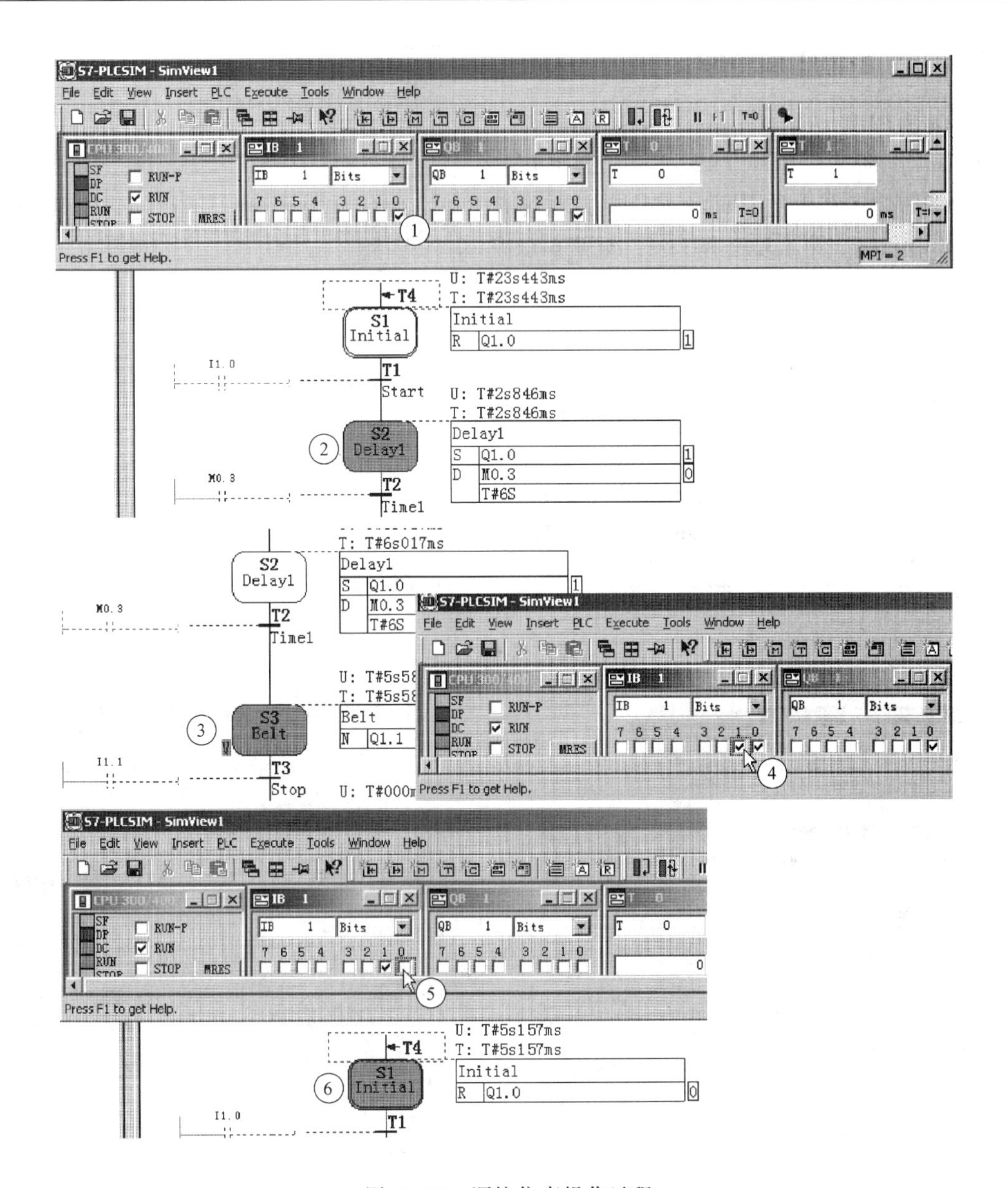

图 21-16　顺控仿真操作过程

第 4 步在 PLCSIM 中用 I1.1 模拟停止按钮的操作，步 S3 转换到步 S4 的过程，第 5 步使 I1.0 框内“√”消失，延时 5s 后自动返回初始步。

21.2　选择序列顺控编程

图 21-17 所示的选择序列顺控图中，初始步 S1 转换后，有两个序列：当转换条件 I2.0 满足时，顺控程序选择步 S2 所在序列执行，因步 3 所在序列的转换条件 I2.2 不满足而不能执行该序列；当转换条件 I2.2 满足时，顺控程序选择步 S3 所在序列执行，不执行步 S2 所在的序列。

21.2.1 创建 FB2 和 DB2

1. 创建 FB2

图 21-18 所示为创建 FB2 过程。第 1 步打开 SIMATIC 管理器中的 Blocks 文件夹，在窗口空白处单击右键，第 4 步选择 FB2，至第 6 步完成创建。

2. 创建 DB2

图 21-19 所示为创建 DB2 过程。FB2 后要创建对应的背景数据块，第 1 步在屏幕右边的窗口内空白处单击右键，第 4～6 步在 Name and type 后的 3 个文本框中分别选择 DB2、Instance DB 和 FB2，第 7 步在 Created in 后的文本框中选择 DB，至第 8 步完成创建。

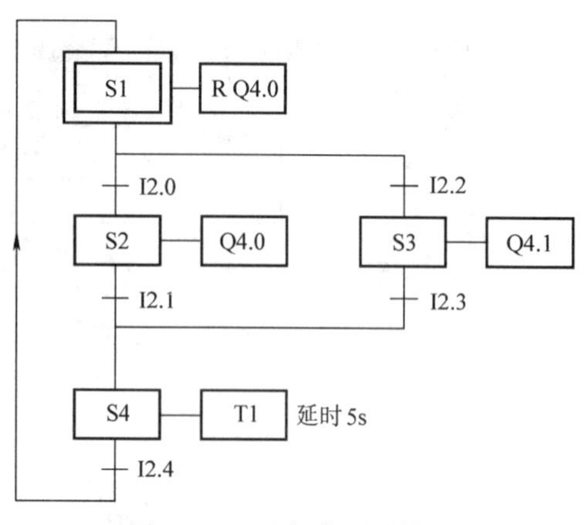

图 21-17 选择序列顺控图

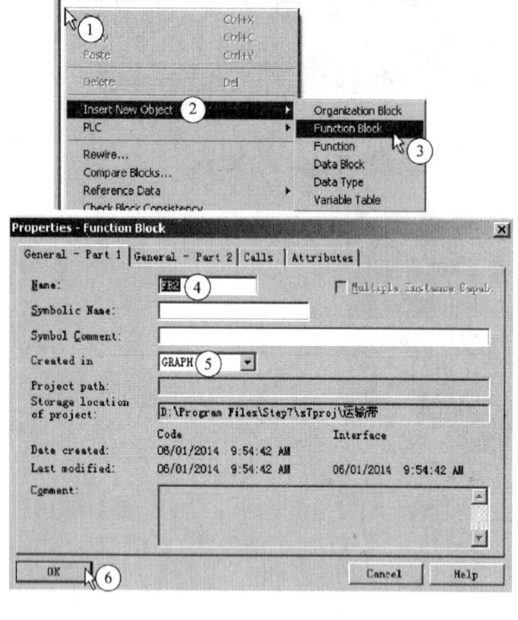

图 21-18 创建 FB2 过程

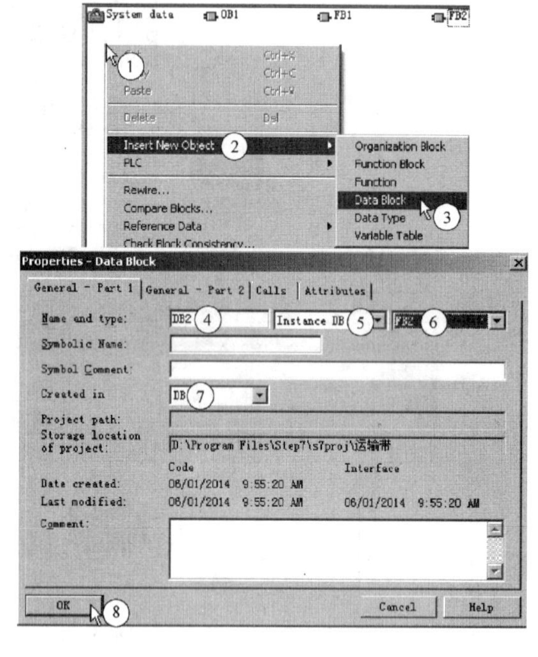

图 21-19 创建 FB2 过程

21.2.2 编制选择序列结构

1. 调用 FB2 S7 Graph

图 21-20 所示为调用 FB2 S7 Graph 过程，第 1 步双击 FB2 进入 S7 Graph 编辑界面，第 3、4 步将顺控转换条件编辑语言设置为 LAD，第 5～8 步调用 Sequencer 顺控程序编制工具条，第 9、10 步执行菜单命令 Insert\Direct，进入 Direct 编辑模式。

2. 增加选择序列分支

图 21-21 所示是增加选择序列分支过程。第 1 步选中 S1，第 2 步单击选择序列的分支指令按钮，第 3 步在 S1 步下方增加一个选择序列的分支 T2。

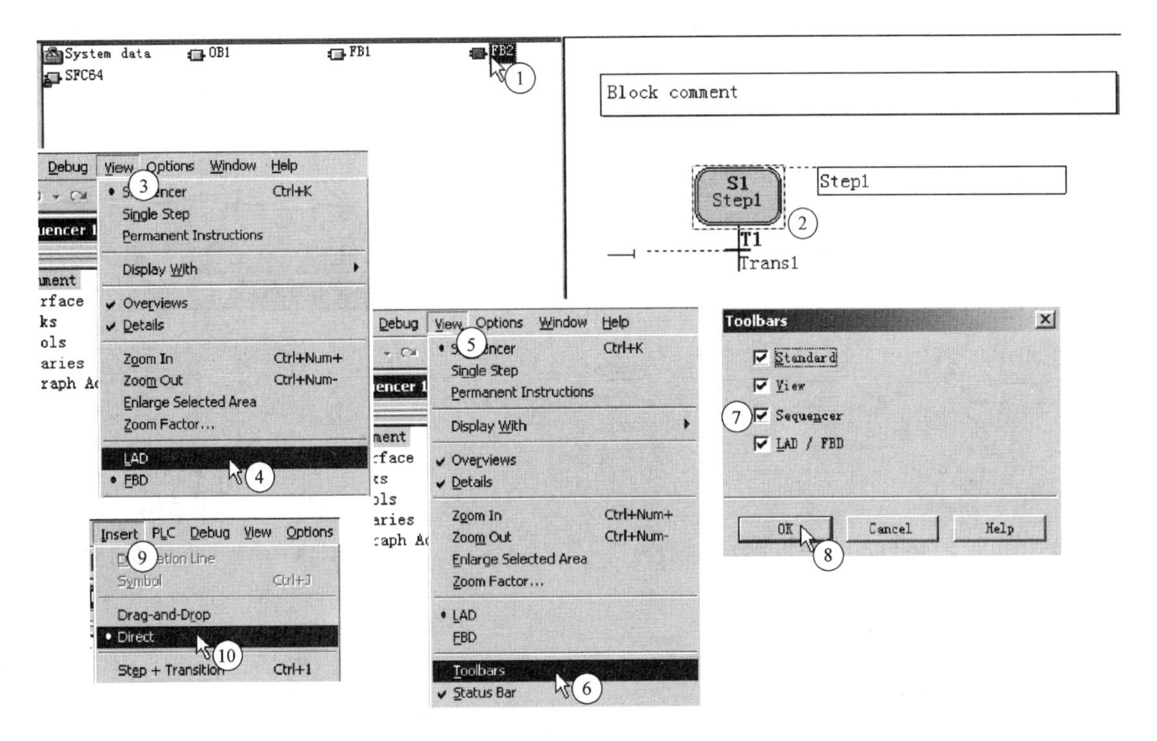

图 21-20　调用 FB2 S7 Graph 过程

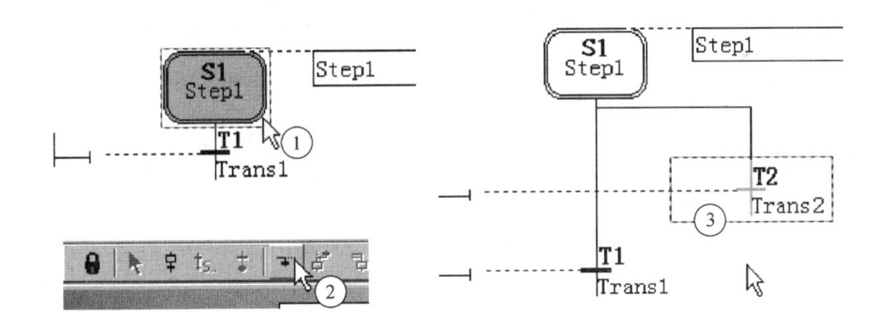

图 21-21　增加选择序列分支过程

3. 增加 FB2 新步

图 21-22 所示为增加 FB2 新步过程。第 1 步选中 S1 下方的转换 T1，使 T1 及其表示转换的有向连线变为浅紫色，第 2 步单击步与转换命令按钮，第 3 步在 S1 步下方增加一个新的步 S2，第 4 ~ 12 步采用相同方法在 T2、T3 下方增加新步 S3 和 S4。

4. 增加 FB2 跳步

图 21-23 所示为增加 FB2 跳步过程。第 1 步选中 T5，第 2 步单击跳步指令按钮，第 3 步在 T5 下方框内输入 S1，完成从 S4 到 S1 的跳步。

5. 选择序列合并

图 21-24 所示为选择序列合并过程。第 1 步选择转换 T4，第 2 步单击选择序列的合并按钮，第 3 步选中 T3，第 4 步完成选择序列的合并。

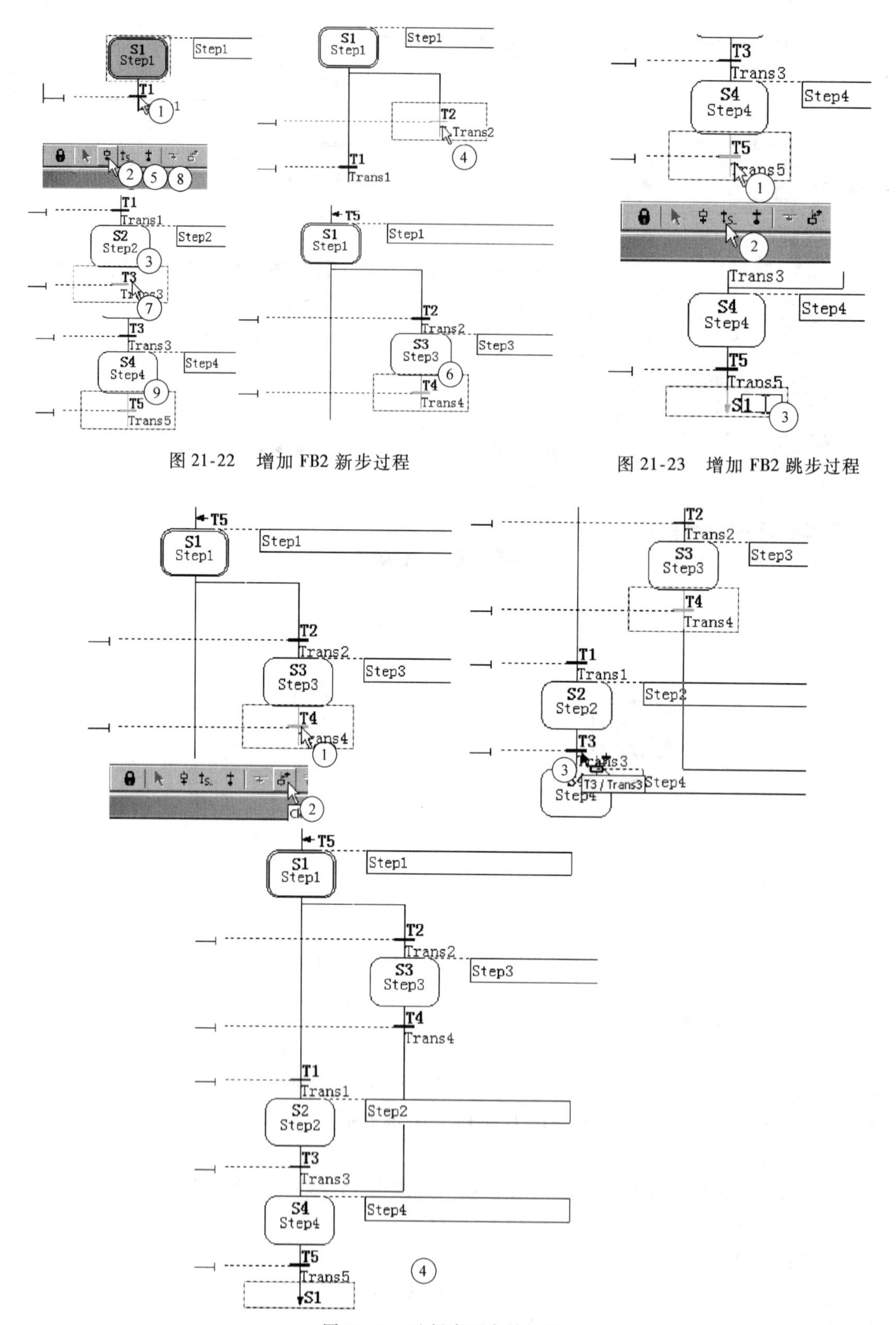

图 21-22 增加 FB2 新步过程

图 21-23 增加 FB2 跳步过程

图 21-24 选择序列合并过程

21.2.3　编制 FB2 步和转换

1. 编制 FB2 步名称

图 21-25 所示为编制 FB2 步名称过程。第 1 步单击 S1，第 2 步在修改文本框中将 Step1 改为 Initial，第 3 ~5 步采用相同方法将 Step2、Step3、Step4 分别改为 Delay1、Delay2、Manipulator。

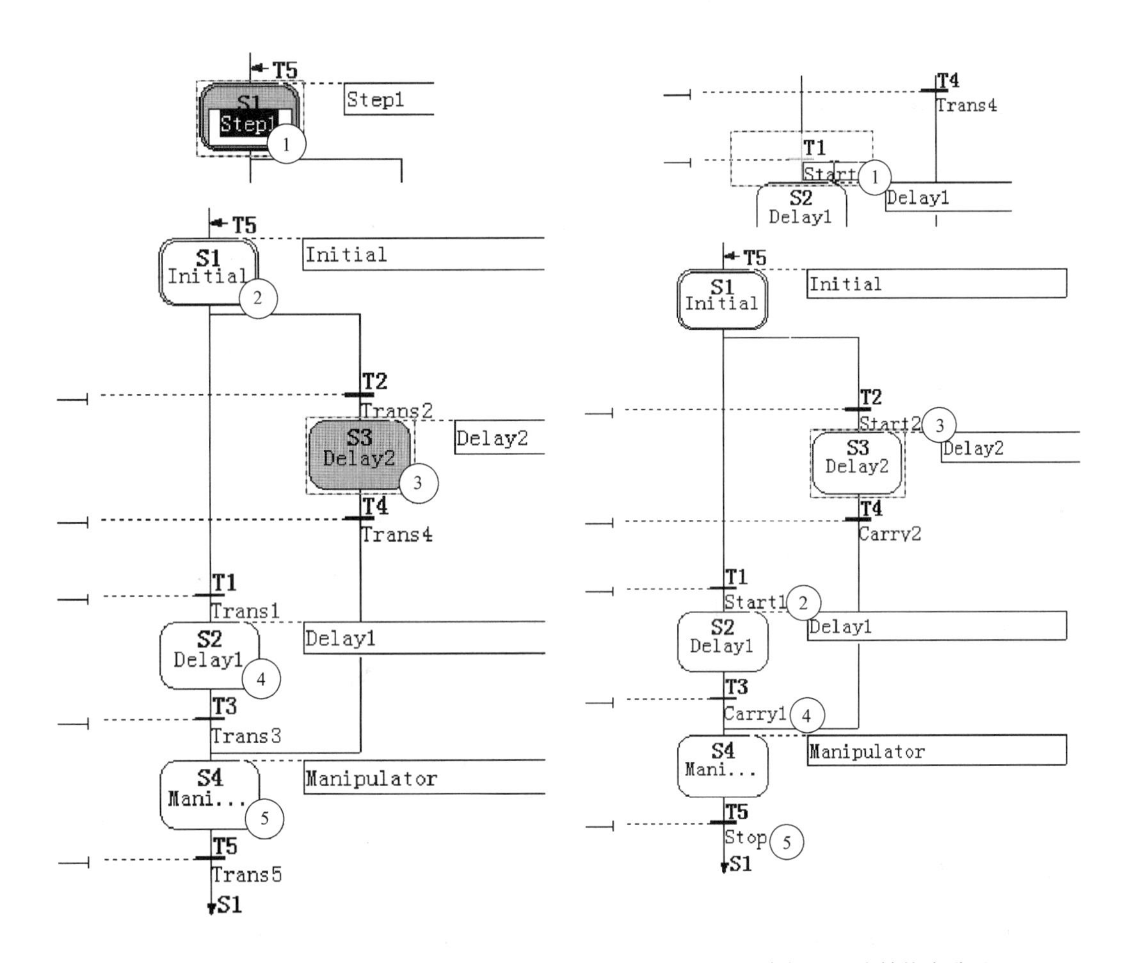

图 21-25　编制 FB2 步名称过程

图 21-26　编制 FB2 步转换名称过程

2. 编制 FB2 步转换名称

图 21-26 所示为编制 FB2 步转换名称过程。第 1 步和第 2 步单击 T1 下面的 Trans1，在修改文本框中将 Trans1 改为 Start，第 3 ~5 步采用相同方法将 Trans2、Trans3、Trans4、Trans5 分别改为 Start2、Carry1、Carry2、Stop。

3. 编制 FB2 步转换条件

图 21-27 所示为编制 FB2 步转换条件过程。第 1、2 步调用 LAD 编制工具条，第 3 ~7 步编制 T2 的步转换条件，输入常开触头名称 I2.2，第 8 ~11 步采用相同方法插入 T4、T1、T5、T5 的转换条件常开触头名称分别为 I2.3、I2.0、I2.1、I2.4。

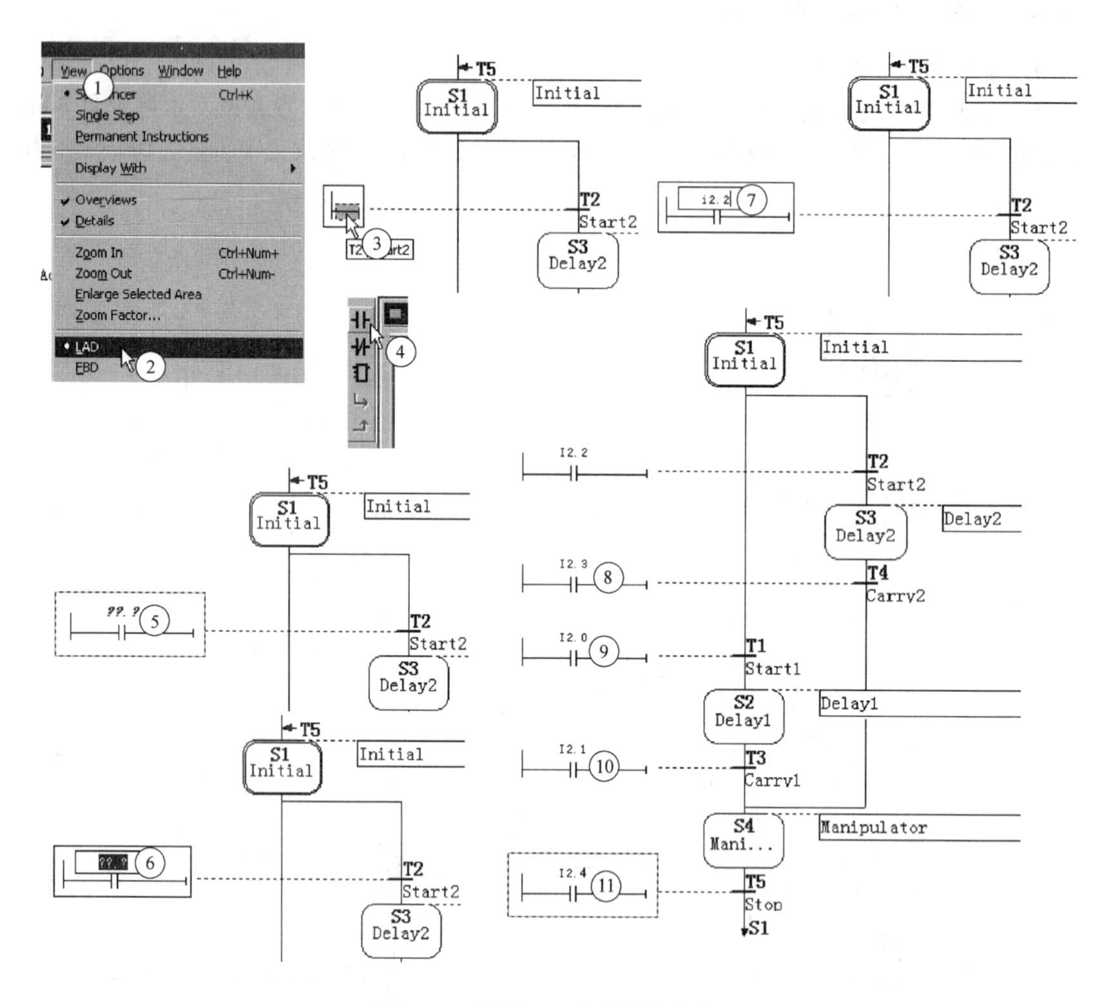

图 21-27 编制 FB2 步转换条件过程

21.2.4 编制 FB2 步动作

图 21-28 所示为编制 FB2 步动作过程。第 1 步将鼠标移到 Initial 动作框上，第 2 步选择推入动作按钮，第 3～5 步输入命令名称 R 和 Q4.0，完成 S1 步的动作程序编制，第 6～8 步采用相同方法完成 S2、S3、S4 步的动作的编制。

21.3 并行序列顺控编程

图 21-29 所示的并行序列顺控图中，初始步 S1 后有两个并行分支序列：当分支序列水平双线之上的转换条件 I3.0 满足时，顺控程序同时执行步 S2 和步 S3 所在序列的分支程序，且 2 个序列的程序均独立执行，两个并行分支序列的程序执行结束后汇总在合并水平双线之上；只有当转换条件 I3.3 满足时，后续复位至步 S1 程序才能执行。

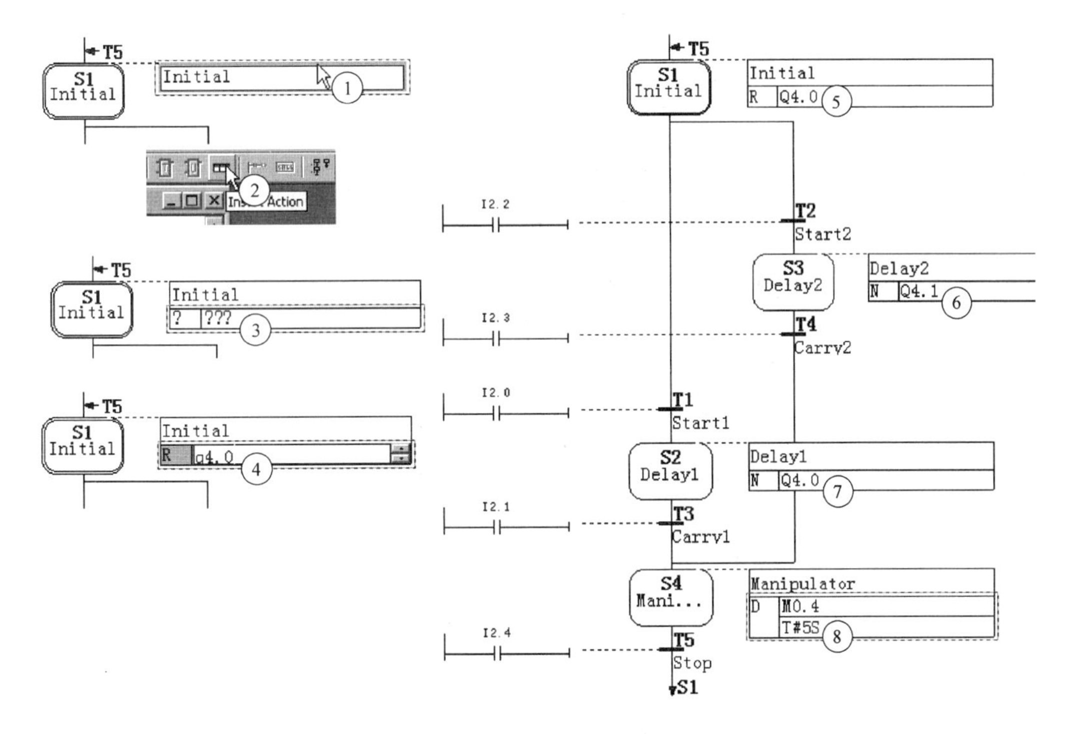

图 21-28 编制 FB2 步动作过程

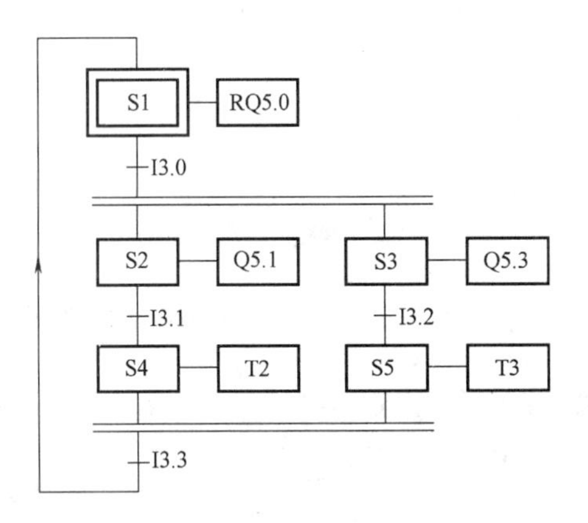

图 21-29 并行序列顺控图

21.3.1 创建 FB3 和 DB3

1. 创建 FB3

图 21-30 所示为创建 FB3 过程。第 1 步打开 SIMATIC 管理器中的 Blocks 文件夹，在窗口空白处单击右键，第 4 步选择 FB3，至第 6 步完成创建。

2. 创建 DB3

图 21-31 所示为创建 DB3 过程。FB3 后要创建对应的背景数据块，第 1 步在屏幕右边的窗口内空白处单击右键，第 4 ~ 6 步在 Name and type 后的 3 个文本框中分别选择 DB3、Instance DB 和 FB3，第 7 步在 Created in 后的文本框中选择 DB，至第 8 步完成创建。

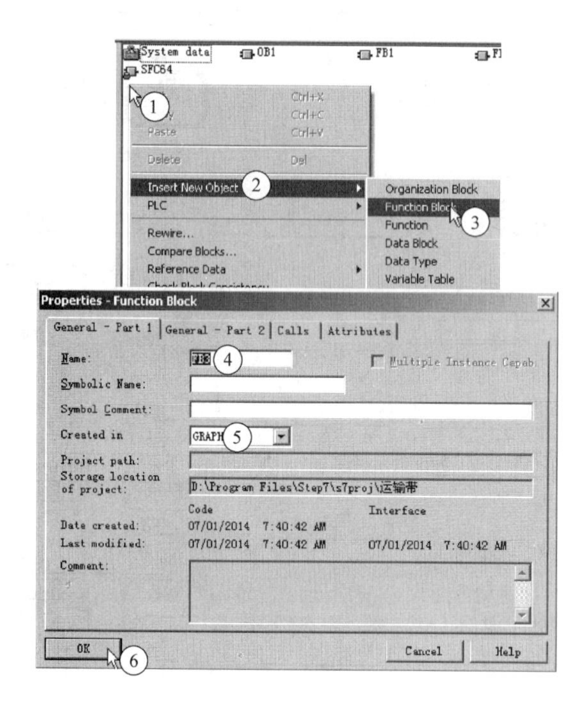

图 21-30 创建 FB3 过程

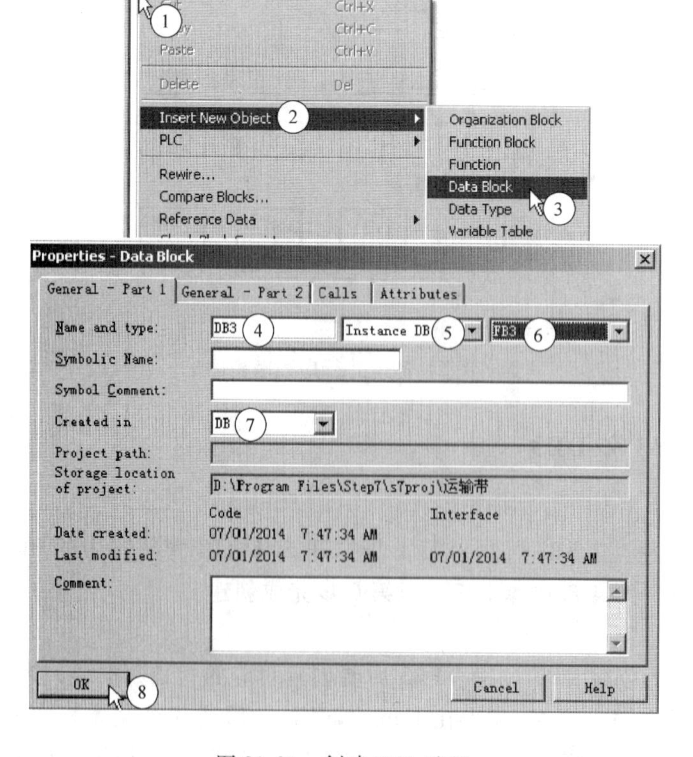

图 21-31 创建 DB3 过程

21.3.2　编制并行序列结构

1. 调用 FB3 S7 Graph

图 21-32 所示为调用 FB3 S7 Graph 过程。第 1 步双击 FB3 进入 S7 Graph 编辑界面，第 3、4 步将顺控转换条件编辑语言设置为 LAD，第 5～8 步调用 Sequencer 顺控程序编制工具条，第 9、10 步执行菜单命令 Insert\Direct，进入 Direct 编辑模式。

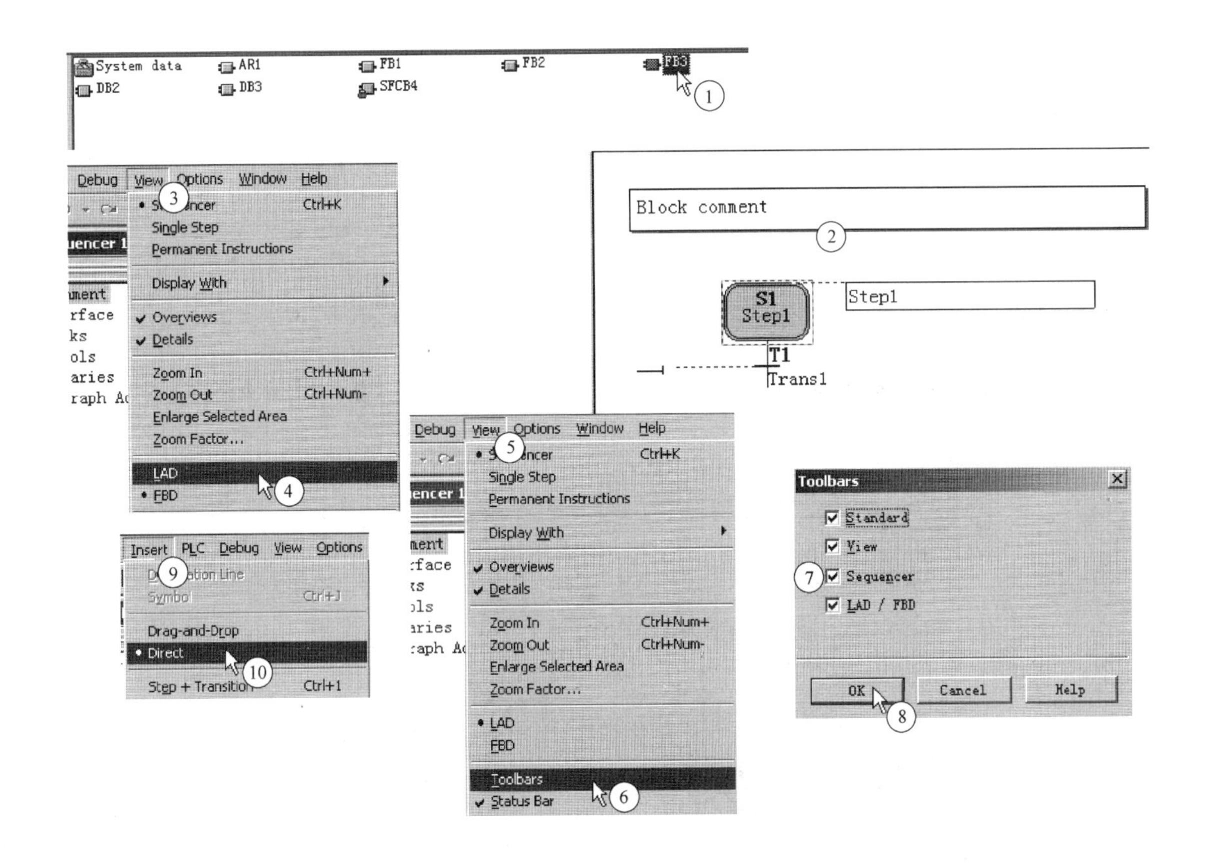

图 21-32　调用 FB3 S7 Gragh 过程

2. 增加 FB3 新步

图 21-33 所示为增加 FB3 新步过程。第 1 步选中 S1 下面的转换 T1，第 2 步单击步与转换命令按钮，第 3 步在 S1 步下方增加一个新的步 S2。

3. 增加并行序列分支

图 21-34 所示为增加并行序列分支过程。第 1 步选中 T1，第 2 步单击选择序列的分支指令按钮，第 3 步在 T1 步右下方增加一个选择序列的分支新步 S3。

4. 增加 S4 和 S5 新步

图 21-35 所示为增加 S4 和 S5 新步过程。第 1 步选中 S2 下面的转换 T2，第 2 步选择步与转换命令按钮，第 3 步增加 S4 新步，第 4 步选中 S3，至第 6 步在 T4 下方增加 S5 新步。

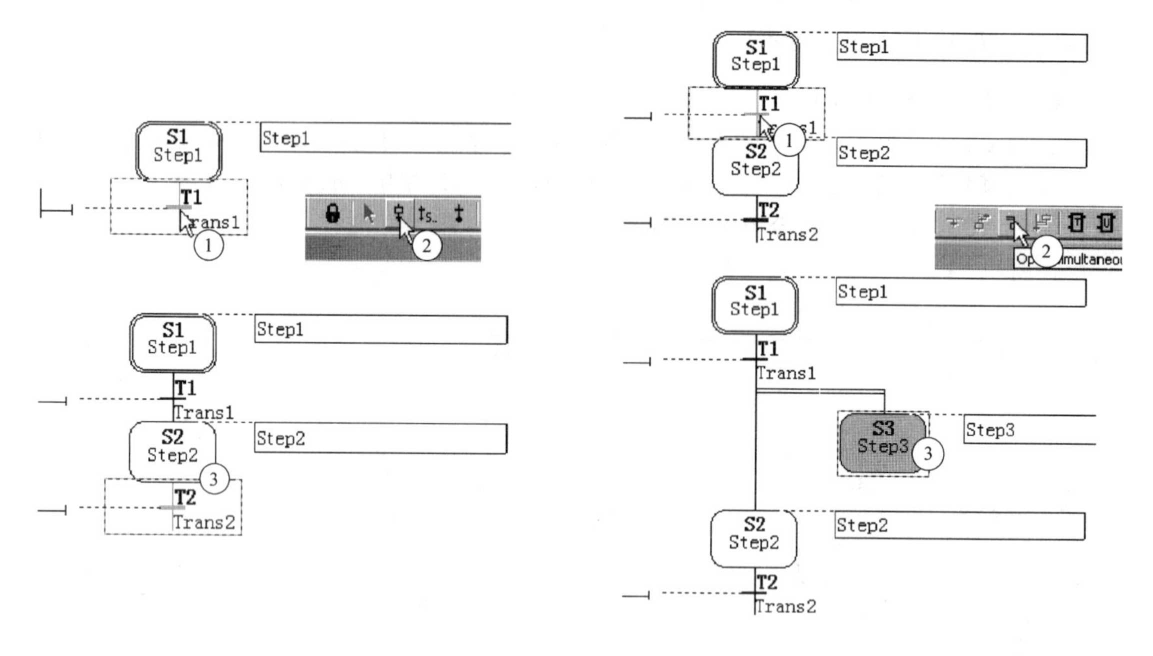

图 21-33 增加 FB3 新步过程

图 21-34 增加并行序列分支过程

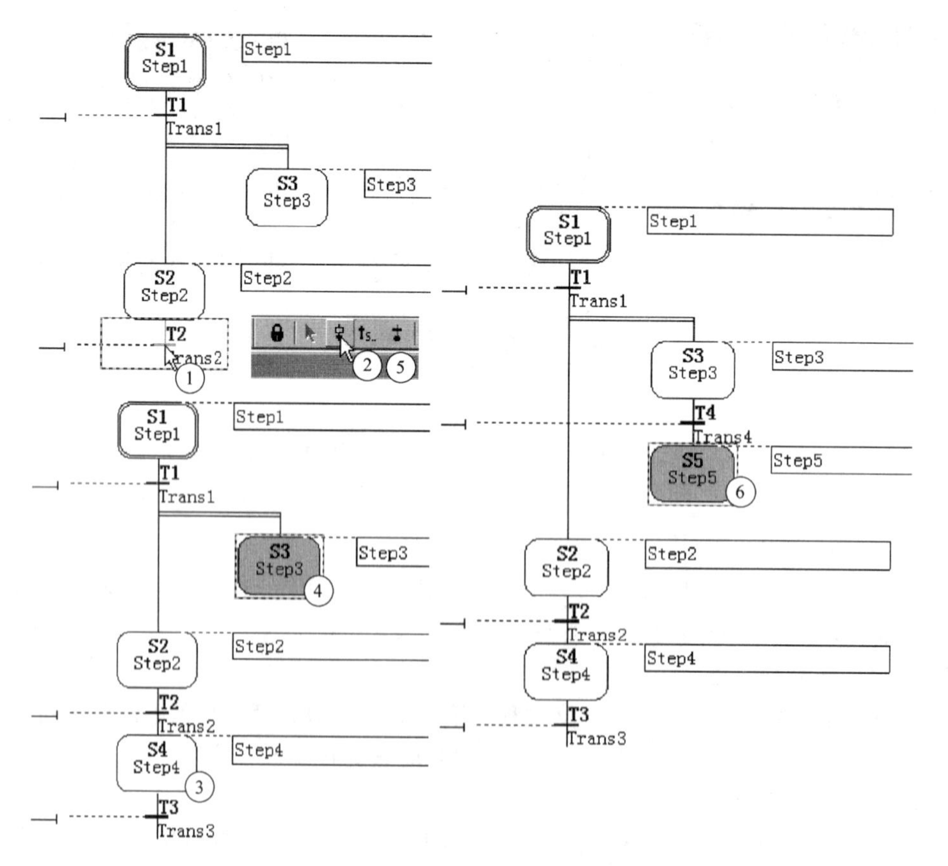

图 21-35 增加 S4 和 S5 新步过程

5. 并行序列合并

图 21-36 所示为并行序列合并过程。第 1 步选择 S5，第 2 步选择并行序列合并命令按钮，第 3 步选择 S4，第 4 步完成并行序列的合并。

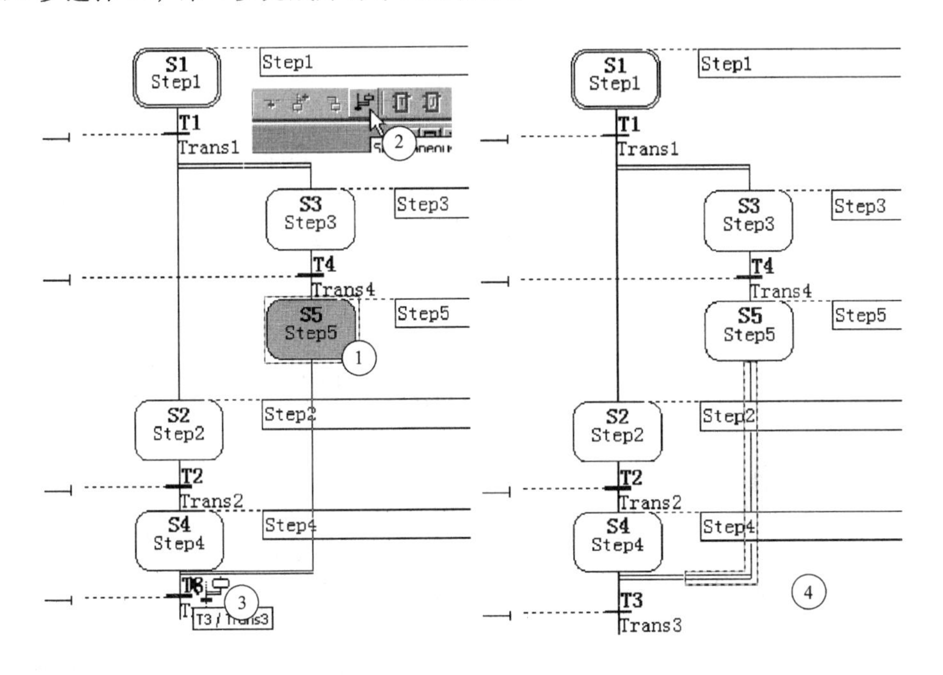

图 21-36　并行序列合并过程

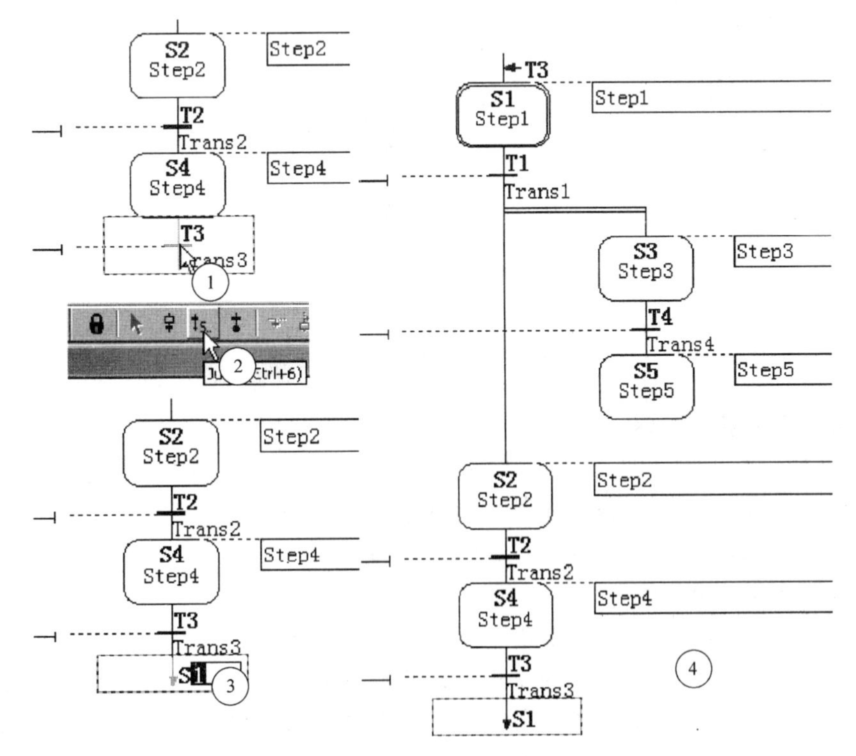

图 21-37　新增 FB3 跳步过程

6. 新增 FB3 跳步

图 21-37 所示为新增 FB3 跳步过程。第 1 步选中 T3，第 2 步选择跳步命令按钮，第 3 步在文本框中输入跳步目标 S1，至第 4 步完成新增 FB3 跳步。

21.3.3 编制 FB3 步和转换

1. 编制 FB3 步名称

图 21-38 所示为编制 FB3 步名称过程。第 1、2 步单击 Step1，出现 Step1 的可修改文本框，在修改文本框中将 Step1 改为 Initial，第 3 ~ 6 步采用相同方法将 Step2、Step3、Step4、Step5 分别改为 Delay1、Delay2 、Manipulator1、Manipulator2。

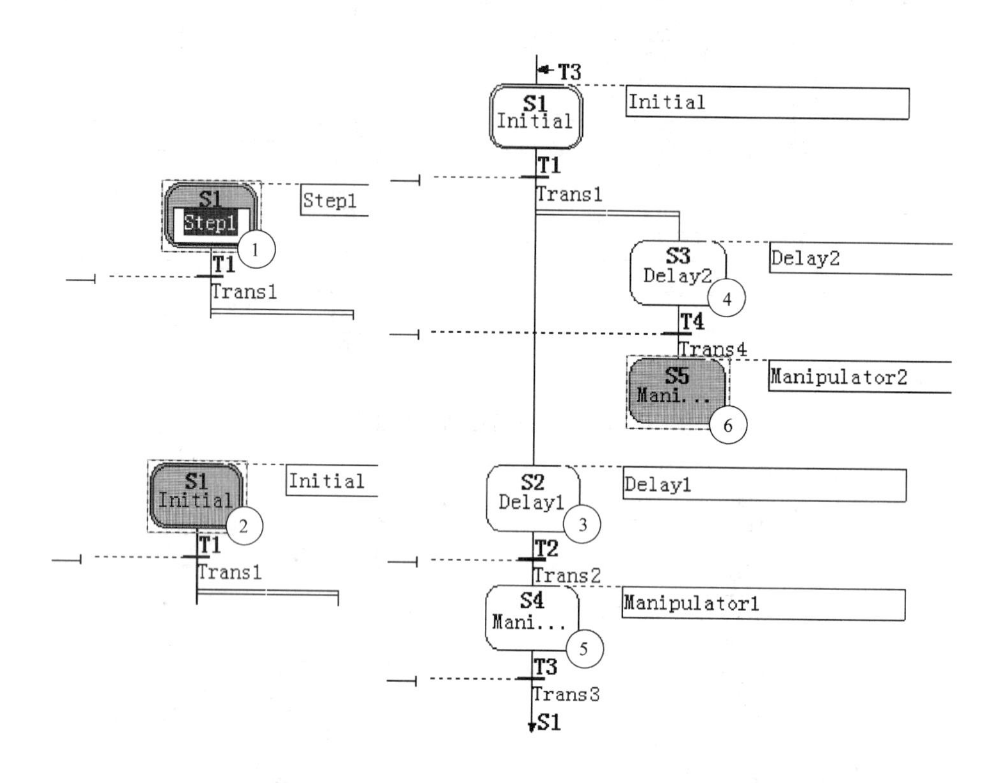

图 21-38 编制 FB3 步名称过程

2. 编制 FB3 步转换名称

图 21-39 所示为编制 FB3 步转换名称过程。第 1、2 步单击 T1 下面的 Trans1，出现 Trans1 的可修改文本框，在修改文本框中将 Trans1 改为 Start，第 3 ~ 5 步采用相同方法将 Trans2、Trans3、Trans4 分别改为 Carry1、Stop 、Carry2。

3. 编制 FB3 步转换条件

图 21-40 所示为编制 FB3 步转换条件过程。第 1、2 步调出 LAD 工具条，第 3 步选中 T1 条件行，第 4 步调用常开触头，第 5 步单击常开触头上方的红色“?? . ?”，出现输入文本框，第 6 步输入常开触头地址 I3.0，完成转换 T1 的条件行程序编制，第 7 ~ 9 步采用相同方法完成 T2、T3、T4 的转换条件行编制。

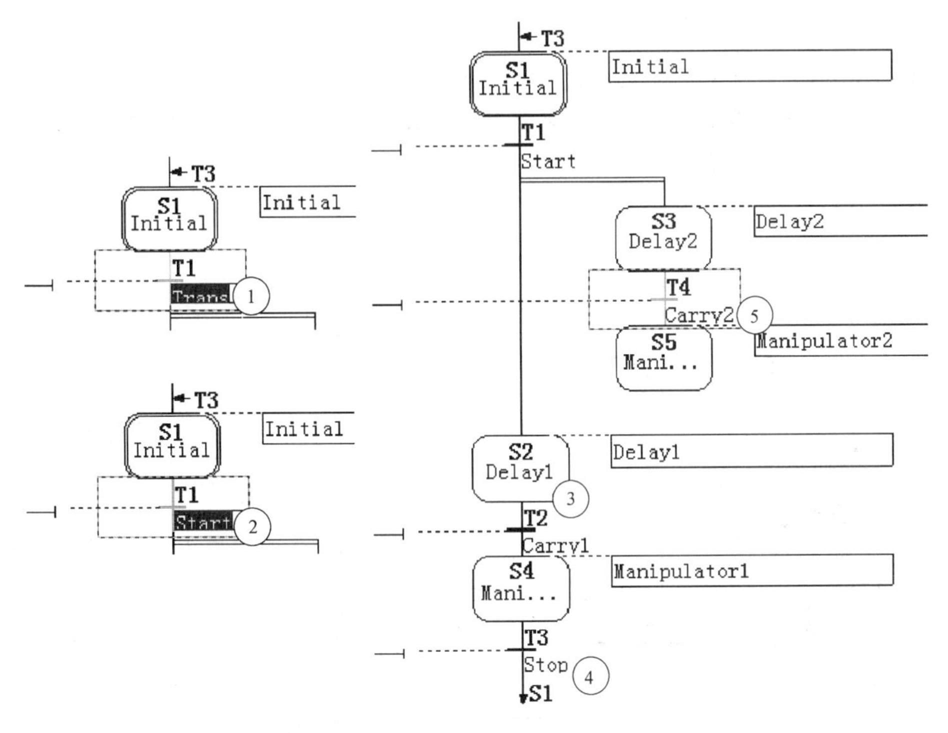

图 21-39　编制 FB3 步转换名称过程

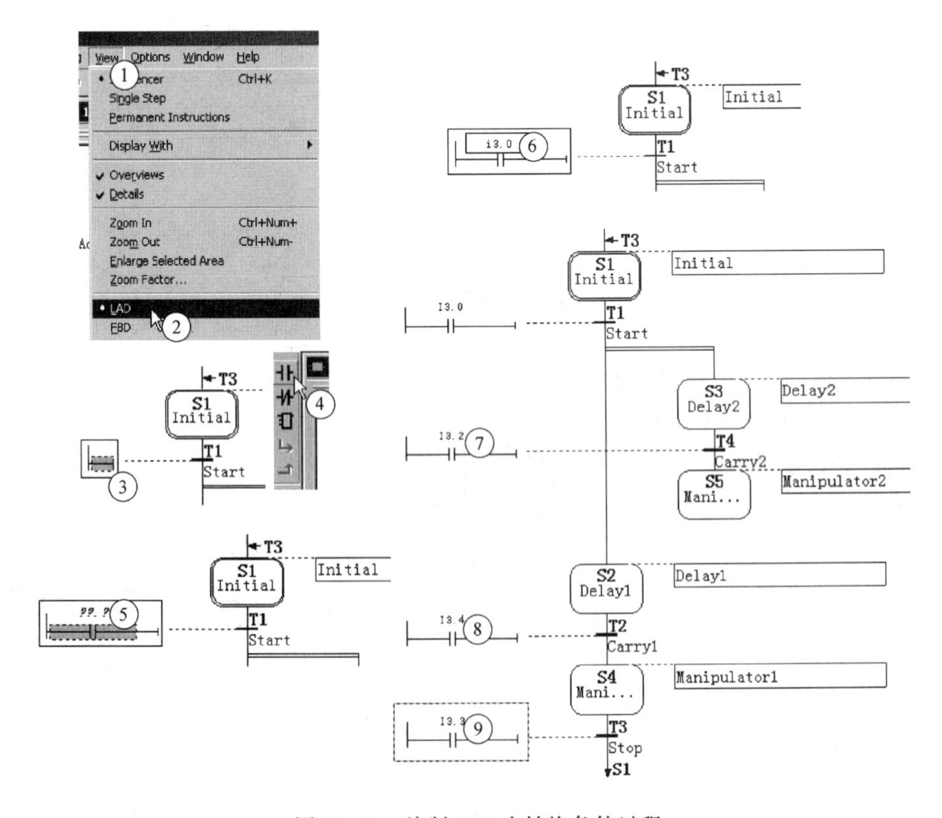

图 21-40　编制 FB3 步转换条件过程

21.3.4 编制 FB3 步动作

图 21-41 所示为编制 FB3 步动作过程，第 1 步选中 Initial 动作框，第 2 步单击插入动作命令按钮，第 3 步在文本框中输入命令名称 R 和 Q5.0，完成 S1 步的动作程序编制，第 4 步至第 7 步采用相同方法完成步 S2、S3、S4、S5 的步动作编制。

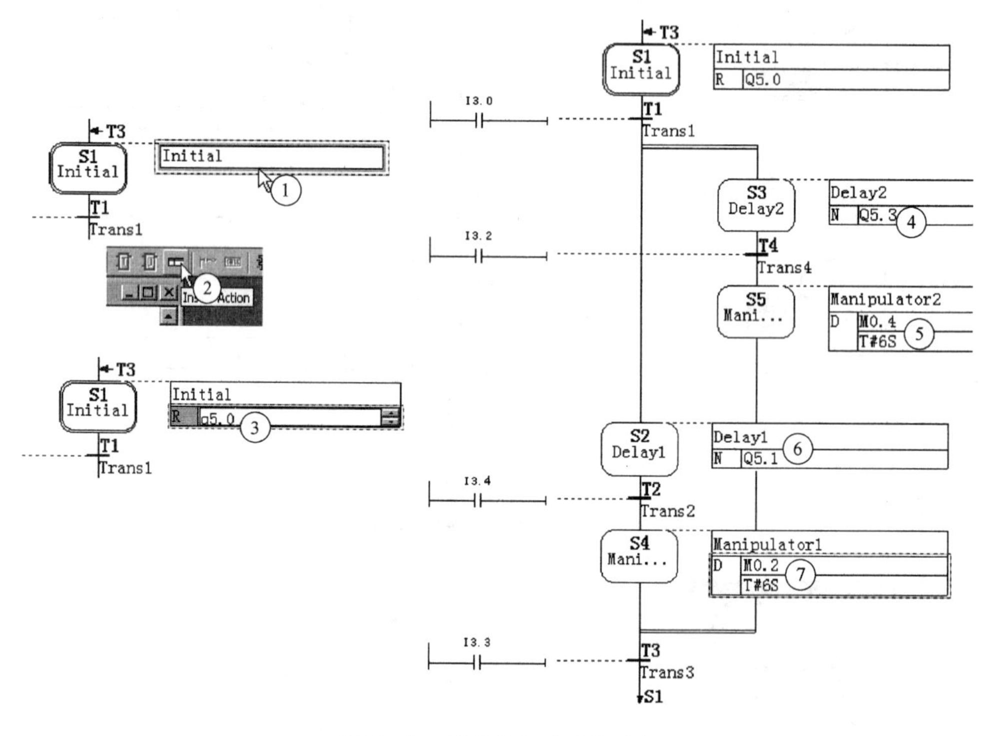

图 21-41　编制 FB3 步动作过程

思考题

21-1　简述 STEP 7 中编写顺控程序的编程语言的特点。

21-2　解释 STEP 7 顺控编程语言术语：步、步转换、步转换条件、步动作。

21-3　在 STEP 7 中完成图 21-42 所示三支路选择序列顺控程序编写、S7 Graph 程序仿真实验并撰写实验报告。

21-4　说明功能顺序块 FB3 和背景数据块 DB3 各自的作用和相互关系。

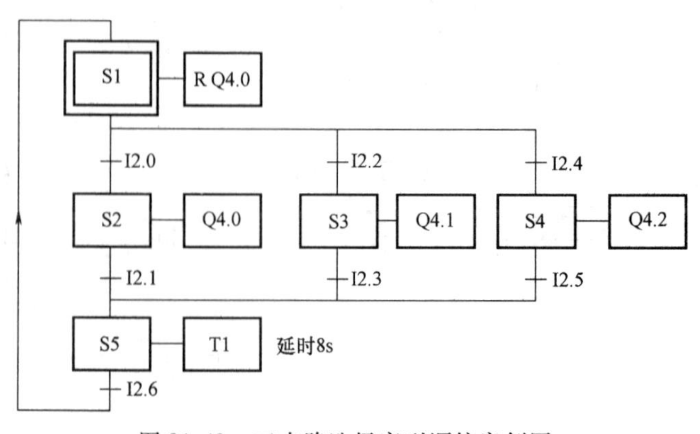

图 21-42　三支路选择序列顺控案例图

附　　录

附录A　组合开关（转换开关）型号及主要技术参数

表A-1　HZ5系列组合开关主要技术参数

产品型号	额定工作电压/V	额定工作电流/A	额定控制功率/kW	电寿命/万次	机械寿命/万次
HZ5-10/1.7L01	380	10	1.7	4	60
HZ5-10/1.7L02~04					
HZ5-10/1.7M05				20	
HZ5-10/1.7M06				4	
HZ5-10/1.7M07				20	
HZ5-10/1.7M08					
HZ5-20/4L01		20	4	4	
HZ5-20/4L02~04					
HZ5-20/4M05				20	
HZ5-20/4M06				4	
HZ5-20/4M07~08				20	
HZ5-40/7.5L1		40	7.5	4	
HZ5-40/7.5L02~03					
HZ5-40/7.5M04					
HZ5-40/7.5M05				15	
HZ5-40/7.5M06				4	
HZ5-40/7.5M07~08				15	
HZ5-60/10L01		60	10	2	10
HZ5-60/10L00~04					
HZ5-60/10M04					
HZ5-60/10M05				10	
HZ5-60/10M06				2	
HZ5-60/10M07~08				10	

表A-2　HZ10系列组合开关主要技术参数

产品型号	额定电压/V	额定电流/A	接通与分断能力/A		额定适时耐受电流/A	电寿命/万次
			AC-22A	DC-21A		
HZ10-10/1	380、220	10	30	15	200	1
HZ10-10/2						
HZ10-10/3						
HZ10-10/4						
HZ10-10P/1						
HZ10-10P/2						
HZ10-10P/3						
HZ10-10P/4						
HZ10-10S/1						
HZ10-10S/2						
HZ10-10S/3						
HZ10-10G/1						
HZ10-10G/2						
HZ10-10G/3						

（续）

<table>
<tr><th rowspan="2">产品型号</th><th rowspan="2">额定电压/V</th><th rowspan="2">额定电流/A</th><th colspan="2">接通与分断能力/A</th><th rowspan="2">额定适时耐受电流/A</th><th rowspan="2">电寿命/万次</th></tr>
<tr><th>AC-22A</th><th>DC-21A</th></tr>
<tr><td>HZ10-25/1</td><td rowspan="42">380、220</td><td rowspan="14">25</td><td rowspan="14">75</td><td rowspan="14">38</td><td rowspan="14">500</td><td rowspan="36">1</td></tr>
<tr><td>HZ10-25/2</td></tr>
<tr><td>HZ10-25/3</td></tr>
<tr><td>HZ10-25/4</td></tr>
<tr><td>HZ10-25P/1</td></tr>
<tr><td>HZ10-25P/2</td></tr>
<tr><td>HZ10-25P/3</td></tr>
<tr><td>HZ10-25P/4</td></tr>
<tr><td>HZ10-25S/1</td></tr>
<tr><td>HZ10-25S/2</td></tr>
<tr><td>HZ10-25S/3</td></tr>
<tr><td>HZ10-25G/1</td></tr>
<tr><td>HZ10-25G/2</td></tr>
<tr><td>HZ10-25G/3</td></tr>
<tr><td>HZ10-63/1</td><td rowspan="22">63</td><td rowspan="22">189</td><td rowspan="22">95</td><td rowspan="22">1260</td></tr>
<tr><td>HZ10-63/2</td></tr>
<tr><td>HZ10-63/3</td></tr>
<tr><td>HZ10-63/4</td></tr>
<tr><td>HZ10-63P/1</td></tr>
<tr><td>HZ10-63P/2</td></tr>
<tr><td>HZ10-63P/3</td></tr>
<tr><td>HZ10-63P/4</td></tr>
<tr><td>HZ10-63S/1</td></tr>
<tr><td>HZ10-63S/2</td></tr>
<tr><td>HZ10-63S/3</td></tr>
<tr><td>HZ10-63G/1</td></tr>
<tr><td>HZ10-63G/2</td></tr>
<tr><td>HZ10-63G/3</td></tr>
<tr><td>HZ10-100/1</td></tr>
<tr><td>HZ10-100/2</td></tr>
<tr><td>HZ10-100/3</td></tr>
<tr><td>HZ10-100/4</td></tr>
<tr><td>HZ10-100P/1</td></tr>
<tr><td>HZ10-100P/2</td></tr>
<tr><td>HZ10-100P/3</td></tr>
<tr><td>HZ10-100P/4</td></tr>
<tr><td>HZ10-100S/1</td><td rowspan="6">100</td><td rowspan="6">300</td><td rowspan="6">150</td><td rowspan="6">2000</td><td rowspan="6">0.5</td></tr>
<tr><td>HZ10-100S/2</td></tr>
<tr><td>HZ10-100S/3</td></tr>
<tr><td>HZ10-100G/1</td></tr>
<tr><td>HZ10-100G/2</td></tr>
<tr><td>HZ10-100G/3</td></tr>
</table>

表 A-3 HZ150 系列组合开关主要技术参数

<table>
<tr><th rowspan="2">电流种类</th><th rowspan="2" colspan="2">使用类别代号</th><th rowspan="2">额定工作电流/A</th><th colspan="3">接 通</th><th colspan="3">分 断</th></tr>
<tr><th>试验电流/A</th><th>试验电压/V</th><th>功率因数 cosφ ±0.05</th><th>试验电流/A</th><th>试验电压/V</th><th>功率因数 cosφ ±0.05</th></tr>
<tr><td rowspan="5">交流</td><td rowspan="3">作配电电器用</td><td>AC-20</td><td>10</td><td>30</td><td rowspan="5">420</td><td rowspan="5">0.65</td><td>30</td><td rowspan="5">420</td><td rowspan="5">0.65</td></tr>
<tr><td>AC-21</td><td>25</td><td>75</td><td>75</td></tr>
<tr><td>AC-22</td><td>63</td><td>190</td><td>190</td></tr>
<tr><td rowspan="2">作控制电动机用</td><td rowspan="2">AC-3</td><td>3*(10)</td><td>30</td><td>24</td></tr>
<tr><td>5.5*(25)</td><td>55</td><td>44</td></tr>
<tr><th rowspan="2">电流种类</th><th rowspan="2" colspan="2">使用类别代号</th><th rowspan="2">额定工作电流/A</th><th colspan="3">接 通</th><th colspan="3">分 断</th></tr>
<tr><th>试验电流/A</th><th>试验电压/V</th><th>时间常数 T±15%(ms)</th><th>试验电流/A</th><th>试验电压/V</th><th>时间常数 T±15%(ms)</th></tr>
<tr><td rowspan="3">直流</td><td rowspan="2" colspan="2">DC-20</td><td>10</td><td>15</td><td rowspan="3">242</td><td rowspan="3">1</td><td>15</td><td rowspan="3">242</td><td rowspan="3">1</td></tr>
<tr><td>25</td><td>38</td><td>38</td></tr>
<tr><td colspan="2">DC-21</td><td>63</td><td>95</td><td>95</td></tr>
</table>

*10、25A 开关分别控制电动机容量不大于 1.1kW、1.2kW 的小型交流电动机时，其额定工作电流分别为 3A、5.5A。

表 A-4　3LB 系列组合开关主要技术参数

产品型号	额定电压/V	额定电流/A	380V 时控制功率/kW	
			AC-1	AC-3
3LB3	660	25	15.5	8
3LB4		40	20	15
3LB5		63	31.5	22

表 A-5　LW5、LW6 系列万能转换开关主要技术参数

型号	额定电压/V	额定电流/A	双断点触头技术数据											
			AC						DC					
			接通			分断			接通			分断		
			电压/V	电流/A	cosφ	电压/V	电流/A	cosφ	电压/V	电流/A	t/ms	电压/V	电流/A	t/ms
LW5	AC 380 DC 500	15	24 48 110 220 380 440 550	30 20 15 10	0.3 ~ 0.4	24 48 110 220 380 440 550	30 20 15 10	0.3 ~ 0.4	24 48 110 220 380 440 550	20 15 2.5 1.25 0.5 0.35	60 ~ 66	24 48 110 220 380 440 550	20 15 2.5 1.25 0.5 0.35	60 ~ 66
LW6	AC 380 DC 220	5	380	5		380	5		220	0.2	50 ~ 100	220	0.2	50 ~ 100

附录 B　低压断路器型号及主要技术参数

表 B-1　DZ15 系列塑料外壳式断路器主要技术参数

型　号	壳架额定电流/A	额定电压/V	极数	脱扣器额定电流/A	额定短路通断能力/kA	电气、机械寿命/万次
DZ15-40/1	40	220	1	6、10、16、20、25、32、40	3	1.5
DZ15-40/2		380	2			
DZ15-40/3			3			
DZ15-40/4			4			
DZ15-63/1	63	220	1	10、16、20、25、32、40、50、63	5(DZ15-63) 10(DZ15G-63)	1
DZ15-63/2		380	2			
DZ15-63/3			3			
DZ15-63/4			4			
DZ15-100/3	100	380	3	80、100	6(DZ15-100) 10(DZ15G-100)	1
DZ15-100/4			4			

表 B-2 DZ20 系列塑料外壳式断路器主要技术参数

壳架等级额定电流 I_{nm}/A	约定发热电流 I_{th}/A	短路断开能力级别	短路断开能力级别 极限 I_{cu} (cosφ)	运行 I_{cs} (cosφ)	断路器额定电流 I_n/A
160	160	C	12/0.3	—	16、20、25、32、40、50、63、80、100、125、160
100	100	Y	18/0.30	14/0.30	16、20、25、32、40、50、63、80
		J	35/0.25	18/0.30	
		G	100/0.20	50/0.25	
250	250	C	15/0.30	—	100、125、160、180、200、225、250
225	225	Y	25/0.25	19/0.30	100、125、160、180、200、225
		J	42/0.25	25/0.25	
		G	100/0.2	50/0.25	
400	400	C	20/0.30	—	250、315、350、400
		Y	30/0.25	23/0.25	
		J	42/0.25	25/0.25	
		G	100/0.20	50/0.25	
630	630	C	20/0.30	—	400、500、630
		Y	30/0.25	23/0.25	
		J	50/0.25	25/0.25	
800	800	J	65/0.20	32.5/0.25	630、700、800
1250	1250	Y	50/0.25	38/0.25	630、700、800、1000、1250
		J	65/0.20	32.5/0.25	800、1000、1250
2000	2000	J	100/0.20	50/0.20	100、1250、1600、1800、2000

表 B-3 T 系列塑料外壳式断路器主要技术参数

型号		TG-30	TO-100BA TG-100B	TO-225BA TG-225B	TO-400BA TG-400B	TO-600BA TG-600B
额定电压/V		110、220、380、440, AC660、DC250				
频率/Hz		50、60				
壳架等级额定电流/A		30	100	225	400	600
脱扣器额定电流/A		15、20、30	15、20、30、50、60、75、100	125、150、175、200、225	250、300、350、400	400、500、600
断开能力	断开电流/kA	30、35	18/35 22/40	20/35 25/42	30/35 25/42	30/42 40/50
	试验电压/V	1.1×440 1.1×380	1.1×440 1.1×380	1.1×440 1.1×380	1.1×440 1.1×380	1.1×440 1.1×380
	功率因数 cosφ	0.15～0.20	0.25～0.30 0.15～0.20	0.25～0.30 0.15～0.20	0.15～0.20	0.15～0.20
	飞弧距离/mm	80	80	80/120	100/120	120/140

（续）

型　号		TG-30	TO-100BA TG-100B	TO-225BA TG-225B	TO-400BA TG-400B	TO-600BA TG-600B
寿命（次）（400V、$\cos\varphi=0.8\pm0.1$）	有载	1500	1500	1000	1000	1000
	无载	8500	8500	7000	4000	4000
	操作频率（次/h）	120			60	
过载性能	电压/V	1.05×440	1.1×440、 1.05×440	1.05×440		
	电流/A	6×30	6×100	6×225	6×400	6×600
	$\cos\varphi$	0.5±0.05				
	人力断开	9				
	自常闭开	3				

表 B-4　H 系列塑料外壳式断路器主要技术参数

型号	壳架等级额定电流/A	脱扣器额定电流 I_n/A	分断能力						瞬时脱扣器整定电流范围/A		机械寿命/次	电气寿命/次
			AC380V 时对称分量有效值				DC250V					
			P-1	$\cos\varphi$	P-2	$\cos\varphi$	P-1	时间参数/ms	高整定值	低整定值		
HFB-150	150	15、20、25、30、35、40、50、70、90、125、150	22	0.25	10	0.5	20	15	—	—	6000	2000
		100	25	0.25	12	0.3	20	15				
HKB-250	250	70、90、100、125、150、175、200、225、250	28	0.25	18	0.3	20	15	$10I_n$	$5I_n$	6000	2000
HLA-600	600	250、300、350、400、500、600	35	0.25	30	0.25	20	15	$10I_n$	$5I_n$	4000	1000
HNB-1200	1200	700、800	50	0.25	35	0.25	20	15	6000	3000	2500	500
		900、1000、1200							8000	4000		
HPB-3000	3000	1000	97	0.2	65	0.2	75	15	5000	1500	900	100
		1200							6000	2000		
		1400							7000	2500		
		1600、1800、2000、2500							8000	3000		
		3000							12000	4000		

表 B-5 3VE 系列断路器主要技术参数

型号		3VE1	3VE3	3VE4
额定工作电压/V		660	660	660
额定工作电流/A		20	32	63
安装方式		螺钉安装 35mm 卡轨安装	螺钉安装 35mm 卡轨安装	螺钉安装 75mm 卡轨安装
代号及脱扣器整定电流范围		2BU:0.1~0.16A 2HU:1.6~2.5A 8HU:2~3.2A 2CU:0.16~0.25A 2JU:2.5~4A 8JU:3.2~5A 2DU:0.25~0.4A 2KU:4~6.3A 8KU:5~8A 2EU:0.4~0.63A 2LU:6.3~10A 8LU:8~12.5A 2FU:0.63~1A 2MU:10~16A 2GU:1~1.6A 2NU:14~20A	2GA:1~1.6A 2LA:6.3~10A 8LA:10~12.5A 2HA:1.6~2.5A 2MA:10~16A 8MA:12.8~20A 2JA:2.5~4A 2NA:16~25A 2KA:4~6.3A 2PA:22~32A	CL:6.3~10A CM:10~16A CP:16~25A CQ:22~32A CR:28~40A CS:36~50A CT:45~63A
保护及参数		过载保护:1.05I_r 时,2h 以上不动作,1.2I_r 时,在 2h 内动作。短路保护:12I_n(1±20%)时,形成瞬时动作。I_r 为整定电流,I_n 为额定电流。		
断开能力/(kA/cosφ)	380	1.5/0.95	10/0.5	22/0.3
	660	1/0.95	3/0.9	7.5/0.7
可控电动机功率 AC-3/kW	380	10	16	32
	660	13	26	58

辅助触头参数					
额定发热电流/A		6	6	6	6
额定接通能力/A		18	18	18	18
额定工作电压/V	DC	24	60	110	220/400
额定工作电流/A		2.3	0.7	0.55	0.3
额定断开能力/A		2.5	0.8	0.6	0.35
额定工作电压/V	AC	220	380	500	
额定工作电流/A		1.8	1.5	1.2	
额定断开能力/A		18	15	12	

表 B-6 C45 系列断路器主要技术参数

型号	额定电压/V	额定电流/A	极数	额定断开能力/A	短路通断能力/A	瞬时动作电流倍数	电寿命/次	机械寿命/次
G45	220、240	5、10、15、20、25、32	2、3	6000	3000	(4~7)I_n	6000	20000
	380、415			5000				
G45N	220、240	1	2、3、4	20000	6000			
	380、415			10000				
	220、240	3、5		20000				
	380、415			8000				
	220、240	10、15、20、25、32、40		16000				
	380、415			8000				
	220、240	50		10000	4000			
	380、415			6000				
	220、240	60		10000				
	380、415			5000				
G45AD	220、240	1、3、5、10、15、20、25、32、40	1	6000	4000	(10~14)I_n		
	380、415							

注：表中 I_n—额定电流；N—导线保护型；AD—电动机保护型。

附录 C　熔断器型号及主要技术参数

表 C-1　RT0 系列有填料封闭管式熔断器主要技术参数

产品型号	熔断器			底　座
	额定电流/A	额定电压/V	分断能力/kW	额定电流/A
RT0-100	30、40、50、60、80、100	380	50	100
RT0-200	80、100、120、150、200			200
RT0-400	150、200、250、300、350、400			400
RT0-600	350、400、450、500、550、600			600
RT0-1000	700、800、900、1000			1000

表 C-2　RT14 系列有填料封闭管式圆筒帽形熔断器主要技术参数

产品型号	额定电压/V	熔体额定电流/A	额定分断能力/kA	额定损耗功率/W
RT14-20	380	2、4、6、10、16、20	100	≤3
RT14-32		2、4、6、10、16、20、25、32		≤5
RT14-63		10、16、20、25、32、40、50、63		≤9.5

表 C-3　RT15 系列有填料封闭管式螺栓连接熔断器主要技术参数

产品型号	额定电压/V	额定电流/A	熔体额定电流/A	耗散功率	额定分断能力(有效值)	
					kA	$\cos\varphi$
RT15-100/2100	415	100	40、50、63、80、100	10.5	80	0.1 ~ 0.2
RT15-200/2100		200	125、160、200	22		
RT15-315/2315		315	250、315	32		
RT15-400/2400		400	350、400	40		

表 C-4　RT18 系列有填料封闭管式熔断器主要技术参数

产品型号	额定电压/V	额定电流/A	极数	熔体额定电流/A	熔体额定分断能力/kA	安装
RT18-32(X)	AC380	32		2、4、6、10、16、20、25	50	35mm 标准导轨
RT18-63(X)		63		10、16、20、25、32、40、50、63		
RT18-25		25	1、2、3、4	2、4、6、10、16、20、25	20	35mm 标准导轨更换熔断体时，开关处于开的位置

表 C-5 N 系列低压高分断能力熔断器主要技术参数

产品型号	熔体				底座	
	额定电流/A	额定电压/V	分断能力/kW	额定损耗功率/W	型号	额定电流/A
NT00C	4	500	120(500V)	0.67	Sist101	160
	6			0.89		
	10			1.14		
	16			1.65		
	20			1.94		
	25			2.50		
	32			3.32		
	36			3.56		
	40			4.30		
	50			4.5		
	63			4.6		
	80			6		
	100			7.3		
NT00	4	500、600	120(500V) 50(660V)	0.67	Sist101	160
	6			0.89		
	10			1.14		
	16			1.65		
	20			1.94		
	25			2.50		
	32			3.32		
	36			3.56		
	40			4.30		
	50			4.5		
	63			4.6		
	80			6		
	100	500	120(500V)	7.3		
	125			7.8		
	160			9.6		
NT0	6	500、660	120(500V) 50(660V)	1.03	Sist160	160
	10			1.42		
	16			2.045		
	20			2.36		
	25			2.7		
	32			3.74		
	36			4.3		
	40			4.7		
	50			5.5		
	63			6.9		
	80			7.6		
	100			8.9		
	125	500	120(500V)	10.1		
	160			15.2		
NT1	80	500、660	120(500V) 50(660V)	6.2	Sist201	250
	100			7.5		
	125			10.2		
	160			13		
	200			15.2		
	224	500	120(500V)	16.8		
	250			18.3		
NT2	125	500、660	120(500V) 50(660V)	9	Sist401	400
	160			11.5		
	200			15		
	224			16.6		
	250			18.4		
	300			21		
	315			19.2		
	355	500	120(500V)	24.5		
	400			26		
NT3	315	500、660	120(500V) 50(660V)	21.7	Sist601	630
	355			22.7		
	400			26.8		
	425			28.9		
	500	500	120(500V)	32		
	630			40.3		
NT4	800	380	100(380V)	62	Sist1001	1000
	1000			75		
(RT17)	1250			110	RDT2	1250

附录 D　控制变压器型号规格参数

表 D-1　JBK 系列控制变压器电压形式

额定容量/V·A	一次电压/V	二次电压/V		
		控制	照明	指示信号
40	220 或 380	110(127、220)	24(36、48)	6(12)
63				
160				
400				
1000				

表 D-2　BK 系列控制变压器规格参数及尺寸

型　号	一次电压/V	二次电压/V	安装尺寸$(A \times C)$/mm	安装孔$(K \times J)$/mm	外形尺寸 $B \times D \times E$/mm
BK-25	220、380 或根据用户需求而定	6.3、12、24、36、110、127、220、380V 或根据用户需求而定	62.5×46	5×7	80×75×89
BK-150			85×73	6×8	105×103×110
BK-700			125×100	8×11	153×146×160
BK-1500			150.5×159	8×11	185×234×210
BK-5000			196.5×192	8×11	245×286×265

附录 E　交流接触器型号及主要技术参数

表 E-1　CJ12 系列交流接触器主要技术参数

产品型号	额定电压/V	额定电流/A	线圈功耗		极数	辅助触头				机械寿命/万次	电气寿命/万次	操作频率/h^{-1}
			吸动/V·A	保持/W		额定电流/A	控制容量/V·A		对数			
							220V	380V				
CJ12-100/2	380	100	800	25	2~5	10	90	1000	6	100	15	600
CJ12-100/3										300		
CJ12-100/4										20		
CJ12-100/5										10		
CJ12-150/2		150								100		
CJ12-150/3										300		
CJ12-150/4										20		
CJ12-150/5										10		
CJ12-250/2		250	1750	60						100		
CJ12-250/3										200		
CJ12-250/4										20		
CJ12-250/5										10		
CJ12-400/2		400	4000	80						100	10	300
CJ12-400/3										200		
CJ12-400/4										20		
CJ12-400/5										10		
CJ12-600/2		600	1780	114						100		
CJ12-600/3										200		
CJ12-600/4										20		
CJ12-600/5										10		
CJ12-100Z		100								15	300	
CJ12-150Z		150										
CJ12-250Z		250										
CJ12-400Z		400								10	200	
CJ12-600Z		600										

表 E-2 CJ20 系列交流接触器主要技术参数

产品型号	额定绝缘电压/V	额定工作电压/V	约定发热电流/A	断续周期工作制下的额定工作电流/A				AC-3 使用类别下额定工作功率/kW	不间断工作制下额定工作电流/A
				AC-1	AC-2	AC-3	AC-4		
CJ20-6. 3	690	220	10	10	—	6. 3	6. 3	1. 5	10
		380						2. 2	
		660				3. 6	3. 6	3	
CJ20-10		220	10	10	—	10	10	2. 2	10
		380						4	
		660				5. 2	5. 2		
CJ20-16		220	16	16	—	16	16	4. 5	16
		380						7. 5	
		660				13	13	11	
CJ20-25		220	32	32	—	25	25	5. 5	32
		380						11	
		660				14. 5	14. 5	13	
CJ20-32		220	32	32	—	32	32	7. 5	32
		380						15	
		660				18. 5	18. 5		
CJ20-40		220	55	55	—	40	40	11	55
		380						22	
		660				25	25		
CJ20-63		220	80	80	63	63	63	18	80
		380						30	
		660			40	40	40	35	
CJ20-100		220	125	125	100	100	100	28	125
		380						50	
		660			63	63	63		
CJ20-160		220	200	200	160	160	160	48	200
		380						85	
		660			100	100	80		
CJ20-160/11	1140	1140			80	80	80		
CJ20-250	660	220	315	315	250	250	250	80	315
		380						132	
CJ20-250/06		660			200	200	160	190	
CJ20-400		220	400	400	400	400	400	115	400
		380						200	
		660			250	250	200	220	
CJ20-630	660	220	630	630	630	630	500	175	630
		380						300	
CJ20-630/06		660	400	400	400	400	320	350	400
CJ20-630/11		660						400	

表 E-3 CJ28 系列交流接触器主要技术参数

产品型号	额定绝缘电压/V	额定工作电压/V	约定发热电流/A	继续周期工作制下的额定工作电流/A					AC-3 使用类别的额定工作功率/kW		
				AC-1	AC-2、AC-3		AC-4				
					220V/380V	660V	220V/380V	660V	220V	380V	660V
CJ28-9	660	220 380 660	20	20	9	6. 6	3. 3	3. 3	2. 4	4	5. 5
CJ28-12			20	20	12	8. 8	4. 3	4. 3	3. 3	5. 5	7. 5
CJ28-16			30	30	16	12. 2	7. 7	7. 7	4	7. 5	11
CJ28-22			30	30	22	12. 2	8. 5	8. 5	6. 1	11	11
CJ28-32			45	55	32	18. 5	15. 6	9	8. 5	15	15
CJ28-38			45	55	38	22	18. 5	10. 7	11	18. 5	18. 5
CJ28-45			70	80	45	45	24	24	15	22	39
CJ28-63			70	90	63	63	28	28	18. 5	30	55
CJ28-75			85	100	75	75	34	34	22	37	67
CJ28-85			85	100	85	75	42	42	26	45	67
CJ28-110			140	160	110	110	54	54	37	55	100
CJ28-140			140	160	140	110	68	68	43	75	100
CJ28-170			205	210	170	170	75	75	55	90	156
CJ28-205			205	210	205	170	96	96	64	110	156
CJ28-250			300	300	250	250	110	110	78	135	235
CJ28-300			300	300	300	250	125	125	93	160	235
CJ28-400			400	400	400	400	150	150	125	215	375

表 E-4　CJ38 系列交流接触器主要技术参数

产品型号	额定电压/V	约定发热电流/A	额定工作功率(AC-3)/kW	额定绝缘电压/V	不间断工作制下的额定工作电流/A			断续周期工作制下的额定工作电流/A			
					40℃	55℃	70℃	AC-1	AC-2	AC-3	AC-4
CJ38-15	220	200	30	1140	200	180	160	200	115	115	115
	380		55							115	105
	600		80						100	90	80
	1140		65						45	40	40
CJ38-150	220	250	40		250	200	170	250	150	150	150
	380		75							150	138
	660		100						145	120	110
	1140		65						45	40	40
CJ38-185	220	275	55		275	240	180	275	185	185	185
	380		90							185	170
	660		110						160	120	115
	1140		100						80	60	60
CJ38-225	220	315	63		315	260	200	315	225	225	225
	380		110							225	190
	660		129						175	140	140
	1140		100						80	60	60
CJ38-265	220	350	75		350	300	250	350	265	265	265
	380		132							265	225
	600		160						230	160	160
	1140		147						100	80	80
CJ38-330	220	400	100		400	350	290	400	330	330	330
	380		160							330	265
	600		220						300	250	225
	1140		160						110	110	110
CJ38-400	220	500	110		500	430	340	500	400	400	400
	380		200							400	370
	660		280						315	315	300
	1140		185						120	120	120
CJ38-500	220	700	147		700	580	500	700	500	500	500
	380		250							500	460
	660		335						350	315	315
	1140		335						250	160	160
CJ38-630	220	800	200		800	630	500	800	630	630	630
	380		335							630	615
	660		450						500	400	315
	1140		450						320	225	225
CJ38-780	220	1600	220		1600	800	630	1600	780	780	780
	380		400							780	710
	600		475						500	500	400
	1140		450						315	250	250

表 E-5　CJ40 系列交流接触器主要技术参数

产品型号	额定电压/V	约定发热电流/A	额定工作功率(AC-3)/kW	额定绝缘电压/V	不间断工作制下的额定工作电流/A	断续周期工作制下的额定工作电流/A			
						AC-1	AC-2	AC-3	AC-4
CJ40-63	220	80	18.5	690	80	80	63	63	63
	380		30				63	63	63
	660		50				63	63	63
CJ40-80	220	80	22		80	80	80	80	80
	380		37				80	80	80
	660		55				63	63	63
CJ40-100	220	125	30		125	125	100	100	100
	380		45				100	100	100
	660		75				80	80	80
CJ40-125	220	125	37		125	125	125	125	125
	380		55				125	125	125
	660		75				80	80	80
CJ40-160	220	250	45		250	250	160	160	160
	380		75				160	160	160
	600		110				125	125	125
CJ40-200	220	250	55		250	250	200	200	200
	380		90				200	200	200
	600		110				125	125	125
CJ40-250	220	250	75		250	250	250	250	250
	380		132				250	250	250
	660		110				125	125	125
CJ40-315	220	500	90		500	500	315	315	315
	380		160				315	315	250
	660		300				315	315	250
CJ40-400	220	500	110		500	500	400	400	400
	380		220				400	400	315
	660		300				315	315	315
CJ40-500	220	500	150		500	500	500	500	500
	380		280				500	500	400
	660		300				315	315	315
CJ40-630	220	630	200		630	630	630	630	630
	380		335				630	630	500
	600		475				500	500	500
CJ40-800	220	800	250		800	800	800	800	800
	380		450				800	800	630
	600		475				500	500	500
CJ40-125/11	1140	125	55	1140	125	125	40	40	40
CJ40-250/11		250	110		250	250	80	80	80
CJ40-500/11		500	220		500	500	160	160	160
CJ40-800/11		800	400		800	800	250	250	250

表 E-6　3TB 系列交流接触器主要技术参数

产品型号	额定绝缘电压/V	约定发热电流/A	55℃时容许的 AC-1 负载				50Hz 时容许的 AC-2、AC-3 负载				50Hz 时容许的 AC-4 负载			
			额定工作电流/A	cosφ≥0.95 时，在下列电压下三相负荷的额定功率/kW			额定工作电流(380V)/A	控制电动机最大功率/kW			额定工作电流(380V)/A	触头寿命为 20 万次时的功率/kW		
				220V	380V	660V		220V	380V	660V		220V	380V	660V
3TB40	660	22	20	7.5	13	22	9	2.2	4	5.5	3.3	0.75	1.4	2.4
3TB41		22	20	7.5	13	22	12	3	5.5	7.5	4.3	1.1	1.9	3.3
3TB42		35	30	11	19.5	34	16	4	7.5	11	7.7	2	3.5	6
3TB43		35	30	11	19.5	34	22	5.5	11	11	8.5	2.2	4	6.6
3TB44		55	45	17	29.5	51	32	8.5	15	15	15.6	4.3	7.5	11
3TB46	750	90	80	30	52.5	91	45	15	22	37	24	6.3	11	20
3TB47	1000	100	90	34	59	102	63	18.5	30	37	28	5.7	14	23
3TB48		110	100	38	66	114	75	22	37	55	34	7.8	17	28.5
3TB50		180	160	61	105	183	110	37	55	90	52	15.6	27	45
3TB52		225	200	76	132	228	170	55	90	132	72	21	37	64
3TB54		350	300	114	195	340	250	75	132	200	103	31	55	92
3TB56		450	400	152	262	455	400	115	200	355	120	37.5	65	106
3TB58		700	630	240	415	720	630	190	325	560	150	46	80	130

表 E-7　3TF 系列交流接触器主要技术参数

产品型号	额定绝缘电压/V	约定发热电流/A	额定工作电流/A						控制电动机功率/kW					
			AC-3 使用类别			AC-4 使用类别			AC-3 使用类别			AC-4 使用类别		
			380V	660V	1000V	380V	660V	1000V	380V	660V	1000V	380V	660V	1000V
3TF30	690	20	9	6.6		3.3	3.3		4	5.5		1.4	2.4	
3TF40			9	6.6		3.3	3.3		4	5.5		1.4	2.4	
3TF31			12	8.8		4.3	4.3		5.5	7.5		1.9	3.3	
3TF41			12	8.8		4.3	4.3		5.5	7.5		1.9	3.3	
3TF32		30	16	12.2		7.7	7.7		7.5	11		3.5	6	
3TF42			16	12.2		7.7	7.7		7.5	11		3.5	6	
3TF33			22	12.2		8.5	8.5		11	11		4	6.6	
3TF43			22	12.2		8.5	8.5		11	11		4	6.6	
3TF34		55	32	27		15.6	15.6		15	23		7.5	13	
3TF44			32	27		15.6	15.6		15	23		7.5	13	
3TF35			38	27		18.5	18.5		18.5	23		9	15.5	
3TF45			38	27		18.5	18.5		18.5	23		9	15.5	

（续）

产品型号	额定绝缘电压/V	约定发热电流/A	额定工作电流/A						控制电动机功率/kW					
			AC-3 使用类别			AC-4 使用类别			AC-3 使用类别			AC-4 使用类别		
			380V	660V	1000V	380V	660V	1000V	380V	660V	1000V	380V	660V	1000V
3TF46		80	45	45	6	24	24		22	39	7.5	12	20.8	
3TF47		90	63	63	6	28	28		30	55	7.5	14	24.3	
3TF48		100	75	75	30	34	34	23	37	67	39	17	29.5	30
3TF49		100	85	75	30	42	42	23	45	67	39	21	36	30
3TF50		160	110	110	42	54	54	54	55	100	65	27	46.9	45
3TF51	1000	160	140	110	42	68	68	34	75	100	65	35	60	45
3TF52		210	170	170	68	75	75	42	90	156	90	38	66	55
3TF53		220	205	170	68	96	96	42	110	156	90	50	86	55
3TF54		300	250	250	95	110	110	57	132	235	132	58	100	75
3TF55		300	300	250	95	125	125	57	160	235	132	66	114	75
3TF56		400	400	400	180	150	150	80	200	375	250	81	140	110

表 E-8 B 系列交流接触器主要技术参数

型号	额定发热电流/A	额定电流/A		控制功率/kW		电气寿命/万次		机械寿命/万次	AC3 操作频率/h^{-1}	线圈吸持功率/W
		380V	660V	380V	660V	AC3	AC4			
B9	16	8.5	3.5	4	3					2.2
B12	20	11.5	4.9	5.5	4					2.2
B16	25	15.5	6.7	7.5	7.5					2.2
B25	40	22	13	11	11					3
B30	45	30	17.5	15	15		4			3
B37	45	37	21	18.5	18.5			1000	600	5
B45	60	44	25	22	22					5
B65	80	65	45	33	40	100				8
B85	100	85	55	45	50		3			8
B105	140	105	82	55	75					9
B170	230	170	118	90	110					15
B250	300	245	170	132	160		2	600	400	16
B370	400	370	268	200	250					12
B460	600	475	337	250	315		1		300	

附录 F　电磁继电器型号及技术参数

表 F-1　JT4 系列部分电压继电器技术参数

型　　号	吸引线圈规格	消耗功率/W	触头数目	复位方式	动作电压	返回系数
JT4-11A	100V,200V,380V	75	1 常开 1 常闭	自动	吸引电压在线圈额定电压的105% ~120% 范围内调节	0.1 ~0.3
JT4-22P	100V,127V,220V,380V	75	2 常开 2 常闭	自动	吸引电压在线圈额定电压的60% ~85% 范围内调节,释放电压在线圈额定电压的 10% ~35% 之间	0.2 ~0.4

表 F-2　JL12 系列过电流延时继电器技术参数

产品型号	线圈额定电流/A	额定电压/V	触头额定发热电流/A	产品型号	线圈额定电流/A	额定电压/V	触头额定发热电流/A
JH12-5	5	380	5	JH12-60	60	380	5
JH12-10	10	380	5	JH12-75	75	380	5
JH12-15	15	380	5	JH12-100	100	380	5
JH12-20	20	380	5	JH12-150	150	380	5
JH12-30	30	380	5	JH12-200	200	380	5
JH12-40	40	380	5	JH12-300	300	380	5

表 F-3　JL15 系列过电流延时继电器技术参数

产品型号	额定电压/V	约定发热电流/A	线圈额定电流/A	接线方式	复位方式	触头组合	返回系数	电寿命/万次	机械寿命/万次
JH15-1.5	AC 380 DC 440	5	1.5	板前接线	自动和手动	四种: 1 常闭 2 常闭 1 常开、1 常闭 2 常开、2 常闭	AC:0.25 DC:0.15	50	控制用:100 保护用:50
JH15-2.5			2.5						
JH15-5			5						
JH15-10			10						
JH15-15			15						
JH15-20			20						
JH15-30			30						
JH15-40			40						
JH15-60			60						
JH15-80			80	板后接线					
JH15-100			100						
JH15-150			150						
JH15-250			250						
JH15-300			300						
JH15-400			400						
JH15-600			600						
JH15-800			800						
JH15-1200			1200						

表 F-4　JL18 系列过电流延时继电器技术参数

产品型号	额定电压/V	线圈额定电流/A	触头主要额定参数			调整范围（$\%I_n$）	动作值误差（%）	操作频率/h^{-1}	电寿命/万次	机械寿命/万次	复位方式
			发热电流/A	工作电流/A	控制容量						
JL18-1.0	AC 380 DC 440	1.0	10	AC：2.6A DC：0.27A	AC：1000V·A DC：60W	AC 吸合：110～350 DC 吸合：70～300	±10	12	10	10	自动及手动
JL18-1.6		1.6									
JL18-2.5		2.5									
JL18-4.0		4.0									
JL18-6.3		6.3									
JL18-10		10									
JL18-16		16									
JL18-25		25									
JL18-40		40									
JL18-63		63									
JL18-100		100									
JL18-160		160									
JL18-250		250									
JL18-400		400									
JL18-630		630									

表 F-5　JZ7 系列中间继电器技术参数

产品型号	额定电压/V	额定电流/A	接通分断能力				保持线圈功率/V·A
			电压/V	接通电流/A	分断电流/A		
					电感负载	电阻负载	
JZ7-44	AC 380 DC 220	5	AC 380	50	5	5	12
JZ7-62			DC 110	7.5	1	2.5	
JZ7-80			DC 220	4	0.5	1	

表 F-6　JZ15D、JZ17、JZ18 系列中间继电器技术参数及型号含义

型　号	额定工作电压/V	约定发热电流/A	线圈额定电压/V	型号含义
JZ15D-44 JZ15D-62 JZ15D-26	AC 380 DC 220	10	AC 127、220、380 DC 48、110、220	JZ15D-□：JZ 代表中间继电器，15 是设计代号，D 代表改进设计，方框处是触头组合形式
JZ17-44	AC 380 DC 220	6	AC 24、36、48、100、110、127、200、220、380	JZ17-44：JZ 代表中间继电器，17 是设计代号，44 是触头组合形式
JZ18-22 JZ18-31 JZ18-40 JZ18-33 JZ18-42 JZ18-51 JZ18-60 JZ18-26 JZ18-35 JZ18-44 JZ18-53 JZ18-62 JZ18-71 JZ18-80	AC 380 DC 220	6	AC 36、110、127、220、380	JZ18-□：JZ 代表中间继电器，18 是设计代号，方框处是触头组合形式

附录 G　热继电器型号及主要技术参数

表 G-1　JR20 系列双金属片式热继电器主要技术参数

产品型号	额定电压/V	额定电流/A	热元件代号	整定电流范围/A	安装特征	配用的 CJ20 交流接触器
JR20-10	660	10	1R	0. 10 ~ 0. 13 ~ 0. 15	基本型 L 型 G 型	CJ20-10
			2R	0. 15 ~ 0. 19 ~ 0. 23		
			3R	0. 23 ~ 0. 29 ~ 0. 35		
			4R	0. 35 ~ 0. 44 ~ 0. 53		
			5R	0. 53 ~ 0. 67 ~ 0. 80		
			6R	0. 80 ~ 1. 00 ~ 1. 20		
			7R	1. 20 ~ 1. 50 ~ 1. 80		
			8R	1. 80 ~ 2. 20 ~ 2. 60		
			9R	2. 60 ~ 3. 20 ~ 3. 80		
			10R	3. 20 ~ 4. 00 ~ 4. 80		
			11R	4. 00 ~ 5. 00 ~ 6. 00		
			12R	5. 00 ~ 6. 00 ~ 7. 00		
			13R	6. 00 ~ 7. 20 ~ 8. 40		
			14R	7. 00 ~ 8. 60 ~ 10		
			15R	8. 6 ~ 10 ~ 11. 6		
JR20-16		16	1S	3. 6 ~ 4. 5 ~ 5. 4		CJ20-16
			2S	5. 4 ~ 6. 7 ~ 8		
			3S	8 ~ 10 ~ 12		
			4S	10 ~ 12 ~ 14		
			5S	12 ~ 14 ~ 16		
			6S	14 ~ 16 ~ 18		
JR20-25		25	1T	7. 8 ~ 9. 7 ~ 11. 6		CJ20-25
			2T	11. 6 ~ 14. 3 ~ 17		
			3T	17 ~ 21 ~ 25		
			4T	21 ~ 25 ~ 29		
JR20-63		63	1U	16 ~ 20 ~ 24		CJ20-63
			2U	24 ~ 30 ~ 36		
			3U	32 ~ 40 ~ 47		
			4U	40 ~ 47 ~ 55		
			5U	47 ~ 55 ~ 62		
			6U	55 ~ 63 ~ 71		
JR20-160		160	1W	33 ~ 40 ~ 47		CJ20-160
			2W	47 ~ 55 ~ 63		
			3W	63 ~ 74 ~ 84		
			4W	74 ~ 86 ~ 98		
			5W	85 ~ 100 ~ 115		
			6W	100 ~ 115 ~ 130		
			7W	115 ~ 132 ~ 150		
			8W	130 ~ 150 ~ 170		

表 G-2　3UA 系列双金属片式热过载继电器主要技术参数

产品型号	电流类型及频率	额定工作电压/V	额定绝缘电压/V	额定工作电流/A	整定电流范围/A	脱扣等级	附件
3UA50	DC 或 AC 至 400Hz	690	690	14.5	0.1~14.5　18 档	10A	3UX1418
3UA52				25	0.1~25　19 档		3UX1420
3UA54				36	4~36　7 档		3UX1420
3UA55				45	0.1~45		3UX1425
3UA58				63	0.1~63　24 档		
3UA59		1000	1000	88	4~88　8 档		3UX1421
3UA60				135	55~135　5 档		3UX1424
3UA61				150	55~150　6 档		
3UA62				180	55~180　8 档		
3UA66	AC:50~400Hz			400	80~400　5 档		
3UA68				630	320~630　2 档		

表 G-3　T 系列双金属片式热过载继电器主要技术参数

产品型号	额定电压/V	额定电流/A	约定发热电流/A	热元件整定电流范围/A
T16	660	16	17.6	0.11~0.16　0.14~0.21　0.19~0.29 0.27~0.40　0.35~0.52　0.42~0.63 0.55~0.83　0.70~1.00　0.90~1.30 1.10~1.50　1.30~1.80　1.50~2.10 1.70~2.40　2.10~3.00　2.70~4.00 3.00~4.50　4.00~6.00　5.20~7.50 6.30~9.00　7.50~11.0　9.00~13.0 12.0~17.6
T25		25	32	0.10~0.16　0.16~0.25　0.25~0.40 0.40~0.63　0.63~1.00　1.00~1.40 1.30~1.80　1.70~2.40　2.20~3.10 2.80~4.00　3.50~5.00　4.50~6.50 6.00~8.50　7.50~11.0　10.0~14.0 13.0~19.0　18.0~25.0　24.0~32.0
TSA45P		45	45	0.28~0.40　0.35~0.52　0.45~0.63 0.55~0.83　0.70~1.00　0.86~1.30 1.10~1.60　1.40~2.10　1.80~2.50 2.20~3.30　2.80~4.00　3.50~5.20 4.50~6.30　5.50~8.30　7.00~10.0 8.60~13.0　11.0~16.0　14.0~21.0 18.0~27.0　25.0~35.0　30.0~45.0
T75		75	80	18.0~25.0　22.0~32.0　29.0~42.0 36.0~52.0　45.0~63.0　63.0~80.0
T105		105	115	27.0~42.0　36.0~52.0　45.0~63.0 57.0~82.0　70.0~105　80.0~115
T170		170	200	90.0~130　110~160　140~200
T250		250	400	100~160~250~400
T370		370	500	100~160~250~400　310~500

附录 H　时间继电器型号及主要技术参数

表 H-1　JS7-A 系列空气式时间继电器技术参数

型号	瞬时动作触头数量		有延时的触头数量				触头额定电压/V	触头额定电流/A	线圈电压/V	延时范围/s	额定操作频率/h^{-1}
			通电延时		断电延时						
	常开	常闭	常开	常闭	常开	常闭					
JS7-1A			1	1			380	5	24、36、110、127、220、380、420	0.4～60 0.4～180	600
JS7-2A	1	1	1	1							
JS7-3A					1	1					
JS7-4A	1	1			1	1					

表 H-2　JS23 系列空气阻尼式时间继电器技术参数

型号	误差	额定控制电压/V	触头容量		延时触头数				触动触头数	
			电压/V	发热电流/A	通电延时		断电延时			
					闭合	断开	闭合	断开	闭合	断开
JS23-1□/□	重复误差≤9%	AC 110、220、380	AC 380 DC 220	6	1	1			4	0
JS23-2□/□					1	1			3	1
JS23-3□/□					1	1			2	2
JS23-4□/□							1	1	4	0
JS23-5□/□							1	1	3	1
JS23-6□/□							1	1	2	2

表 H-3　JS20 系列晶体管时间继电器主要技术参数

产品名称	额定工作电压/V		延时等级/s
	AC	DC	
通电延时继电器	26、110、127、220、380	24、48、110	1、5、10、30、60、120、180、240、300、600、900
瞬动延时继电器	36、110、127、220		1、5、10、30、60、120、180、240、300、600
断电延时继电器	36、110、127、220、380		1、5、10、30、60、120、180

表 H-4　JSS 系列数字式时间继电器主要技术参数

型号	延时范围	误　差	额定控制电压/V	触头容量		延时触头数	
				电压/V	发热电流/A	通电延时闭合	通电延时断开
JSS1-01	0.1～9.9s 1～99s	交流型：±1 个脉冲 直流型：重复误差±1% 电压及温度波动误差：2.5%	AC 24、36、42、48、110、127、220、380 DC 24、48、110	AC 380 DC 220	5	2	2
JSS1-02	0.1～9.9s 10～990s						
JSS1-03	1～99s 10～990s						
JSS1-04	0.1～9.9s 1～99s						
JSS1-05	0.1～99.9s 1～999s						
JSS1-06	1～999s 10～9990s						
JSS1-07	0.1～99.9min 1～999min						
JSS1-08	0.1～999.9s 1～9999s						
JSS1-09	1～9999s 10～99990s						
JSS1-10	0.1～999.9min 1～9999min						
JSS2-0	0.1s～999min		AC 24、48 或 110、220	AC 220	一对触头 2A 二对触头 0.5A	1 或 2	1 或 2
JSS2-1	0.1s～999.9min						
JSS2-2	0.1s～99.9min						

表 H-5 ST 系列时间继电器主要技术参数

型号	延时范围	重复误差	额定控制电压/V	触头容量		延时触头数				瞬动触头数	
				电压/V	发热电流/A	通电延时		断电延时			
						闭合	断开	闭合	断开	闭合	断开
ST3PA (JSZ3-A)	延时范围代号： A——0.1s ~ 3min B——0.1s ~ 6min C——0.5s ~ 30min D——1s ~ 60min E——5s ~ 6h F——0.25min ~ 12h G——0.5min ~ 24h	±0.5% ±10ms	AC 100 ~ 110/200 ~ 220 DC 24、28	AC 240	3	2	2				
ST3PC (JSZ3-C)						1	1			1	1
ST3PF (JSZ3-F)		±1%						1	1		
ST3PK (JSZ3-K)								1	1		
ST3PY (JSZ3-Y)		±0.5% ±10ms				1	1			1	
ST3PR (JSZ3-R)		±1%			2	1	1				
ST6P-2 (JSZ6-2)		±1% ±20ms			3	2	2				
ST6P-4 (JSZ6-4)						4	4				
ST5P-2	0.1 ~ 180s	±2%				2	2				
ST5P-4						4	4				
ST5B-2						2	2				
ST5B-4						4	4				

表 H-6 7PR 系列电动机式时间继电器主要技术参数

型　　号	延时时间	重复误差/(%)	额定控制电压/V	触头容量		通电延时触头数		瞬动触头数	
				电压/V	发热电流/A	闭合	断开	闭合	断开
7PR40401P ~ 6P	延时范围代号： 1——0.15 ~ 6s 2——1.5 ~ 60s 3——0.15 ~ 6min 4——1.5 ~ 60min 5——0.15 ~ 6h 6——1.5 ~ 60h	秒为单位：±1 分为单位：±0.4 时为单位：±0.2	电压代号： H——110 ~ 120 K——120 ~ 127 M——220 ~ 230	AC 220 DC 110	5	2	1	1	
7PR40401F ~ 6F						1	1	1	1
7PR41406P						2	1	1	
7PR41406F						1	1	1	1

附录 I　速度继电器型号及主要技术参数

表 I-1　JY1、JFZ0 系列速度继电器主要技术参数

型　号	触头额定电压/V	触头额定电流/A	触头数量		额定工作转速/(r/min)	允许操作频率/(次/h)
			正转时动作	反转时动作		
JY1	380	2	1 组转换触头	1 组转换触头	100 ~ 3600	<30
JFZ0					300 ~ 3600	

附录 J　按钮型号及主要技术参数

表 J-1　L18 系列按钮主要技术参数

型　号	规　格		结构形式	触头数量		按钮颜色
	电压/V	电流/A		常开	常闭	
LA18-22	500	5	元件	2	2	红、绿、黑或白
LA18-44	500	5	元件	4	4	红、绿、黑或白
LA18-66	500	5	元件	6	6	红、绿、黑或白
LA18-22J	500	5	元件(紧急式)	2	2	红
LA18-22Y	500	5	元件(钥匙式)	2	2	—
LA18-66Y	500	5	元件(钥匙式)	2	2	—
LA18-22X	500	5	元件(旋钮式)	2	2	黑
LA18-44X	500	5	元件(旋钮式)	4	4	黑
LA18-66X	500	5	元件(旋钮式)	6	6	黑
LA18-44J	500	5	元件(紧急式)	4	4	红
LA18-66J	500	5	元件(紧急式)	6	6	红

表 J-2　L19 系列按钮主要技术参数

型　号	规　格		结构形式	触头数量		按钮颜色
	电压/V	电流/A		常开	常闭	
LA19-11	500	5	元件	1	1	红、绿、蓝、白或绿
LA19-11J	500	5	元件(紧急式)	1	1	红
LA19-11D	500	5	元件(带指示灯)	1	1	红、绿、蓝、白或绿
LA19-11DJ	500	5	元件(带指示灯、紧急式)	1	1	红
LA19-11H	500	5	元件(保护式)	1	1	—
LA19-11DH	500	5	元件(带指示灯、保护式)	1	1	—

表 J-3 L25 系列按钮主要技术参数

型　号	按钮形式	触头数量	操作频率/h^{-1}	电寿命/万次	机械寿命/万次
LA25-1	平钮	1	1200	AC:50 DC:25	100
LA25-1J	蘑菇钮				
LA25-1D	带灯钮				
LA25-1X	旋钮		120	AC:10 DC:10	10
LA25-1Y	钥匙钮				
LA25-2	平钮	2	1200	AC:50 DC:25	100
LA25-2J	蘑菇钮				
LA25-2D	带灯钮				
LA25-2X	旋钮		120	10	10
LA25-2Y	钥匙钮				
LA25-3	平钮	3	1200	AC:50 DC:25	100
LA25-3J	蘑菇钮				
LA25-3D	带灯钮				
LA25-3X	旋钮		120	10	10
LA25-3Y	钥匙钮				
LA25-4	平钮	4	1200	AC:50 DC:25	100
LA25-4J	蘑菇钮				
LA25-4D	带灯钮				
LA25-4X	旋钮		120	10	10
LA25-4Y	钥匙钮				
LA25-5	平钮	5	1200	AC:50 DC:25	100
LA25-5J	蘑菇钮				
LA25-5D	带灯钮				
LA25-5X	旋钮		120	10	10
LA25-5Y	钥匙钮				
LA25-6	平钮	6	1200	AC:50 DC:25	100
LA25-6J	蘑菇钮				
LA25-6D	带灯钮				
LA25-6X	旋钮		120	10	10
LA25-6Y	钥匙钮				

附录 K 行程开关型号及主要技术参数

表 K-1 LX19、JLXK1 系列行程开关主要技术参数

型　号	额定电压/V	额定电流/A	结构形式	触头对数		动作行程距离及角度	超行程
				常开	常闭		
LX19K	AC380 DC220	5	直动式	1	1	3mm	1mm
LX19-111			单轮,滚轮装在传动杆内侧能自动复位			约 30°	约 27°
LX19-121			单轮,滚轮装在传动杆外侧能自动复位			约 30°	约 20°
LX19-131			单轮,滚轮装在传动杆凹槽内侧,不能自动复位			约 30°	约 20°
LX19-212			双轮,滚轮装在 U 形传动杆内侧,不能自动复位			约 30°	约 15°
LX19-222			双轮,滚轮装在 U 形传动杆外侧,不能自动复位			约 30°	约 15°
LX19-232			双轮,滚轮装在 U 形传动杆内外侧,不能自动复位			约 30°	约 15°
LX19-001			无滚轮,仅用传动杆,能自动复位			约 30°	>3mm
JLXK1-111	AC500	5	单轮防护式	1	1	12° ~ 15°	≤30°
JLXK1-211			双轮防护式			约 45°	≤45°
JLXK1-311			直动防护式			1 ~ 3mm	2 ~ 4mm
JLXK1-411			直动滚轮防护式			1 ~ 3mm	2 ~ 4mm

附录 L　本书配套资源获取方法

本书是机床控制系统连接与检查国家精品资源共享课程首选教材，本书呈现了机床控制系统连接与检查课程的主要内容，但不是全部，原因如下：

1）高职课程需要有针对性的实践教学内容，这就涉及各院校实践教学环境和实训装置的个性化和差异化，而教材内容更强调普适性和通用性，造成两者之间内容的差异。例如，机床控制系统连接与检查课程的 S7-300 PLC 的四工位电动刀架实验，基于 SIEMEMS 802D 数控系统的 CK6132 数控车床电气控制项目等内容如进入本书，不仅增大篇幅，而且给师生和读者造成负担，更可能因师生实验实训所用装置不同，造成书中内容失效。

2）高职课程内容需要与时俱进，更新完善节奏远快于教材，甚至还有无法在书中呈现的课程内容。例如，3D 电器元件模型库、3D 屏柜图设计、3D 电气装配技术等只能用 3D 数字化技术呈现，在书中表现内容就很困难。为更好地服务师生和读者，特提供以下获取教学资料和学习资源的途径。

图 L-1　登录课程网站流程图

登录机床控制系统连接与检查课程网站，获取免费教学资料和学习资源。其操作流程如下：

1）登录课程网站流程图如图 L-1 所示：①输入地址：www.icourses.cn，②单击注册，③～⑧填写注册信息完成注册操作，⑨登录，⑩～⑫填写登录信息完成登录，选中“资源共享课”，⑬在课程搜索框内写入“机床控制系统连接与检查”，至⑮完成搜索。⑯单击图片，即可到达课程网站。

2）开始学习界面与资源图如图 L-2 所示：①单击“开始学习”按钮，进入开始学习界

图 L-2　开始学习界面与资源图

面，②呈现了第1讲的全程教学录像，③～⑦是各讲的全程教学像点播图，⑧～⑪是关于本讲的教学资源。

3）参与课程互动界面与资源图如图L-3所示：①单击“参与课程互动”按钮，进入参与课程互动界面，②和③是互动发言留言框，单击④将返回第1步界面。通过⑤和⑥的操作，进入个人的学习社区，学习社区中有⑦～⑭等功能。

图L-3　参与课堂互动界面与资源图

给课程负责人或主讲老师发邮件可获得更多教学资料、学习资源、实训装备研制技术资料，欢迎合作研制课程实验实训装置。

课程负责人张铮：0510-81838711

主讲唐立平：0510-81838713

主讲宋广雷：0510-81838718

课程组传真电话：0510-81838710

特别提醒：联系前请先登录课程网站，使用“我要发布”功能留言，告之单位和本人实名及其他真实信息，以便课程组及时、准确、有效地回复您。

参考文献

[1] 周希章. 常用电工计算 [M]. 北京：中国电力出版社，2002.

[2] 周鹤良. 电气工程师手册 [M]. 北京：中国电力出版社，2008.

[3] 王仁祥. 常用低压电器原理及其控制技术 [M]. 北京：机械工业出版社，2004.

[4] 阮礽忠. 怎样看电气图 [M]. 福州：福建科学技术出版社，2004.

[5] 倪远平. 现代低压电器及其控制技术 [M]. 重庆：重庆大学出版社，2003.

[6] 李向东. 电气控制与 PLC [M]. 北京：机械工业出版社，2004.

[7] 刘涳. 常用低压电器与可编程控制器 [M]. 西安：西安电子科技大学出版社，2004.

[8] 廖兆荣. 数控机床电气控制 [M]. 北京：高等教育出版社，2005.

[9] 郑凤翼，郑丹丹，赵春江. 图解 PLC 控制系统梯形图和语句表 [M]. 北京：人民邮电出版社，2006.

[10] 吴中俊，黄永红. 可编程序控制器原理及应用 [M]. 北京：机械工业出版社，2005.

[11] 黄净. 电气控制与可编程序控制器 [M]. 北京：机械工业出版社，2003.

[12] 罗良陆. 电器与控制 [M]. 重庆：重庆大学出版社，2004.

[13] 丁学恭. 电器控制与 PLC [M]. 杭州：浙江大学出版社，2005.

[14] 胡学林. 可编程控制器教程（提高篇）[M]. 北京：电子工业出版社，2005.

[15] 胡学林. 可编程控制器教程（实训篇）[M]. 北京：电子工业出版社，2004.

[16] 闫和平. 常用低压电器应用手册 [M]. 北京：机械工业出版社，2005.

[17] 王兆明. 电气控制与 PLC 技术 [M]. 北京：清华大学出版社，2005.

[18] 王炳实. 机床电气控制 [M]. 北京：机械工业出版社，2004.

[19] 宋建成. 可编程控制器原理与应用 [M]. 北京：科学出版社，2004.

[20] 吕景泉. 可编程控制器技术教程 [M]. 北京：高等教育出版社，2001.

[21] 廖常初. S7-300/400 PLC 应用技术 [M]. 北京：机械工业出版社，2005.